JN302649

# 再生骨材を用いるコンクリートの設計・製造・施工指針（案）

Recommendation for mix design, production and construction practice of concrete with recycled concrete aggregate

2014 年 制 定

日本建築学会

## 本書作成関係委員 (2014年10月)
―― 五十音順・敬称略 ――

### 材料施工委員会本委員会
委員長　本橋　健司
幹　事　興石　直幸　　橋田　　浩　　早川　光敬　　堀　　長生
委　員　（略）

### 環境配慮運営委員会
主　査　野口　貴文
幹　事　小山　明男
委　員　鹿毛　忠継　　兼松　　学　　北垣　亮馬　　黒田　泰弘
　　　　立屋敷　久志　田村　雅紀　　道正　泰弘　　中島　史郎
　　　　萩原　伸治　　藤本　聡史　　柳橋　邦生

### 再生骨材を用いるコンクリートの設計・製造・施工指針制定小委員会 (2013年4月～2014年3月)
主　査　野口　貴文
幹　事　小山　明男
委　員　川西　泰一郎　北垣　亮馬　　黒田　泰弘　　城　　國省二
　　　　立屋敷　久志　棚野　博之　　田村　雅紀　　道正　泰弘
　　　　栩木　　隆　　師橋　憲貴　　柳橋　邦生
旧委員　浅海　順治

# 執筆担当者

全体調整・編集
　　　　野　口　貴　文　　小　山　明　男　　北　垣　亮　馬
1章　総　　則
　　　　野　口　貴　文
2章　再生骨材コンクリートの種類と適用部位
　　　　小　山　明　男
3章　再生骨材コンクリートの品質
　　　　川　西　泰一郎　　師　橋　憲　貴
4章　材　　料
　　　　栩　木　　　隆
5章　再生骨材の製造
　　　　立屋敷　久　志
6章　調　　合
　　　　黒　田　泰　弘
7章　再生骨材コンクリートの発注・製造および受入れ
　　　　浅　海　順　治　　城　國　省　二
8章　再生骨材コンクリートの運搬・打込み・締固めおよび養生
　　　　田　村　雅　紀
9章　品質管理・検査
　　　　柳　橋　邦　生
10章　乾燥の影響を受ける構造部材に用いる再生骨材コンクリートM
　　　　川　西　泰一郎
11章　鉄筋コンクリート部材に用いる再生骨材コンクリートL
　　　　道　正　泰　弘
付1．JIS認証および大臣認定を取得した再生骨材および再生コンクリート
　　　　立屋敷　久　志
付2．クローズド型のコンクリート再資源化技術の適用事例
　　　　黒　田　泰　弘
付3．偏心ローター式装置で製造された再生骨材Hを用いたコンクリートの施工事例
　　　　柳　橋　邦　生

付4．再生骨材コンクリートHおよびMの建築物への適用事例
　　　川　西　泰一郎
付5．骨材置換法による再生骨材コンクリートの適用事例
　　　道　正　泰　弘
付6．副産細粒・微粉末の再利用方法
　　　立屋敷　久　志

再生骨材を用いるコンクリートの設計・製造・施工指針（案）

# 目　　　次

1章　総　　則
 1.1　適　用　範　囲……………………………………………………………………………… 1
 1.2　用　　　　　語……………………………………………………………………………… 9

2章　再生骨材コンクリートの種類と適用部位
 2.1　再生骨材コンクリートの種類………………………………………………………………12
 2.2　再生骨材コンクリートの適用部位…………………………………………………………16

3章　再生骨材コンクリートの品質
 3.1　総　　　　　則………………………………………………………………………………19
 3.2　再生骨材コンクリートの品質………………………………………………………………19
 3.3　設計基準強度および耐久設計基準強度……………………………………………………20
 3.4　圧　縮　強　度………………………………………………………………………………25
 3.5　気乾単位容積質量……………………………………………………………………………25
 3.6　ワーカビリティーおよびスランプ…………………………………………………………26
 3.7　ヤング係数・乾燥収縮率および許容ひび割れ幅…………………………………………28
 3.8　かぶり厚さ……………………………………………………………………………………31
 3.9　耐久性を確保するための材料・調合に関する規定………………………………………33

4章　材　　料
 4.1　骨　　　　　材………………………………………………………………………………39
 4.2　セ　メ　ン　ト………………………………………………………………………………51
 4.3　混　和　材　料………………………………………………………………………………52
 4.4　練　混　ぜ　水………………………………………………………………………………53

5章　再生骨材の製造
 5.1　総　　　　　則………………………………………………………………………………55
 5.2　原コンクリートおよび原骨材の調査………………………………………………………55
 5.3　コンクリート塊の受入れ・貯蔵……………………………………………………………58

  5.4 再生骨材の製造・貯蔵 …………………………………………………… 60
  5.5 再生骨材の品質管理・検査 ……………………………………………… 65
  5.6 再生骨材の出荷・納入 …………………………………………………… 67

## 6章　調　　合

  6.1 総　　則 …………………………………………………………………… 68
  6.2 調合管理強度および調合強度 …………………………………………… 68
  6.3 スランプ …………………………………………………………………… 70
  6.4 空　気　量 ………………………………………………………………… 71
  6.5 水セメント比 ……………………………………………………………… 73
  6.6 単位水量 …………………………………………………………………… 76
  6.7 単位セメント量 …………………………………………………………… 77
  6.8 単位粗骨材かさ容積 ……………………………………………………… 77
  6.9 アルカリ量 ………………………………………………………………… 78

## 7章　再生骨材コンクリートの発注・製造および受入れ

  7.1 総　　則 …………………………………………………………………… 82
  7.2 工場の選定 ………………………………………………………………… 82
  7.3 再生骨材コンクリートの発注 …………………………………………… 83
  7.4 再生骨材コンクリートの製造・運搬 …………………………………… 87
  7.5 受　入　れ ………………………………………………………………… 92
  7.6 工事現場練り再生骨材コンクリートの製造 …………………………… 93

## 8章　再生骨材コンクリートの運搬・打込み・締固めおよび養生

  8.1 総　　則 …………………………………………………………………… 96
  8.2 再生骨材コンクリートの運搬・打込み・締固め ……………………… 96
  8.3 再生骨材コンクリートの養生 …………………………………………… 98

## 9章　品質管理・検査

  9.1 総　　則 …………………………………………………………………… 100
  9.2 品質管理組織 ……………………………………………………………… 102
  9.3 原コンクリートの品質管理・検査 ……………………………………… 103
  9.4 再生骨材の品質管理・検査 ……………………………………………… 107
  9.5 再生骨材コンクリートの製造における品質管理および検査 ………… 118
  9.6 再生骨材コンクリートの受入れ・打込みにおける品質管理および検査 …… 126
  9.7 その他の品質管理・検査 ………………………………………………… 128

10章　乾燥の影響を受ける構造部材に用いる再生骨材コンクリートM
 10.1　総　　則 …………………………………………………………………………130
 10.2　品　　質 …………………………………………………………………………130
 10.3　使 用 材 料 ………………………………………………………………………133
 10.4　再生粗骨材Mの製造 ……………………………………………………………134
 10.5　調　　合 …………………………………………………………………………134
 10.6　発注・製造・受入れ・運搬・打込みおよび締固め …………………………134
 10.7　養　　生 …………………………………………………………………………135
 10.8　品質管理・検査 …………………………………………………………………135

11章　鉄筋コンクリート部材に用いる再生骨材コンクリートL
 11.1　総　　則 …………………………………………………………………………137
 11.2　品　　質 …………………………………………………………………………139
 11.3　使 用 材 料 ………………………………………………………………………146
 11.4　調　　合 …………………………………………………………………………148
 11.5　発注・製造および受入れ ………………………………………………………152
 11.6　運搬・打込み・締固めおよび養生 ……………………………………………154
 11.7　品質管理・検査 …………………………………………………………………154

付　　録
 付1．JIS認証および大臣認定を取得した再生骨材および再生骨材コンクリート …………157
 付2．クローズド型のコンクリート再資源化技術の適用事例 ……………………………163
 付3．偏心ローター式装置で製造された再生骨材Hを用いたコンクリートの施工事例 …171
 付4．再生骨材コンクリートHおよびMの建築物への適用事例 …………………………184
 付5．骨材置換法による再生骨材コンクリートの適用事例 ………………………………195
 付6．副産細粒・微粉末の再利用方法 ………………………………………………………207

# 再生骨材を用いるコンクリートの設計・製造・施工指針（案）

# 再生骨材を用いるコンクリートの
# 設計・製造・施工指針（案）

## 1章　総　　則

### 1.1　適用範囲

> a．本指針は，骨材としてコンクリート用再生骨材を単独または他の骨材と混合して使用するコンクリートの調合設計，製造，施工および品質管理ならびにコンクリート用再生骨材の製造および品質管理に適用する．
>
> b．本指針に示されていない事項については，本会「建築工事標準仕様書 JASS 5 鉄筋コンクリート工事」（以下，JASS 5 という）および関連指針の規定に準拠する．

　a．本指針は，今後，建築物・土木構造物の更新量の増加に際して発生するコンクリート塊をコンクリート用再生骨材として活用する際における，コンクリートの調合設計・製造・施工・品質管理の望ましい方法を示したものである．また，コンクリート用再生骨材の原料の起源は，構造物やコンクリート製品，レディーミクストコンクリートの戻りコンクリートを硬化させたものであるため，砕石・砕砂や砂利・砂などの一般骨材とは異なり，原料の採取から製品として製造されるまでの品質管理が重要となることから，本指針には，コンクリート用再生骨材の製造・品質管理の方法も示している．

　先進工業国は，自然環境から大量の資源を採取し様々な材料・製品を生産・消費することによって，便利で豊かな生活を営んでいる．しかし，材料・製品はいずれ廃棄物となり自然環境に戻っていく．様々な環境問題は，基本的にこのような資源の大量採取，材料・製品の大量生産・大量消費，廃棄物の大量発生といった一連の物質の流れ（マテリアルフロー）が，自然環境の資源再生能力や廃棄物浄化能力を大きく超えてしまったことに起因している．持続的発展（Sustainable development）が可能な社会を実現するためには，現在のマテリアルフローを把握し，資源の利用可能量や自然環境の浄化能力が有限であることを認識したうえで，経済の成長速度よりも資源投入量の増大速度を低く抑えることが重要である．解説図1.1は，我が国の2010年度のマテリアルフローを示しているが，これを外観すると，16.1億トンの総物資投入量があり，その約1／3の5.43億トンが建築物や土木構造物などの形で蓄積されていること，5.67億トンの廃棄物が発生していること，循環利用されている廃棄物は総物資投入量の15％にあたる2.46億トン程度に過ぎないことなどがわかる[1]．

　ここで，2010年度における生コンクリートの生産量が約85百万m³（約196百万トン）である

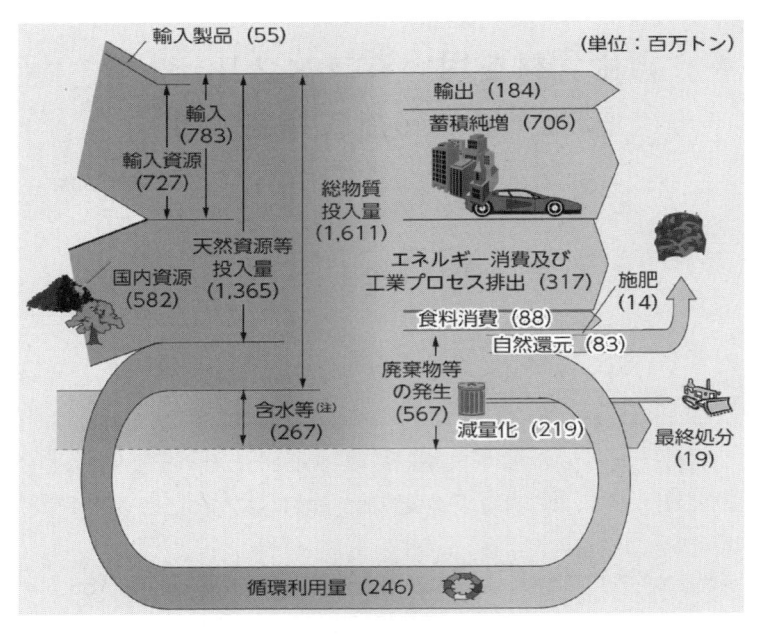

**解説図 1.1** 2010 年度のマテリアルフロー[1]

ことから[3]，総物資投入量の約 12％がコンクリートの生産に投入されていることになる．同時期における他の主要な建設資材である鉄鋼（粗鋼）の生産量および木材（合板用および木材チップ用を含む）の需給量が，それぞれ約 110 百万トンおよび約 72 百万 m³（密度を 0.5 とすると，約 36 百万トン）であることから考えると，コンクリートは最も多く用いられている建設資材であることがわかる．日本で建設業界が活況を呈していた 2000 年ごろには，実に資源の約 25％がコンクリートの生産に投入されていた．以上のことから，資源消費の面からだけでなく，生産面および将来の廃棄物発生の面からも，コンクリートは持続的発展が可能な社会や資源循環型社会の構築に多大な影響を及ぼす物質であるといえる．コンクリートおよびアスファルト・コンクリートに限っての 2008 年度におけるマテリアルフローを解説図 1.2 に示す[2]．コンクリート 1 m³ を生産するには，250～350 kg のセメント，150～200 kg の水，1 800～2 000 kg の骨材（コンクリートの体積の 60～75％）が必要であり，セメントの主要な原料が石灰石と粘土であることから考えると，コンクリートは，大量の岩石系鉱物を自然環境から採取し，それに機械的処理や熱的処理を加えた材料を用いて生産されていることがわかる．また，コンクリートはその生産量が膨大であり，性能低下を来すことなく無機系鉱物を受容しやすいという特徴を有しているため，高炉スラグやフライアッシュなど，他産業の様々な無機系廃棄物が大量にセメントやコンクリートの材料として使用されている．一方，生産量が膨大であるということは，生産および輸送に必要なエネルギーも膨大であるということを意味している．

　人類が地球上で実際に利用できる資源は有限であり，いずれ枯渇する．資源の枯渇とは，その資源が全くなくなることではなく，次のことを意味する．

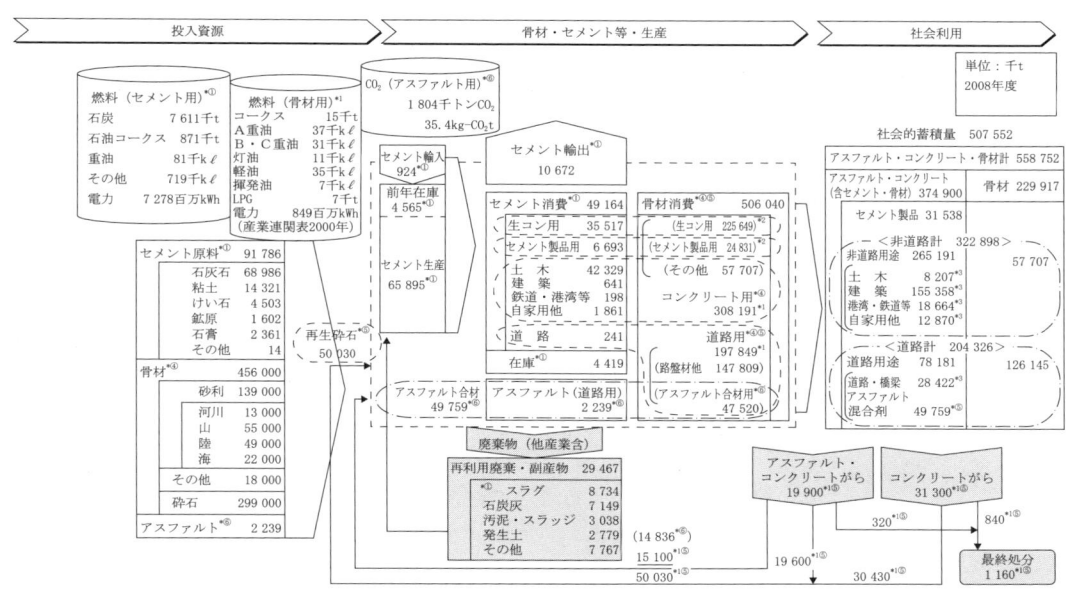

**解説図 1.2** 2008 年度のコンクリートおよびアスファルト・コンクリートのマテリアルフロー[2)]

① 将来世代の利用可能な資源量が著しく減少すること
② 資源獲得に大量のエネルギー等の投入が必要になり，資源獲得が困難になること
③ 資源に依存した生産活動が困難になること
④ 資源価格が著しく高騰すること
⑤ 資源獲得のための環境破壊が増大すること
⑥ 資源を利用する経済的メリットが喪失すること

枯渇性資源としては，化石燃料，鉱物資源および土石資源が挙げられる．コンクリートに関連するのは土石資源であり，地殻に存在する土石資源は，化石燃料や鉱物資源と比較して埋蔵量が豊富であるが，自然保護等の法的規制により採取可能量が事実上制約されていることを考慮すると，無尽蔵であるとはいえない．最も枯渇が問題となるのは，経済的に採掘できる埋蔵量が少なく，近年，消費量が増加している資源である．このような資源であっても，それを用いて生産された製品の品質が低下せず，廃棄物となった後，何回も繰り返し同じ製品に再生できるリサイクル，すなわちクローズドループリサイクルが実現できれば，資源の枯渇リスクを低減することができる．

解説図 1.3 は，日本におけるセメントの主要原料である石灰石の採掘可能な埋蔵量（確定量，確定量＋推定量，確定量＋推定量＋予想量）と累積使用量（セメント原料としてだけでなく，骨材や鉄鋼製錬用などとしての使用量も含む）の将来予測を示したものであるが，現状の採掘量を継続すれば，2050 年ごろには，日本で採掘可能な石灰石が枯渇してしまうことが示されている．一方，解説図 1.4 は，日本における近年のコンクリート用骨材の生産量の推移を示したものである．1960 年代には河川起源の川砂利・川砂が主流であったが，高度経済成長期の建設ラッシュで

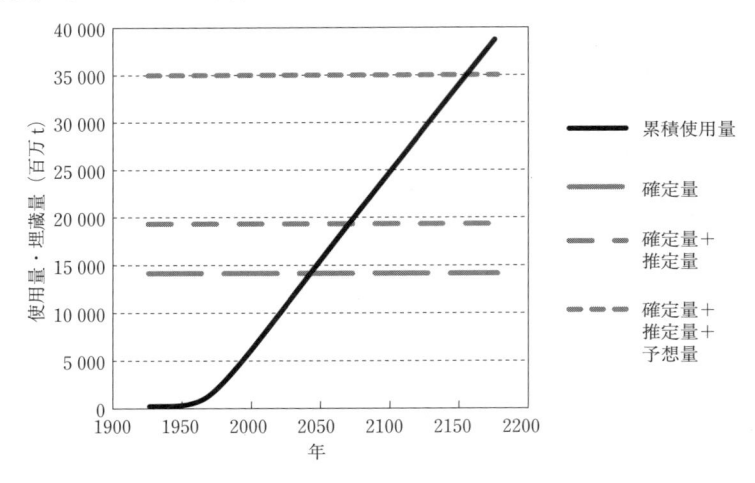

**解説図 1.3** 石灰石資源の枯渇の将来予測[3]

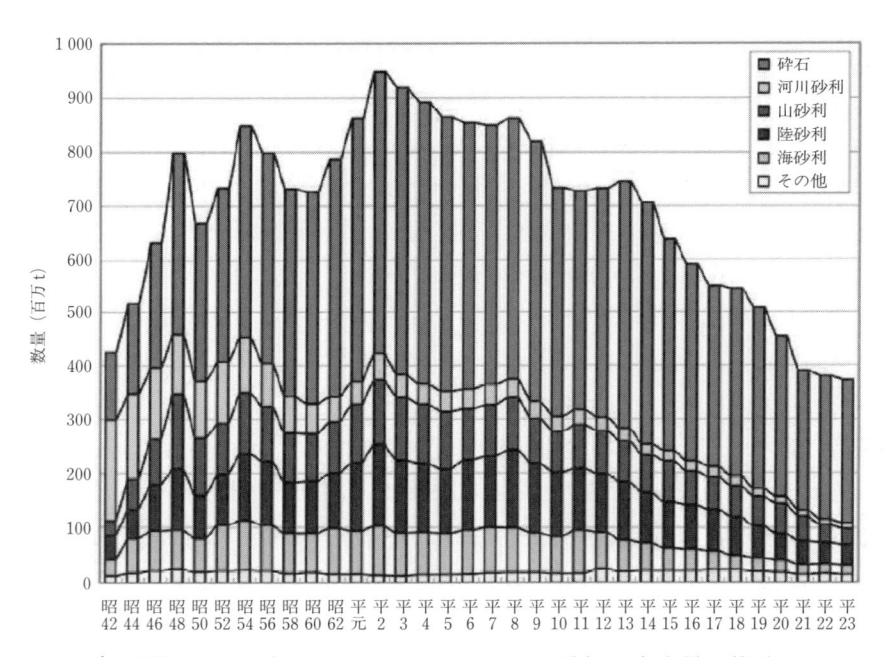

**解説図 1.4** 日本におけるコンクリート用骨材の生産量の推移[4]

枯渇したため，現在の主要な骨材は岩石を砕いた砕石・砕砂にシフトしている．また，海砂利・海砂の採取も盛んに行われてきたが，海底に岩盤が現れ，砂州消滅・護岸浸食・漁場崩壊などが生じて海洋環境の悪化が深刻化するに至ったため，現在では，海砂利・海砂の採取は全面的に禁止されつつある．

このように，我が国では，コンクリートの生産のために必要となる石灰石や天然の砂利・砂，良質な岩石などの資源は枯渇しつつあるため，今後，それらの枯渇性について注視していく必要があり，コンクリートのクローズドループリサイクルを早急に実行に移していかなければならな

い．

　建設廃棄物は産業廃棄物の排出量の約 20%，一般廃棄物を含めた全廃棄物の排出量の約 11%を占めており，建設業は，産業廃棄物の排出削減を図るうえでも重要な産業であると位置付けられる．建設廃棄物の発生量とその内訳は，1995 年（平成 7 年）以降，解説図 1.5 のように推移してきている．平成 20 年度における建設廃棄物の発生量は，平成 7 年度の 2 / 3 以下にまで減少しているものの，コンクリート塊の減少率は小さく，建設廃棄物に占めるコンクリート塊の割合は増大し，平成 20 年度においては建設廃棄物の約 50% を占める状態にまでなっている．さらに，コンクリート塊は，埋戻し材など解体工事現場内で再利用されることがあるため，構造物の解体に伴って発生するコンクリート塊の量は，統計的に把握されている排出量の 2 倍とも 3 倍ともいわれている．

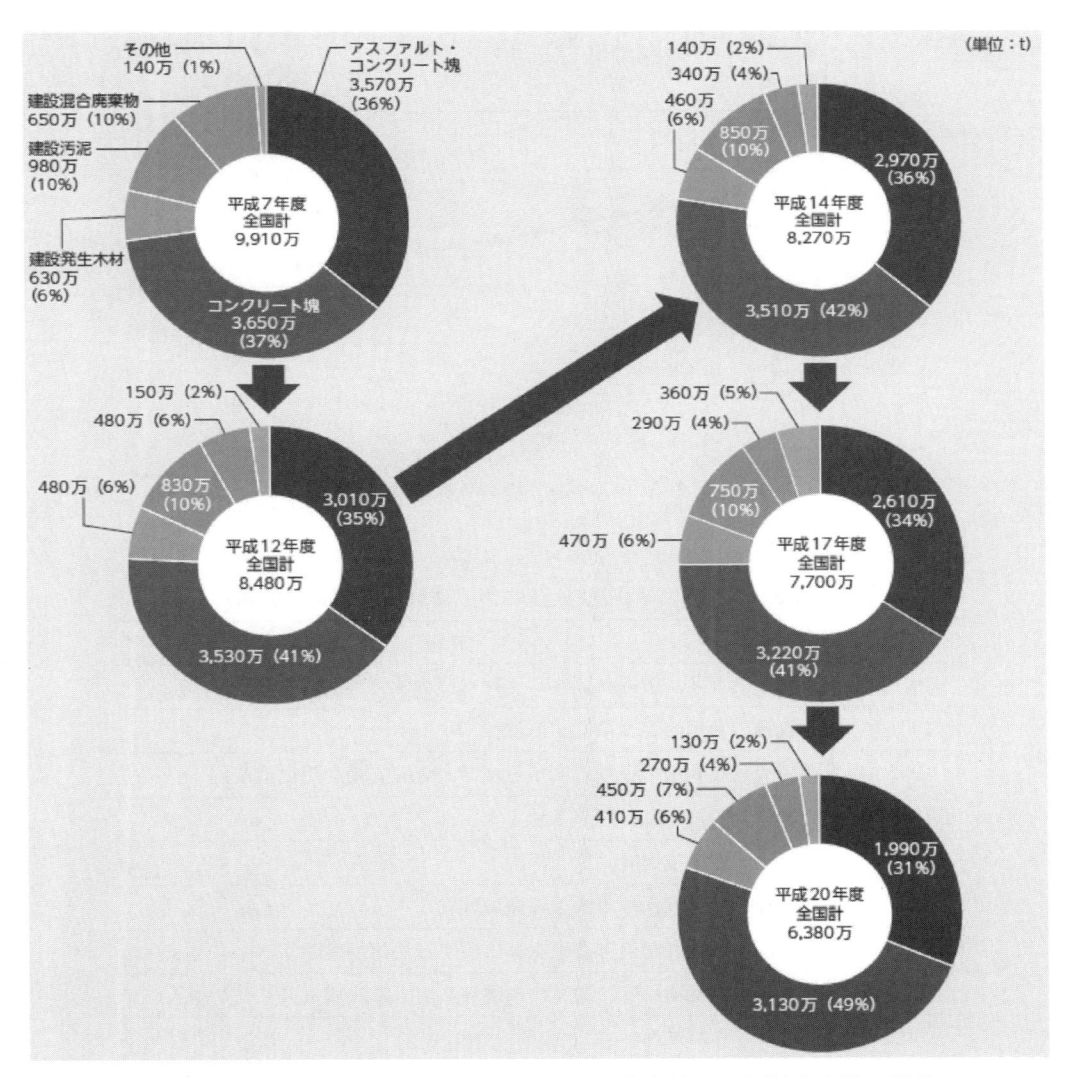

**解説図 1.5** 1995 年以降の日本における建設廃棄物の種類別発生量の推移[1]

廃棄物問題が社会的関心を集めているのは，人々が，持続可能社会の形成に不可欠である循環型社会の構築に期待を抱きながらも，実際には，実現が困難であるかもしれないと感じているとともに，不法投棄による環境破壊やダイオキシン類に代表される廃棄物の処理・処分にかかわる環境問題に対して不安を抱いているからである．この不安は，廃棄物そのものおよび廃棄物処理施設（中間処理施設，焼却施設および最終処分場）への忌避感を生じさせ，廃棄物の発生場所と焼却施設や最終処分場とが遠く離れている場合には，特に，焼却施設・最終処分場の周辺地域の負担感・不公平感を増大させ，新規施設の設置を困難とさせている．そのため，解説図1.6に示すように，一時，最終処分場の建設が滞り，残余容量が減少した時期があった．その結果，廃棄物の処理能力不足が引き起こされ，処理能力不足が不法投棄を生じさせるという悪循環にもつながっていた．実際，不法投棄の約90%は建設廃棄物によって占められている．

　近い将来，1960年代から1970年代の高度経済成長期に建設された膨大な建築物が寿命を迎えるため，今後，コンクリート塊を中心とした建設廃棄物の発生量は間違いなく増加する．したがっ

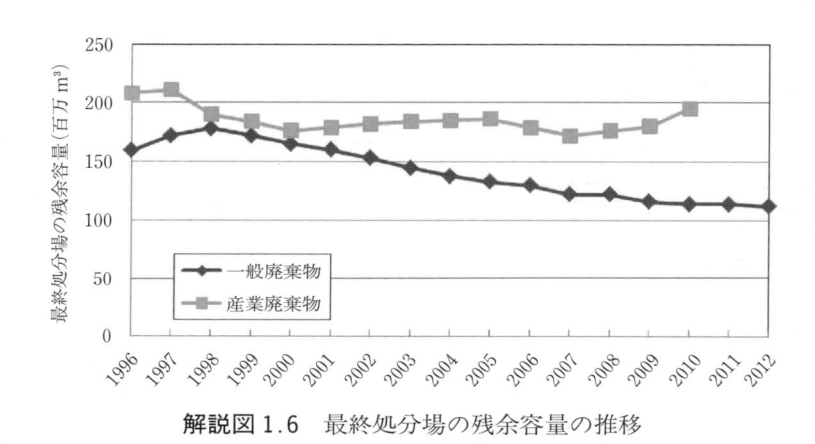

**解説図1.6　最終処分場の残余容量の推移**

**解説表1.1　資源循環型社会の形成に資する政策・施策**

| 年 | 政策・施策 |
|---|---|
| 1970 | 廃棄物の処理及び清掃に関する法律（廃棄物処理法） |
| 1991 | 再生資源の利用の促進に関する法律 |
| 1992 | 資源の有効な利用の促進に関する法律（資源有効利用促進法） |
| 1994 | 建設副産物対策行動計画「リサイクルプラン21」 |
| 1997 | 建設リサイクル推進計画'97 |
| 2000 | 循環型社会形成推進基本法（循環型社会基本法） |
| 2000 | 建設工事に係る資材の再資源化等に関する法律（建設リサイクル法） |
| 2000 | 国等による環境物品等の調達の推進等に関する法律（グリーン購入法） |
| 2002 | 建設リサイクル推進計画2002 |
| 2002 | 建設リサイクルガイドライン |

て，その再利用・再生利用は，資源循環型社会の形成にとっては必要不可欠である．

このような状況に鑑み，環境省および国土交通省は，資源循環型社会を形成することを目的として，廃棄物発生量・最終処分量の削減および再生量・再生利用量の増大を実現するために，解説表1.1に示すような様々な政策・施策をとってきた．これによって，解説図1.7に示すように，建設廃棄物の最終処分量は劇的に減少するとともに，各廃棄物の再利用・再生利用の割合が大幅に向上した．特に，コンクリート塊については，再利用・再生利用の割合は98%程度にまでになっている．しかし，現在，コンクリート塊のほとんどは，コンクリート用骨材やセメント原料といったコンクリート用の材料としてではなく，道路建設時の路盤材として再生利用されている．そして，昨今および今後の道路建設の減少に伴って，路盤材としての需要が減少していくことは確実

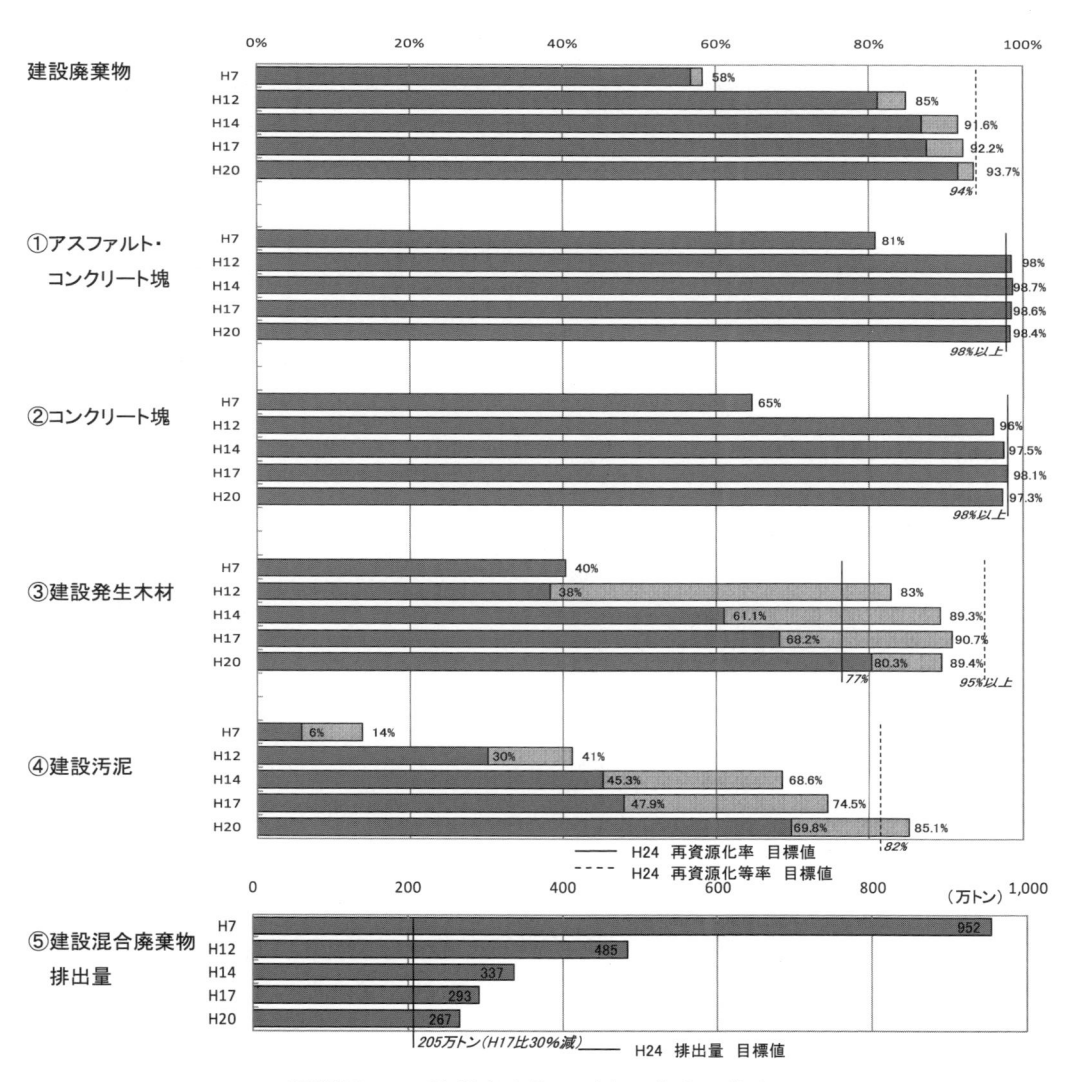

**解説図1.7　建設廃棄物の再資源化率の推移**[5]

であるため，今後は，コンクリート塊の路盤材としての利用だけではなく，コンクリート用再生骨材としての利用を増大させていく必要がある．

　再生骨材および再生骨材を用いたコンクリートに関しては，1980年代より，コンクリート塊からコンクリート用骨材を製造するための技術開発や，再生骨材を用いたコンクリートの利用に関する研究が精力的に行われてきた．その結果，再生骨材の品質基準は，解説表1.2に示すように，再生骨材が適材適所に活用されることを目指して，高度化するとともに多様性を増す方向に変遷してきた．最終的には，2005～2007年にかけて，JIS A 5021（コンクリート用再生骨材H），JIS A 5022（再生骨材Mを用いたコンクリート）およびJIS A 5023（再生骨材Lを用いたコンクリート）として，再生骨材がコンクリートの用途に応じた要求品質を満足するように，かつ再生骨材を用いるコンクリートが要求性能を達成できるように，再生骨材および再生骨材コンクリートに関する規格化がなされた[6]．JISにおける再生骨材の品質は，解説図1.8に示すように，吸水率や密度によって規定され，再生骨材コンクリートの性能にも影響を及ぼす．特に再生骨材Lおよび再生骨材Mを用いるコンクリートは，再生骨材に含まれるセメントペースト量が多いため，

**解説表1.2　再生骨材の品質基準の変遷**

| 年 | 基準制定機関・団体 基準名 | | 粗骨材 | | 細骨材 | |
|---|---|---|---|---|---|---|
| | | | 密度 (g/cm³) | 吸水率 (%) | 密度 (g/cm³) | 吸水率 (%) |
| 1977 | 建築業協会 再生骨材および再生コンクリートの使用基準（案）・同解説 | | 2.2以上 | 7以下 | 2.0以上 | 13以下 |
| 1986 | 建設省 再生粗骨材品質基準，再生粗骨材を用いるコンクリートの使用基準 | | | | | |
| 1994 | 建設省 コンクリート副産物の再利用に関する用途別暫定基準 | 1種 | － | 3以下 | － | 5以下 |
| | | 2種 | － | 5以下 | － | 10以下 |
| | | 3種 | － | 7以下 | | |
| 1999 | 日本建築センター 建築構造用再生骨材の品質基準 | | 2.5以上 | 3.0以下 | 2.5以上 | 3.5以下 |
| 2000 | 日本コンクリート工学協会 TR A 0006（再生骨材を用いたコンクリート） | | － | 7以下 | － | 10以下 |
| 2005 | 日本コンクリート工学協会 コンクリート用再生骨材 | JIS A 5021 (Class H) | 2.5以上 | 3.0以下 | 2.5以上 | 3.5以下 |
| 2006 | | JIS A 5022 (Class M) | 2.3以上 | 5.0以下 | 2.2以上 | 7.0以下 |
| 2007 | | JIS A 5023 (Class L) | － | 7.0以下 | － | 13.0以下 |

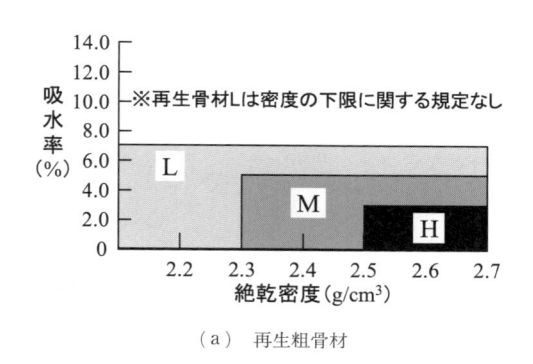

1章 総　　則 —9—

**解説図 1.8　JIS における再生骨材の種類と吸水率および絶乾密度の範囲**[1]

（a）再生粗骨材　　　　　　　　　　　（b）再生細骨材

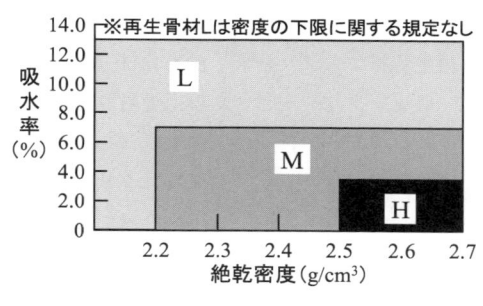

乾燥収縮が大きくなるだけでなく，原コンクリートが非 AE コンクリートである場合には，耐凍害性に劣る可能性が高い．また，再生骨材の原料であるコンクリート塊は，それが使用されていた構造物ごとに材料・調合が異なっていると考えるのが適切である．そのため，特定の構造物から得られるコンクリート塊に限定したうえで，原骨材に関する調査を事前に実施して製造しない限り，再生骨材の品質は大きくばらつく可能性があり，アルカリシリカ反応性を有する骨材が紛れ込む可能性もある．そのため，再生骨材 M および再生骨材 L を用いたコンクリートの JIS では，コンクリートが使用される条件を限定して用いることが推奨されている．

　再生骨材を用いるコンクリートでは，それを用いる構造体および部材の要求性能だけでなく，再生骨材の原料となるコンクリート塊の起源や再生骨材の製造プロセス・管理方法を勘案して，再生骨材の種類およびコンクリートの調合，運搬・施工方法，品質管理方法などを決めることが重要である．本指針では，それらを合理的に決定するための方法・手順を示している．

　b．再生骨材を用いるコンクリートであっても，一般的に要求される品質・性能を満足していれば，天然骨材を用いる一般コンクリートと同様に取り扱うことは可能である．したがって，本指針に示されていない事項については，「JASS 5」ならびに「鉄筋コンクリート造建築物の耐久設計指針（案）・同解説」，「鉄筋コンクリート造建築物の収縮ひび割れ制御設計・施工指針（案）・同解説」，「マスコンクリートの温度ひび割れ制御設計・施工指針（案）・同解説」，「コンクリートポンプ工法施工指針・同解説」などの関連指針の規定に準拠して，材料の選定，調合の決定，コンクリートの製造・施工などを行うことで，鉄筋コンクリート造建築物は要求性能を満足することができるものと考えられる．

## 1.2　用　　語

> 本指針に用いる用語は次によるほか，JIS A 0203（コンクリート用語），JIS A 5021（コンクリート用再生骨材 H），JIS A 5022（再生骨材 M を用いたコンクリート），JIS A 5023（再生骨材 L を用いたコンクリート）および JASS 5 の 1 節による．
> 　再生骨材　　　　　　：コンクリート塊を処理し，コンクリート用骨材としたもの

| | |
|---|---|
| 一般骨材 | ：再生骨材以外の骨材の総称 |
| 再生骨材コンクリート | ：再生骨材を骨材の全部または一部に用いたコンクリート |
| 一般コンクリート | ：再生骨材コンクリート以外のコンクリートの総称 |
| 原コンクリート | ：再生骨材を製造する際，原料となるコンクリート |
| 原骨材 | ：原コンクリートに含まれる骨材 |
| 付着ペースト | ：再生骨材に含まれるセメントペースト |
| 付着モルタル | ：再生粗骨材に含まれるモルタル |
| 付着ペースト率 | ：付着ペーストの質量を再生骨材の質量で除した値の百分率 |
| 付着モルタル率 | ：付着モルタルの質量を再生粗骨材の質量で除した値の百分率 |

　再生骨材を用いたコンクリートと再生骨材以外の骨材を用いたコンクリートとの違いは，主に骨材の品質・特性にかかわるものであり，再生骨材および再生骨材を用いたコンクリートについては，一般コンクリートで用いられる用語とは異なる特別な用語を用いることが多い．ここでは，本指針を理解するうえで必要となる用語や，JIS に示されている用語と同一であるが JIS の定義とは異なる扱いをしている用語，JASS 5 と同じ定義ではあるが再掲して注意を促すのが望ましいと考えられる用語などについて説明する．

　「再生骨材」は，構造物の解体によって発生したコンクリート塊や，コンクリート製品，戻りコンクリートを硬化させたものなどに対し，破砕，磨砕，分級等の処理を行い製造した粗骨材および細骨材である．「一般骨材」は，本指針では，再生骨材以外の骨材の総称として用いており，砂利・砂，砕石・砕砂，スラグ骨材，人工軽量骨材などが含まれる．

　「再生骨材コンクリート」は，骨材として再生骨材が含まれるコンクリートであり，「一般コンクリート」は，再生骨材コンクリート以外の再生骨材が含まれないコンクリートである．

　「原コンクリート」は，再生骨材を製造するための原料となるコンクリートであり，構造物の解体によって発生したコンクリート塊やコンクリート製品，戻りコンクリートを硬化させたものなどが該当する．「原骨材」は，原コンクリート中に含まれる粗骨材および細骨材である．

　「付着ペースト」は，再生骨材に含まれるセメントペースト（以下，ペーストと略記することがある）のことであり，再生骨材から原骨材を取り除いた残りの部分を指す．付着ペーストの量は，塩酸に再生骨材を浸漬した場合に溶解した量として求められる．「付着モルタル」は，再生粗骨材から 5 mm を超える原骨材の粒子を取り除いた残りの部分であり，付着モルタル中には，原細骨材だけでなく，原粗骨材が破砕されて 5 mm 以下になったものが含まれる．付着モルタルの量は，塩酸に再生粗骨材を浸漬した場合に溶解した量と溶解せず残った 5 mm 以下の原骨材の量の和として求められる．「付着ペースト率」および「付着モルタル率」は，それぞれ，付着ペーストの質量および付着モルタルの質量を再生骨材の質量で除して得られる値の百分率である．

　「構造部材」は，建築物の柱，梁，構造壁，床，屋根，基礎などの構造耐力上主要な部分を構成する部材のことであり，「非構造部材」は，構造部材以外の間仕切り壁，腰壁，袖壁，ひさし，パラペットなどの部材である．本指針では，非構造部材には土間や人工地盤などが含まれる．

「レディーミクストコンクリート工場」は，本指針では，レディーミクストコンクリートを製造する工場のことを指しており，JIS の認証品を全く製造していない工場も含まれる．なお，いくつかの JIS で用いられている「生産者」という用語は，本指針ではすべて「製造業者」として表記することとした．

---

**参考文献**

1) 環境省：平成 25 年版環境・循環型社会・生物多様性白書，2013
2) 日本建築学会・地球環境委員会・炭素収支と資源利用委員会：建築資材の炭素収支を考慮したマテリアルフローと資源利用の課題，2011
3) Koji Sakai and Takafumi Noguchi：The Sustainable Use of Concrete, CRC Press, 2012
4) 日本砕石協会：骨材供給構造の推移，http://www.saiseki.or.jp/kotsujukyu.html（2014 年 2 月 1 日）
5) 国土交通省：平成 20 年度建設副産物実態調査結果参考資料，2010
6) 野口貴文・小山明男・鈴木康範：再生骨材および再生骨材コンクリートに関する JIS 規格，コンクリート工学，Vol. 45, No. 7, pp. 5-12, 2007

# 2章　再生骨材コンクリートの種類と適用部位

## 2.1　再生骨材コンクリートの種類

a．再生骨材コンクリートの種類は，使用する再生骨材の種類によって表2.1のとおり区分する．

表2.1　再生骨材の種類による再生骨材コンクリートの区分

| 再生骨材コンクリートの種類 | 摘　要 |
|---|---|
| 再生骨材コンクリート H | 粗骨材および細骨材の全部またはその一部に再生骨材Hを用いたコンクリート．ただし，再生骨材M，Lを含まない． |
| 再生骨材コンクリート M | 粗骨材および細骨材の全部またはその一部に再生骨材Mを用いたコンクリート．ただし，再生骨材Lを含まない． |
| 再生骨材コンクリート L | 粗骨材および細骨材の全部またはその一部に再生骨材Lを用いたコンクリート． |

b．再生骨材コンクリートの種類は，使用する骨材の組合せによって表2.2のとおり区分する．

表2.2　骨材の組合せによる再生骨材コンクリートの区分

| 再生骨材コンクリートの種類 | 粗骨材 | 細骨材 |
|---|---|---|
| 再生骨材コンクリート1種 | 粗骨材の全部またはその一部が再生粗骨材 | 普通骨材[(1)] |
| 再生骨材コンクリート2種 | 粗骨材の全部またはその一部が再生粗骨材 | 細骨材の全部またはその一部が再生細骨材 |
|  | 普通骨材[(1)] |  |

[注]（1）JASS 5 4.3「c．普通骨材」による．

c．再生骨材コンクリートの種類は，原コンクリートの特定の有無によって，表2.3のとおり区分する．

表2.3　原コンクリートの特定の有無による再生骨材コンクリートの区分

| 区　分 | 摘　要 |
|---|---|
| 特定型 | 解体工事現場等で発生した特定のコンクリート塊から製造される再生骨材のみを用いるコンクリート． |
| 不特定型 | 解体工事現場等で発生した不特定のコンクリート塊から製造される再生骨材を用いるコンクリート． |

a．再生骨材およびこれを用いたコンクリートは，2005〜2007 年にかけて JIS A 5021（コンクリート用再生骨材 H），JIS A 5022（再生骨材 M を用いたコンクリート）および JIS A 5023（再生骨材 L を用いたコンクリート）として，再生骨材の品質に応じた規格化がなされた[1]．再生骨材の種類は，解説図 1.8 に示すように，吸水率と密度によって分類されるが，再生骨材の品質により，再生骨材コンクリートの品質も影響を受ける．

再生骨材の品質については 4 章において詳述するが，原料は構造物の解体などにより発生したコンクリート塊であり，製造方法によってその品質は左右される．一般に，破砕，磨砕，分級等の高度な処理を行って製造され，付着モルタルまたは付着ペーストの少ない再生骨材 H，比較的簡易な破砕処理によって製造され，付着モルタルまたは付着ペーストの多い再生骨材 L，それらの中間的な性質をもつ再生骨材 M に分類することができる．

再生骨材が普通骨材と性質が異なる点は，この付着モルタルまたは付着ペーストによる影響が大きく，これが多いほど再生骨材の吸水率は大きくなり，コンクリートの品質は低下する[2]〜[4]．

解説図 2.1 は，再生骨材の種類に応じたコンクリートの強度および耐久性のイメージである．再生骨材の品質の向上に比例してこれを用いたコンクリートの強度は増加するが，乾燥収縮や耐凍害性などの耐久性については，再生骨材 M を用いたコンクリートは再生骨材 H を用いたコンクリートよりも大きく低下することが懸念される．このため，再生骨材コンクリートは，再生骨材の種類に応じて使用できる部位・部材を選んだり，調合による工夫などが必要となる．

なお，再生粗骨材 H（または M）を製造する場合，製造方法によっては細骨材として再生骨材 M（または L）が製造されることが想定される．このような場合，資源有効利用の観点からは両者を組み合わせて利用する，すなわち粗骨材に再生骨材 H を，細骨材に再生骨材 M を用いたコンクリートもあり得る．このような複数の種類の再生骨材を用いた再生骨材コンクリートの種類については，より低位な再生骨材を用いた再生骨材コンクリートに分類することとした．また，骨材の一部にわずかでも再生骨材を使用してれば，再生骨材コンクリートとすることとした．

b．再生骨材コンクリートには，主としてコンクリートの品質確保を目的に，再生骨材と普通

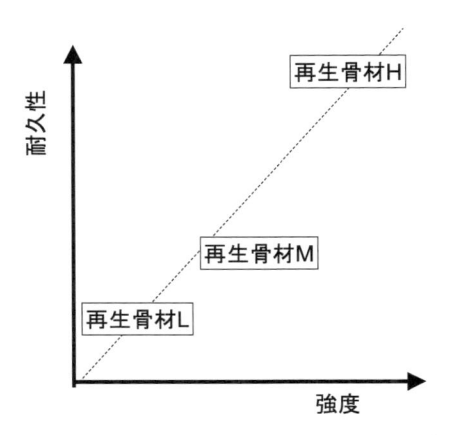

解説図 2.1 再生骨材の種類とこれを用いたコンクリートの強度および耐久性のイメージ

骨材を混合して用いるものがある．再生骨材と普通骨材の組合せ方としては，細骨材・粗骨材ともに再生骨材を使用する場合，粗骨材のみ再生骨材を使用する場合，細骨材のみ再生骨材を使用する場合，再生骨材に普通骨材を混合使用する場合などが考えられる．

一般には，再生骨材の付着モルタルまたは付着ペーストが相対的に少なくなるとコンクリート品質の改善が認められる[3]．ただし，付着ペースト率だけでなく，付着モルタルまたは付着ペースト自身の品質にも影響を受けるといった報告[4]もある．また，耐凍害性のように，原コンクリートがAEコンクリートかどうかによってコンクリートの品質が左右されることも報告[5]されている．よって，再生骨材の品質が低いため，使用する部位・部材の要求性能を満足することができないような場合には，再生骨材に普通骨材を混合して用いるといった調合上の工夫が必要なこともある．

JISにおける同一区分の再生骨材では，再生粗骨材に比べて再生細骨材の方が吸水率は大きいことから，コンクリートの性質に及ぼす影響は，再生細骨材の方が大きいと考えられる．また，JIS A 5022では，付着ペーストの量に応じて，アルカリシリカ反応抑制対策にいくつかのメニューが用意されている[1]．例えば，再生骨材コンクリートM1種は，再生骨材コンクリートM2種に比べて，付着ペーストの量が少ないことから，単位セメント量は大きくできる．言い換えれば，再生骨材コンクリートM2種では，アルカリシリカ反応抑制対策の関係で，使用できるセメント量に制限が生じ，強度の高いコンクリートの製造が難しくなる．

また，建築主によっては，コンクリートの品質への信頼性を確保するために粗骨材の全部または一部を再生骨材とし，細骨材の全部を普通骨材とした再生骨材コンクリートの利用を求める場合も想定される．そこで，再生骨材コンクリートの普及がなされていない現状においては，建築主の選択肢に幅をもたせるために，本指針ではJIS A 5022と同様に，再生細骨材の使用の有無によって，再生骨材コンクリート1種（細骨材の全部に普通骨材を用いた再生骨材コンクリート）と再生骨材コンクリート2種（細骨材の全部またはその一部に再生骨材を用いたコンクリート）に分類した．

なお，再生骨材と普通骨材との混合利用は，コンクリートの品質面での改善がみられる一方で，再生骨材の使用量が少なくなることから，環境配慮的観点からみると資源有効利用の面で課題もある．将来的にグリーン調達などで再生材の使用量の下限が定められるようになることも想定され，そのような場合には，再生骨材コンクリートの品質確保と環境配慮との両面からの検討が必要になる．また，再生骨材の品質およびその用い方が再生骨材コンクリートの品質に及ぼす影響は大きいことから，再生骨材コンクリートを用いる場合には，骨材の種類や再生骨材の混合率を粗骨材・細骨材ごとに特記によって定めることが望ましい．

c．再生骨材の品質は原コンクリートによって大きな影響を受けることから，原コンクリートの特定・不特定によって，再生骨材コンクリートの品質管理の方法などが相違するといった面があり，本指針では，再生骨材コンクリートを特定型と不特定型に分類した．

特定型では，解体工事から再生骨材およびこれを用いたコンクリートの製造まで一貫した責任体制がとられ，再生骨材コンクリートは大臣認定を受けて使用されることが多い[6]．この場合，建

築主や施工者などが，解体工事にも関与するため，原コンクリートを特定することが比較的容易である．再生骨材コンクリートは，不特定の現場から発生する原コンクリートを用いた場合に，品質の安定性やアルカリシリカ反応抑制対策の面で課題があることから，原コンクリートを特定できる特定型のメリットは大きいと考えられる．また，特定型では，責任主体が同じであれば，再生骨材の受入検査が不要になるなどの管理上のメリットがあり，廃棄物の移動量の低減によって，省資源だけでなく省エネルギーや$CO_2$排出量の削減をも図ることができる[7]．さらに再生骨材コンクリートを用いた構造物を次に解体した場合には，原コンクリートが特定されており，再リサイクルの面でのメリットも期待できる．なお，コンクリート製品工場において排出されるコンクリート塊やレディーミクストコンクリート工場において戻りコンクリートを適正に硬化処理したコンクリート塊など，限られたものを原コンクリートにした場合は，原材料や調合も明確であるため特定型となる．

手順を踏んで原コンクリートを特定したり，特定の工事から発生するものを原コンクリートとしたりすることも可能ではあるが，多くの場合，解体工事には再生骨材およびそれを用いたコンクリートの製造者は深く関与しにくい．実際，再生骨材の製造工場である中間処理施設には様々

**解説表 2.1　再生骨材コンクリートの種類**

| 再生骨材コンクリートの種類 | 粗骨材 | 細骨材 |
|---|---|---|
| 再生骨材コンクリート H 1 種<br>（特定型または不特定型）[1] | 粗骨材の全部またはその一部が再生粗骨材 H | 普通骨材[2] |
| 再生骨材コンクリート H 2 種<br>（特定型または不特定型）[1] | 粗骨材の全部またはその一部が再生粗骨材 H | 細骨材の全部またはその一部が再生細骨材 H[3] |
| | 普通骨材[2] | |
| 再生骨材コンクリート M 1 種<br>（特定型または不特定型）[1] | 粗骨材の全部またはその一部が再生粗骨材 M | 普通骨材[2] |
| 再生骨材コンクリート M 2 種<br>（特定型または不特定型）[1] | 粗骨材の全部またはその一部が再生粗骨材 M | 細骨材の全部またはその一部が再生細骨材 M[4] |
| | 普通骨材[2]または再生粗骨材 H | |
| 再生骨材コンクリート L 1 種<br>（特定型または不特定型）[1] | 粗骨材の全部またはその一部が再生粗骨材 L | 普通骨材[2] |
| 再生骨材コンクリート L 2 種<br>（特定型または不特定型）[1] | 粗骨材の全部またはその一部が再生粗骨材 L | 細骨材の全部またはその一部が再生細骨材 L |
| | 普通骨材[2]，再生粗骨材 H または再生粗骨材 M | |

［注］（1）用いるすべての再生骨材が，特定のコンクリート塊から製造される場合のみを特定型とする．
　　　（2）JASS 5 4.3 c による．
　　　（3）再生細骨材 M，L を含まない．
　　　（4）再生細骨材 L を含まない．

な解体工事現場で発生する不特定のコンクリート塊が運び込まれいる．よって，不特定のコンクリート塊から製造される再生骨材およびそれを用いたコンクリートの品質は，JIS 認証や大臣認定など第三者によって保証されなければならず，品質管理の面でも検査頻度が多くなる．ただし，再生骨材コンクリートの普及は，不特定型の利用拡大によるところが大きいと考えられ，再生骨材コンクリートの品質を理解したうえで，適正な用途に利用していくことが肝要である．

再生骨材コンクリートの種類は，用いる再生骨材の種類，骨材の組合せおよび原コンクリートの特定の有無によって分類され，これをまとめると解説表 2.1 となる．

## 2.2 再生骨材コンクリートの適用部位

a．再生骨材コンクリートの適用部位は表 2.4 による．

表 2.4 再生骨材コンクリートの種類による適用部位

| 種類 | 適用部位・部材 |
| --- | --- |
| 再生骨材コンクリート H | 構造部材および非構造部材 |
| 再生骨材コンクリート M（耐凍害品） | 乾燥の影響を受けない構造部材および非構造部材 |
| 再生骨材コンクリート M（標準品） | 乾燥および凍結融解作用の影響を受けない構造部材および非構造部材 |
| 再生骨材コンクリート L | 無筋の非構造部材 |

b．再生骨材コンクリート M を乾燥の影響を受ける構造部材に用いる場合は 10 章，再生骨材コンクリート L を鉄筋コンクリート部材に用いる場合は 11 章による．

a．建築物の部位によって受ける劣化外力の種類や大きさは相違する．このため，適用部位によってコンクリートへの要求品質も異なったものとなることから，再生骨材コンクリートの品質と用いる部位の要求性能を勘案して適用箇所を決めることが重要である．

再生骨材コンクリート H は，その品質が一般コンクリートと同等と認められ，適用部位に限定条件はなく，どのような構造部材および非構造部材にも用いることができる．再生骨材コンクリート M は，一般コンクリートに比べて乾燥収縮が大きく，耐凍害性に劣るとの報告[8]があり，これらの劣化作用を受ける部位に特殊な配慮をせずに適用することはできない．しかし，捨てコンクリートや非構造部材で要求性能の低い部位・部材ならびに杭や CFT コンクリートなど再生骨材コンクリートが露出しない部位は乾燥の影響が小さいことから，例え構造部材であっても特殊な配慮をしなくても適用できる．ただし，CFT コンクリートは高強度コンクリートが用いられることが一般的であり，本指針で定める設計基準強度の上限との関係に注意して用いる必要がある．

また，2012 年の JIS A 5022 の改正によって，再生骨材コンクリート M は，耐凍害品と標準品

に区分されたことから，本指針でも同様の区分を設けた．なお，耐凍害品は，次の条件をすべて満たさなくてはならない．

・再生骨材コンクリートの種類：再生骨材コンクリートM1種
・再生骨材：凍結融解抵抗性が試験によって確かめられたもの
・呼び強度：27以上
・空気量：5.5±1.5%

　これらの条件を満たす再生骨材コンクリートMは，凍結融解作用を受ける部位にも使用できるが，乾燥の影響は考慮しなければならないことに注意が必要である．耐凍害品の適用例としては，水際の構造物，水路構造物，水槽などの乾燥の影響の小さい部位，あるいは寸法が小さく乾燥収縮ひび割れが発生する懸念が小さいプレキャスト製品などが該当すると考えられる．

　再生骨材コンクリートLは，再生骨材コンクリートMよりも低品質となるため，適用部位はかなり限定される．耐久性の確保の観点から，特殊な配慮をしない場合には，有筋のコンクリートへの適用はできない．想定される用途としては，要求性能の低い捨てコンクリートや無筋コンクリートなどである．

　b．本指針では，特殊な配慮を必要とするか否かによって，再生骨材コンクリートの種類および適用部位ごとに分けて内容を記載している．すなわち，再生骨材コンクリートHや乾燥収縮の懸念のない非露出部分に再生骨材コンクリートMを使用する場合および無筋コンクリートに再生骨材コンクリートLを用いる場合のように，特殊な配慮が必要でない場合は，3～9章において再生骨材コンクリートを使用する際の指針を定めている．

　一方，再生骨材コンクリートMを乾燥の影響を受ける構造部材に使用する場合および再生骨材コンクリートLを有筋の部材に使用する場合のように，特殊な配慮を必要とする場合は，それぞれ10章および11章において指針を定めている．本指針における再生骨材コンクリートの種類と適用部位・部材との関係を解説表2.2に示す．

**解説表2.2　再生骨材コンクリートの種類と適用部位・部材**

| | | 構造部材 | | 非構造部材 | |
|---|---|---|---|---|---|
| | | 乾燥の影響を受ける部材 | 乾燥の影響を受けない部材 | 有筋 | 無筋 |
| 再生骨材コンクリートの種類 | H | 特殊な配慮を要せず利用可能な範囲（3～9章に記載） | | | |
| | M | 乾燥の影響を受ける構造部材に用いる再生骨材コンクリートM（10章に記載） | 特殊な配慮を要せず利用可能な範囲（3～9章に記載） | | |
| | L | 鉄筋コンクリート部材に用いる再生骨材コンクリートL（特殊配慮品）（11章に記載） | | | 特殊な配慮を要せず利用可能な範囲（3～9章に記載） |

**参 考 文 献**

1) 野口貴文・小山明男・鈴木康範：再生骨材および再生骨材コンクリートに関するJIS規格，コンクリート工学，Vol. 45, No. 7, pp. 5 -12, 日本コンクリート工学協会，2007.7
2) 笠井芳夫・依田彰彦・山田　徹・原田　実・川口俊文：コンクリート破砕骨材を用いたコンクリートの研究，日本建築学会学術講演梗概集，構造系50, pp.325-326, 1975.10
3) 菊池雅史・道正泰弘・安永　亮・江原恭二・増田　彰：再生骨材の品質が再生コンクリートの品質に及ぼす影響，日本建築学会構造系論文集，第474号, pp.11-20, 1995.8
4) 髙橋祐一・桝田佳寛：再生骨材中の付着モルタルが再生コンクリートの性質に及ぼす影響，日本建築学会構造系論文集，第653号, pp.1167-1172, 2010.7
5) 喜地大輔・吉本　稔・栩木　隆：再生骨材の品質がコンクリートの強度および耐久性に及ぼす影響，土木学会年次学術講演会講演概要集，58巻5号, pp.1017-1018, 2003.9
6) 栁　啓：再生コンクリートの利用に関するこれまでの経緯，シンポジウム「リサイクルコンクリートの普及にむけて」主題解説, pp. 7 -12, 日本建築学会関東支部材料施工専門研究委員会, 2006.3
7) 日本建築学会：鉄筋コンクリート造建築物の環境配慮施工指針（案）・同解説，2008.9
8) 後藤　彰・堺　孝司：再生骨材コンクリートの耐凍害性と乾燥収縮，コンクリート工学年次論文報告集，Vol. 19, No. 1 , pp.1105-1110, 日本コンクリート工学協会，1997.7

# 3章 再生骨材コンクリートの品質

## 3.1 総　　則

> a．本章は，再生骨材コンクリートの品質について規定する．
> b．再生骨材コンクリートは，本章で規定する品質が満足されるように，材料の選定，調合，製造および施工を行うものとする．

　a．本章は，解説表2.2に示した「特殊な配慮を要せず利用可能な範囲」に用いる再生骨材コンクリートH，再生骨材コンクリートMおよび再生骨材コンクリートLの品質について規定するものである．本章で対象とする範囲以外に用いる再生骨材コンクリートMおよび再生骨材コンクリートLの品質については，それぞれ10章および11章を参照されたい．

　b．再生骨材コンクリートは，一般コンクリートと同様に，材料選定，調合，運搬，打込み・締固め，仕上げ，養生などの過程を経て構造体コンクリートとなる．しかし，再生骨材コンクリートは，再生骨材の付着ペーストに起因した特有の性状を有していることから，一般コンクリートと同等に扱えない部分もある．したがって，再生骨材コンクリートを使用する際には，本章に示す品質が満足されるよう，次章以降に示す材料，製造，調合，施工等の規定を遵守する必要がある．

## 3.2 再生骨材コンクリートの品質

> a．再生骨材コンクリートHは，所要のワーカビリティー，スランプ，圧縮強度，ヤング係数，乾燥収縮率，気乾単位容積質量および耐久性を有するものとする．
> b．再生骨材コンクリートMは，所要のワーカビリティー，スランプ，圧縮強度，ヤング係数，気乾単位容積質量および耐久性を有するものとする．
> c．再生骨材コンクリートLは，所要の圧縮強度，ワーカビリティーおよびスランプを有するものとする．

　a，b．特殊な配慮を要せず利用可能な範囲に用いる再生骨材コンクリートHと再生骨材コンクリートMの満たすべき品質として，所要のワーカビリティー，スランプ，圧縮強度，ヤング係数，気乾単位容積質量および耐久性を規定している．また，2章で規定したように，再生骨材コンクリートHの適用範囲は一般コンクリートと同等であるので，計画供用期間の級が長期の構造体に再生骨材コンクリートHを用いる場合には，乾燥収縮率の規定を設けている．なお，再生骨

材コンクリートHを計画供用期間の級が超長期の構造体に用いた例はこれまでになく，実際の構造物としての性状も現時点では長期にわたって確認されていないため，認めないこととした．

（1）　ワーカビリティーおよびスランプ：フレッシュの状態の再生骨材コンクリートが満たすべき規定であり，荷卸し時の受入検査において確認する．具体的には，3.6による．

（2）　圧縮強度：再生骨材コンクリートの設計基準強度および耐久設計基準強度は3.3を基に設定し，再生骨材コンクリートの品質管理・検査時に必要となる圧縮強度は3.4による．3.4では使用するコンクリートの強度（ポテンシャル強度）と，構造体コンクリート強度について規定している．

（3）　ヤング係数：具体的には，3.7による．本来，構造体コンクリートが満たすべき規定であるが，使用するコンクリートの試し練り時の試験などで確認すればよい．

（4）　乾燥収縮率：具体的には，3.7による．本来，構造体コンクリートが満たすべき規定であるが，使用するコンクリートの試し練り時の試験などで確認すればよい．

（5）　気乾単位容積質量：具体的には，3.5による．本来，構造体コンクリートが満たすべき規定であるが，使用するコンクリートの試し練り時の試験などで確認すればよい．

（6）　耐久性：再生骨材コンクリートの耐久性は，種々の劣化外力に対してひび割れが生じにくいこと，中性化に対する抵抗性があること，鉄筋の腐食に対して防せい性があること，凍結融解作用に対する抵抗性があること，アルカリ骨材反応が生じないことなどが挙げられる．具体的には，3.7，3.8および3.9による．

c．本項では，特殊な考慮をせずとも利用可能な範囲で用いることができる再生骨材コンクリートLの満たすべき品質として，圧縮強度，ワーカビリティーおよびスランプを規定している．ここで再生骨材コンクリートLの用途としては，捨てコンクリートなどの非構造部材を想定しており，各品質の具体的な規定値については JIS A 5023（再生骨材Lを用いたコンクリート）や JASS 5 30節「無筋コンクリート」を参考に定めるとよい．

## 3.3　設計基準強度および耐久設計基準強度

a．再生骨材コンクリートの設計基準強度は，次の（1），（2）および（3）による．
　（1）　再生骨材コンクリートHの設計基準強度は，18，21，24，27，30，33および36 N/mm²とする．
　（2）　再生骨材コンクリートMの設計基準強度は，18，21，24，27および30 N/mm²とする．
　（3）　再生骨材コンクリートLの設計基準強度は，必要に応じて定めることとし，18 N/mm²を標準とする．

b．耐久設計基準強度は，信頼できる資料または試験により定めることとし，信頼できる資料または試験によらない場合は表3.1を標準とする．ただし，再生骨材コンクリートMを計画供用期間の級が長期の構造体に用いる場合は，試験によって中性化抵抗性を確認したうえで耐久設計基準強度を定めることとする．

表3.1 再生骨材コンクリートの耐久設計基準強度 (N/mm²)

| 計画供用期間の級 | 再生骨材コンクリート H | 再生骨材コンクリート M |
|---|---|---|
| 短期 | 18 | 18 |
| 標準 | 24 | 24 |
| 長期 | 30 | — |

a．再生骨材 H は，高度な処理によって骨材の付着ペーストをほとんど除去したもので，絶乾密度や吸水率などは一般骨材と同等の品質を有する．再生骨材コンクリート H は一般的な強度域において一般コンクリートとほぼ同等の強度特性を有していると考えられる[1]．このため，再生骨材コンクリート H の設計基準強度は，JASS 5 における一般仕様のコンクリートの設計基準強度に合わせて上限値を 36 N/mm² とした．

一方，再生骨材 M は，再生骨材 H よりも付着ペーストが多く，再生骨材コンクリート M の強度特性は，再生骨材コンクリート H や一般コンクリートに比べてやや劣ることが確認されている[2]．また，JIS A 5022（再生骨材 M を用いたコンクリート）では呼び強度の上限値は 36 と規定されている．したがって，再生骨材コンクリート M の設計基準強度は，上限値を 30 N/mm² とした．

なお，再生骨材コンクリート L の呼び強度は，JIS A 5023 では 18，21 および 24 と規定されている．再生骨材コンクリート L を捨てコンクリートなどの無筋コンクリートの用途に使用する場合，必要最低限の強度を有していればよく，JASS 5 30 節「無筋コンクリート」では設計基準強度は 18 N/mm² とされている．特に設計や施工の条件によりひび割れ防止や打込み後の早い段階で強度が求められる場合には，設計基準強度を 18 N/mm² 以上で設定すればよい．

b．一般的に，鉄筋コンクリートの耐久性にかかわる性能のうち，コンクリートの中性化および表面劣化，塩化物イオンの浸透，鉄筋腐食などに対する抵抗性は，コンクリートの水セメント比に大きく影響を受ける．しかし，最近ではコンクリート材料の多様化が進み，水セメント比だけでは耐久性の評価が困難な場合が生じていること，品質管理・検査において水セメント比に対する直接的な検査方法および検査基準が定められていないことなどの理由により，JASS 5 3.4 ではコンクリートの耐久性に関する所要の性能を圧縮強度で規定している．

一般コンクリートについては，促進中性化試験で得られた中性化速度係数と圧縮強度の逆数とは直線関係にあることが一般に知られている．よって，セメントの種類，養生条件，水セメント比などの影響が表れている圧縮強度によって中性化速度が評価できるといえる．また，コンクリートの表面劣化，塩化物イオンの浸透，鉄筋腐食などに対する抵抗性も，水セメント比と密接な関係があるので，水セメント比と密接な関係のある圧縮強度を指標に定めることにより，所要の抵抗性を得ることができると考えられている．

JASS 5 3.4 では，上記の考えにより，標準養生供試体の 28 日圧縮強度と供試体の屋外暴露試験に基づく中性化速度係数との関係を用いて，屋外における設計かぶり厚さ 40 mm のケースに

ついて，信頼性設計に基づき耐久設計基準強度を定めている．

　再生骨材コンクリートにおいては，圧縮強度と屋外暴露における中性化速度係数との関係を検討した事例はほとんどなく，JASS 5 3.4 と同様に信頼性設計に基づいて耐久設計基準強度を定めるのは現時点では困難である．しかし，再生骨材 H や再生骨材 M を用いるケースでは，再生骨材コンクリートの中性化速度係数と圧縮強度とは関連性があることが多く報告されている．

　解説図 3.1 は，再生粗骨材 H を用いたコンクリートの圧縮強度の逆数と中性化速度係数との関係を示している[3]．図では製造方法が異なる 4 種類の再生粗骨材 H を用いたコンクリートと砕石を用いたコンクリートとの比較を行っている．これより，再生粗骨材 H を用いたコンクリートと一般コンクリートとの比較では，コンクリートの圧縮強度の逆数と中性化速度係数とは，骨材の種類にかかわらずおおむね直線関係にあり，再生骨材 H を用いた場合，一般骨材を用いた場合と比較して骨材の品質による中性化速度係数の違いは認められない．また，圧縮強度を同等にすることで，再生粗骨材 H を用いたコンクリートは一般骨材を用いたコンクリートと同等の中性化抵抗性を確保できることが報告されている．

　解説図 3.2 は，再生粗骨材 H および M を用いたコンクリートの促進中性化試験結果を示している[4]．標準養生供試体の 28 日圧縮強度については，砕石を用いた CS に比べて再生粗骨材を用いた RG 0〜2 は小さい値となったが，中性化深さについては再生粗骨材の場合と砕石の場合とでは変わらない結果が得られている．これ以外にも，同一水セメント比で，セメント，細骨材，混和材料などの使用材料が同じ条件下で，再生粗骨材 H，再生粗骨材 M および砕石を用いたコンクリートの促進中性化試験を行い比較した結果が報告されており[5]，いずれの場合も再生粗骨材コンクリートは，砕石コンクリートよりも圧縮強度はほぼ等しいか低い結果ではあるが，中性化深さや中性化速度係数には明確な差がないことが報告されている．

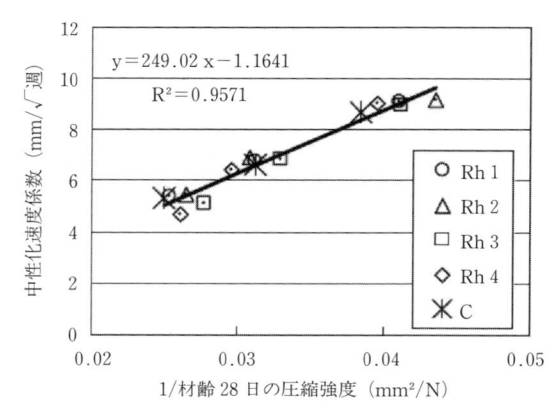

［注］Rh 1〜4：再生粗骨材コンクリート H
　　　C：砕石を用いた一般コンクリート
　　　セメントは普通ポルトランドセメント，細骨材は陸砂を使用．

**解説図 3.1** 品質の異なる再生粗骨材 H を用いたコンクリートの圧縮強度の逆数と中性化速度係数の関係[3]

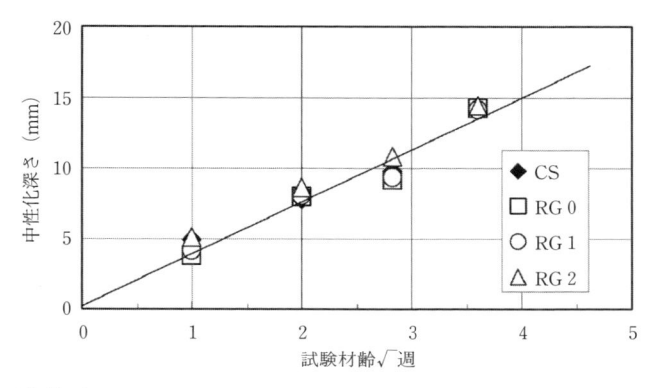

3章　再生骨材コンクリートの品質　—23—

[注]　CS　　：砕石を使用
　　　RG 0：再生粗骨材 M（絶乾密度 2.36 g/cm³，吸水率 4.7%）を使用
　　　RG 1：再生粗骨材 M（絶乾密度 2.43 g/cm³，吸水率 3.5%）を使用
　　　RG 2：再生粗骨材 H（絶乾密度 2.51 g/cm³，吸水率 2.5%）を使用
　　　水セメント比はいずれも 50%，セメントは高炉セメント B 種，細骨材として陸砂を使用

**解説図 3.2**　再生粗骨材コンクリート H および M の促進中性化試験結果[4]

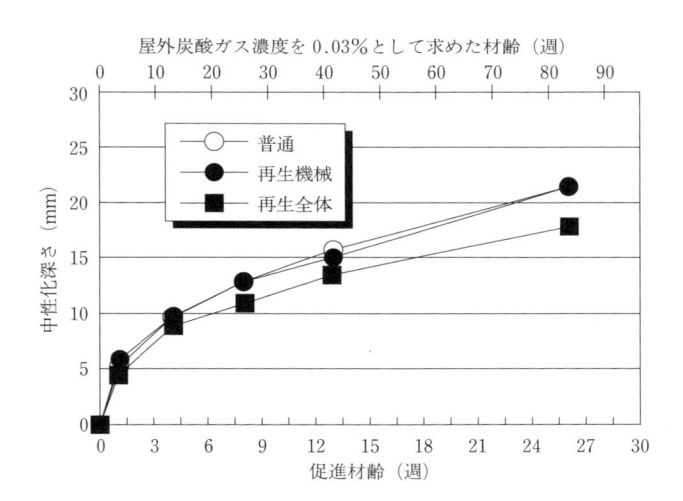

[注]　普通　　：砕石と川砂を使用
　　　再生機械：機械すりもみ法により製造した再生細・粗骨材 H を使用
　　　再生全体：全体加熱法により製造した再生細・粗骨材 H を使用

**解説図 3.3**　再生細骨材 H を用いたコンクリートの促進中性化試験結果[7]

　以上より，再生粗骨材 H または再生粗骨材 M を用いる場合と一般的な砕石を用いる場合とでは，粗骨材の品質による中性化抵抗性に明確な差は認められず，再生粗骨材を用いるコンクリートの耐久設計基準強度は一般コンクリートにおける耐久設計基準強度と同じとしてよいと考えられる．

　解説図 3.3 は，製造方法の異なる 2 種類の再生骨材を用いたコンクリートの促進中性化試験結

果を示す[7]．これより，中性化に対する抵抗性については，再生細骨材 H を用いたコンクリートであっても，砕石と川砂を用いた一般コンクリートとほぼ同等であることがわかる．

解説図 3.4 は，再生粗骨材 H と再生細骨材 M を用いたコンクリートの促進中性化試験結果を示す[8]．同一水セメント比 45％において細骨材に再生細骨材 H を使用したコンクリート（BHH 45）と再生細骨材 M を使用したコンクリート（BHM 45）は，山砂を使用したコンクリート（BHN 45）よりも中性化深さが小さい結果となっている．なお，この論文では圧縮強度についても報告されており，上述の3種類のコンクリート（BHH 45，BHM 45，BHN 45）の圧縮強度はほぼ同等の結果であった．

再生細骨材を用いたコンクリートの耐久性に関する文献は多くはないが，以上の試験結果から，再生細骨材の品質が再生細骨材 M の規定値を満足していれば，再生細骨材を用いたコンクリートの中性化抵抗性は一般コンクリートとほぼ同等としてよいと考えられるため，再生細骨材を用いたコンクリートの耐久設計基準強度は一般コンクリートの耐久設計基準強度と同じとした．

また，再生骨材コンクリート M を計画供用期間の級が長期である構造体に用いた例は，現時点では報告されていないため，その場合には，耐久設計基準強度は，設計段階において試験によって中性化抵抗性を確認したうえで定めることとした．

なお，再生骨材コンクリート M の耐久設計基準強度は本指針では上述の考察により表 3.1 のように設定したが，2009 年版の JASS 5 28 節「再生骨材コンクリート」の規定とは異なっているので注意されたい．

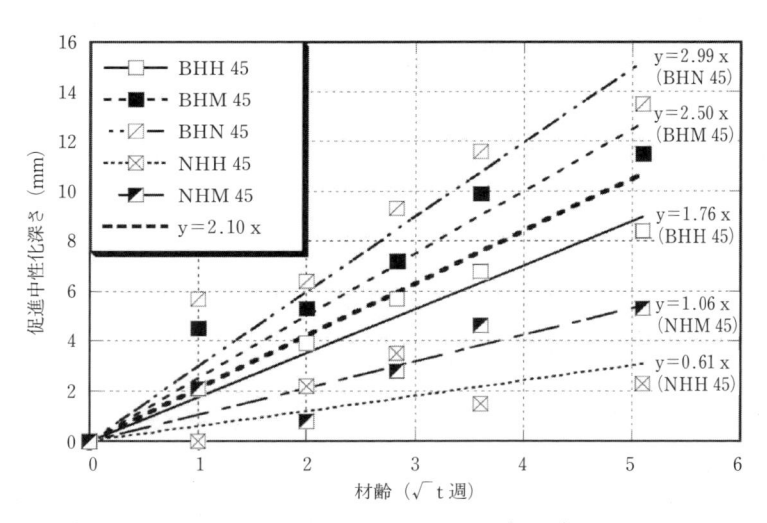

[注] 図の凡例（例えば BHH 45，NHM 45，BHN 45 など）のうち
　1 文字目の B と N：それぞれ高炉セメント B と普通ポルトランドセメントを示す．
　2 文字目の H：再生粗骨材 H を示す．
　3 文字目の H, M, N：それぞれ再生細骨材 M と天然山砂を混合して再生細骨材 H の品質を満たしたもの，再生細骨材 M，天然山砂を示す．
　数字：水セメント比 45％を示す．

**解説図 3.4　再生細骨材 H および M を用いたコンクリートの促進中性化試験結果**[8]

## 3.4 圧縮強度

> a．使用する再生骨材コンクリートの強度は，材齢28日において調合管理強度以上とする．
> b．再生骨材コンクリートの構造体コンクリート強度は，次の（1）～（3）による．
> 　（1） 材齢91日において品質基準強度以上とする．
> 　（2） 施工上必要な材齢において，施工上必要な強度を満足するものとする．
> 　（3） 構造体コンクリート強度は，標準養生した供試体の圧縮強度を基に合理的な方法で推定した強度，もしくは現場水中養生または現場封かん養生を行った供試体の圧縮強度で表し，表3.2に示す基準に適合するものとする．
>
> 表3.2　構造体コンクリートの圧縮強度の基準
>
> | 供試体の養生方法 | 試験材齢 | 圧縮強度の基準 |
> | --- | --- | --- |
> | コア[(1)] | 91日 | 品質基準強度以上[(2)] |
> | 標準養生 | 28日 | 調合管理強度以上 |
> | 現場水中養生または現場封かん養生 | 施工上必要な材齢 | 施工上必要な強度以上 |
>
> ［注］（1）　工事監理者の承認を得て構造体温度養生供試体とすることができる．
> 　　　（2）　構造体温度養生供試体による場合は，品質基準強度に3 N/mm²を加えた値とする．
>
> c．上記 a，b 項で規定する再生骨材コンクリートの圧縮強度の判定は9章による．

　a．使用する再生骨材コンクリートの強度とは，工事に使用する再生骨材コンクリートが本来保有していると考えられるポテンシャルの圧縮強度のことであり，一般コンクリートと同様に，打込み前の再生骨材コンクリートから試料を採取して標準養生を行った供試体の材齢28日の圧縮強度で表される．再生骨材コンクリートの強度発現性状は一般コンクリートと大きな差はないと考えられる[9)]ため，一般コンクリートと同等の取り扱いとした．

　b．構造体コンクリート強度とは，構造体中の各部分において発現している圧縮強度のことであるが，JASS 5 3.7 では構造体から採取したコアによる確認方法に加えて，標準養生供試体や現場水中養生または現場封かん養生供試体による確認方法が規定されている．構造体コンクリート強度の確認に関しては，再生骨材コンクリートについても一般コンクリートと同様の考え方である．

## 3.5　気乾単位容積質量

> 　再生骨材コンクリートの気乾単位容積質量は，再生骨材コンクリート H は 2.30 t/m³，再生骨材コンクリート M は 2.25 t/m³，再生骨材コンクリート L は 2.20 t/m³ を標準とする．ただし，信頼でき

る資料または試験結果などがある場合は，これによってもよい．

　構造計算などで採用する鉄筋コンクリートの単位体積重量は，再生骨材コンクリートの気乾状態の単位容積質量に基づいて決定されることとなるが，再生骨材コンクリートの単位容積質量は，再生骨材の密度が天然骨材よりも小さいため，一般コンクリートに比較して減少するものと考えられる．申らの研究によると[10]，解説図 3.5 に示すように，圧縮強度が 40 N/mm² 以下のコンクリートの単位容積質量は，一般コンクリートの平均が 2.310 t/m³，再生骨材コンクリートの平均が 2.226 t/m³ と報告されている．また，単位容積質量の度数分布においては，再生骨材コンクリート H で 2.3 t/m³，再生骨材コンクリート M で 2.25 t/m³，再生骨材コンクリート L で 2.2～2.25 t/m³ が上位を占めている．そこで，再生骨材コンクリートの気乾単位容積質量は，再生骨材コンクリート H は 2.30 t/m³，再生骨材コンクリート M は 2.25 t/m³，再生骨材コンクリート L は 2.20 t/m³ を標準とすることとし，信頼できる資料または試験に基づく場合は，それにより設定してもよいこととした．

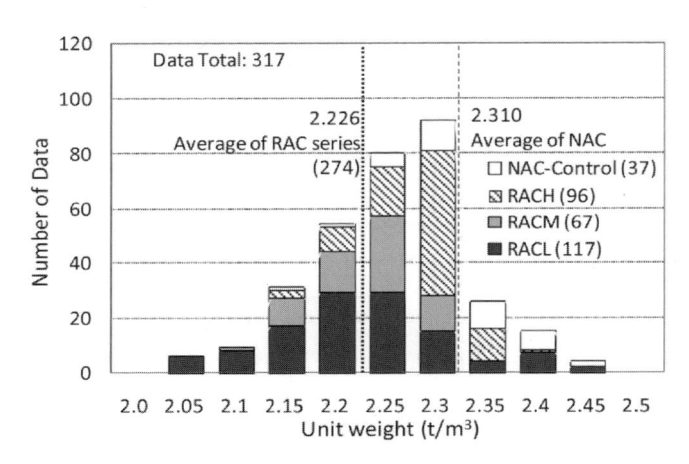

解説図 3.5　単位容積質量分布（圧縮強度 40 N/mm² 以下）[10]

## 3.6　ワーカビリティーおよびスランプ

a．再生骨材コンクリートのワーカビリティーは，打込み箇所および打込み・締固め方法に応じて，型枠内および鉄筋周囲に密実に打ち込むことができ，かつブリーディングおよび材料分離が少ないものとする．

b．再生骨材コンクリートの荷卸し時のスランプは，打込み箇所および打込み方法を考慮して定め，18 cm 以下を標準とする．ただし，調合管理強度が 33 N/mm² 以上の場合は，21 cm とすることができる．

a．再生骨材コンクリートにおいても一般コンクリートと同様に，運搬・打込み・締固め・仕

上げなどの各作業に適する良好なワーカビリティーが要求される．再生骨材はペースト付着率が大きい場合は，吸水率が大きくなる．そのためプレウェッティングを十分に行っていない再生骨材 M および再生骨材 L を用いた再生骨材コンクリート M および再生骨材コンクリート L では，再生骨材への吸水に伴ない表面仕上げ作業においてこて仕上げが行い難い状態となる．また，解説図 3.6 に示すように，再生粗骨材の吸水率（MA：3.02～3.45％，MB：4.13～4.27％）の増加に伴ないブリーディング量が減少する傾向が認められ，この傾向は水セメント比の増加とともに顕著となっている[2]．ただし，水セメント比 65％の場合には，再生骨材コンクリートであってもブリーディング量が $0.4\,cm^3/cm^2$ に達する場合が認められ，再生骨材コンクリートの表面の品質を高めるためには，ブリーディングおよび骨材の分離を少なくする配慮が必要である．また，再生骨材の吸水率が大きくなると，再生骨材を気乾状態で使用した際にはフレッシュコンクリートの経時変化が大きくなると予想される．このため，散水によりプレウェッティングを十分に行い，再生骨材の表面水率が安定するよう配慮が必要となる．再生細骨材は，プレウェッティング後，長期間保存すると固結する場合があるため，使用する前に固結していないことを確認する必要がある．

　b．再生骨材コンクリートは，一般コンクリートと同様に，AE 減水剤の使用により単位水量を増加させずにワーカビリティーの改善が可能と考えられる．既往研究[2]では，吸水率が 3.02～4.27％の再生骨材 M を用いた再生骨材コンクリートにおいて，化学混和剤の添加量を調整することにより，所定のスランプおよびスランプフローが得られ，良好なワーカビリティーが得られることが報告されている．再生骨材コンクリートは，一般骨材に比較して再生骨材の吸水率が高いこと，また，再生骨材には微粉分が付着している場合が多いことから，練上がり後の経過時間に伴なうスランプの低下が大きくなる可能性がある．解説図 3.7 において，水セメント比が 52％，46％，40％の再生骨材コンクリート H（ZH）および再生骨材コンクリート M（ZM）のスランプの経時変化を比較すると，水セメント比が 40％の再生骨材コンクリート M（ZM）で最もスランプ低下が大きくなることが示されている[11]．そのため，水セメント比が小さい再生骨材コンクリート M を用いる場合には，スランプの低下を考慮する必要があると考えられる．

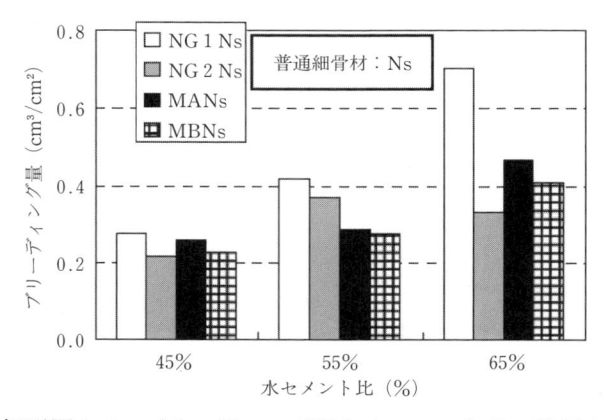

**解説図 3.6** ブリーディング量と水セメント比の関係[2]

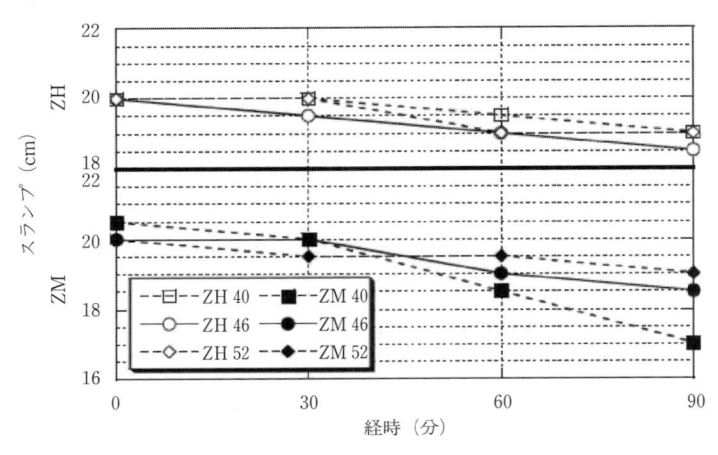

**解説図 3.7** 再生骨材コンクリートのスランプの経時変化[11]

以上より，再生骨材コンクリートは，打込み時間の管理を適切に行ってスランプの低下に注意すればよいので，その荷卸し時のスランプは JASS 5 3.6 に示される一般コンクリートと同じ値とした．

### 3.7 ヤング係数・乾燥収縮率および許容ひび割れ幅

> a．再生骨材コンクリートのヤング係数は，(3.1)式で計算される値の80％以上の範囲内にあるものとする．この範囲内にない場合は，構造安全性および使用性において問題がないことを実験や計算などによって確認する．
>
> $$E = 3.35 \times 10^4 \times \left(\frac{\gamma}{2.4}\right)^2 \times \left(\frac{\sigma_B}{60}\right)^{1/3} \quad (\text{N/mm}^2) \tag{3.1}$$
>
> ただし，$E$：再生骨材コンクリートのヤング係数（N/mm²）
> 　　　　$\gamma$：再生骨材コンクリートの単位容積質量（t/m³）
> 　　　　$\sigma_B$：再生骨材コンクリートの圧縮強度（N/mm²）
>
> b．再生骨材コンクリート H を計画供用期間の級が長期の構造体で使用する場合，使用する再生骨材コンクリート H の乾燥収縮率は $8 \times 10^{-4}$ 以下とする．
>
> c．再生骨材コンクリート H を計画供用期間の級が長期の構造体で使用する場合，構造体コンクリートの許容ひび割れ幅は 0.3 mm とし，この幅を超えるひび割れは，耐久性上支障のないように適切な処置を施す．
>
> d．a および b で規定する再生骨材コンクリートのヤング係数および乾燥収縮率に対する判定は，9章による．

a．再生骨材コンクリートのヤング係数については，既往の多数のデータに基づいたヤング係数推定式が提案されている[12]．解説図3.8は既往の文献から圧縮強度とヤング係数との関係を集計して，再生骨材の品質別にグラフにまとめたもので，JASS 5 3.8 の算定式によっても，圧縮強

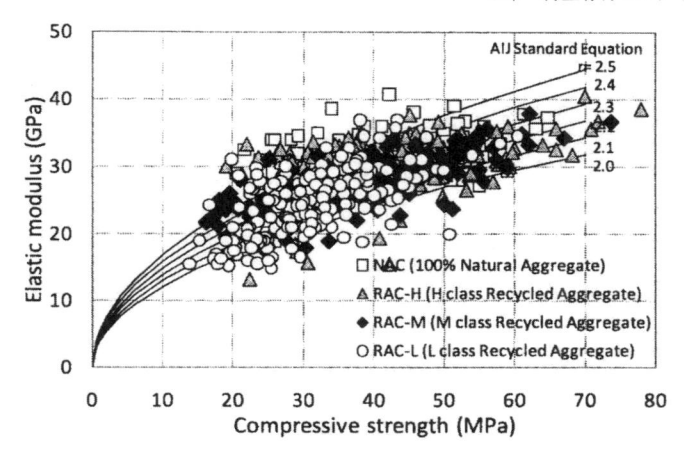

3章 再生骨材コンクリートの品質 —29—

**解説図 3.8** 再生骨材別の圧縮強度とヤング係数との関係[12]

度により精度に差はあるが，おおむね再生骨材コンクリートのヤング係数を評価できると報告されている．このため，本節においても一般コンクリートとの整合性を考慮して，再生骨材コンクリートのヤング係数は JASS 5 3.8 の算定式を採用することとした．

b．再生粗骨材 H は付着ペーストが大幅に除去されており，粗骨材の絶乾密度や吸水率などの品質は砕石などの一般粗骨材と同等であるが，再生骨材コンクリート H 1 種の乾燥収縮率は同一水セメント比では砕石を用いた一般コンクリートよりも小さくなる傾向にある．解説図 3.9 は製造方法が異なる数種類の再生粗骨材 H を用いたコンクリートの乾燥収縮ひずみの比較図を示す[13]．解説図 3.9 によれば，再生骨材コンクリート H 1 種の試験期間 26 週での乾燥収縮ひずみはいずれも，再生粗骨材 H の製造方法にかかわらず，砕石を用いた一般コンクリートよりも小さい値となっている．この理由としては，試験に用いた再生粗骨材 H が砂利起源であり，砕石を用いた一般コンクリートよりも同一水セメント比では単位水量が少なく，単位粗骨材量が多いことが考えられる．

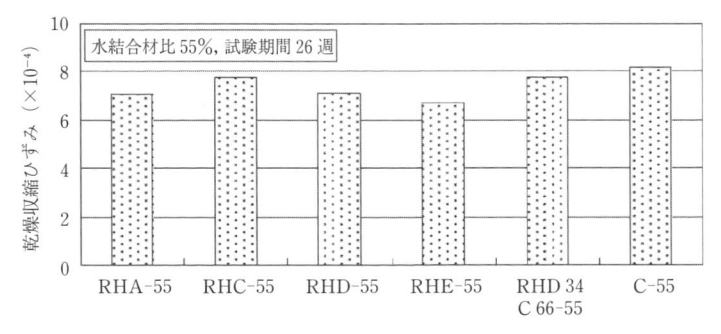

［注］ RHA，RHC，RHD，RHE はそれぞれ製造方法が異なる再生粗骨材 H を示し，C は砕石を示す．なお，RHD については再生粗骨材 H と砕石を 1：2 の割合で混合したものについても試験を行っている．

**解説図 3.9** 再生粗骨材コンクリート H の乾燥収縮ひずみ[13]

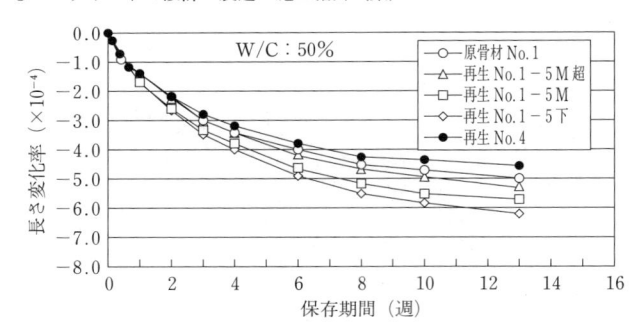

**解説図 3.10** 再生骨材コンクリート H の乾燥収縮ひずみ[14]

解説図 3.10 は，再生細骨材 H と再生粗骨材 H を用いたコンクリートの乾燥収縮試験結果である[14]．これによれば，乾燥収縮率はいずれの再生骨材コンクリート H においても $8\times10^{-4}$ 以下となっている．

以上より，現時点では再生骨材コンクリート H を計画供用期間の級が長期の構造体へ適用した事例は見当たらないが，再生骨材コンクリート H に対しても一般コンクリートと同等の乾燥収縮率の設定は可能であると判断し，JASS 5 3.8 に準じて乾燥収縮率の規定を設けた．

 c．鉄筋コンクリートのひび割れ性状は，コンクリートそのものの乾燥収縮性状に加え，部材の寸法形状や拘束条件，鉄筋の配筋状況などにも大きく影響を受ける．特に計画供用期間の級が長期の構造体の場合はひび割れへの配慮が必要である．

現時点では，再生骨材コンクリートの乾燥収縮によるひび割れ幅や深さに関して，再生骨材の品質の影響を検討した事例は少ない[15),16)]．しかし，上述の乾燥収縮への対応と同様に，計画供用期間の級が長期の構造体の要求性能ならびに実現可能性を考慮して，再生骨材コンクリート H についても JASS 5 3.8 にならい，一般コンクリートと同等の許容ひび割れ幅に対する規定を設けた．

なお，再生骨材コンクリート M については，本節では乾燥を受ける部位，すなわち乾燥収縮によるひび割れ発生抑制を考慮すべき部材への適用は認めていないことから，乾燥収縮率および許容ひび割れ幅に関する規定は設けていない．

一般に，平板状の部材（壁，床スラブ，土間スラブなど）は，空気にさらされる面積が大きいため乾燥収縮ひび割れが発生しやすい．本章で対象とする再生骨材コンクリートではないが，小山ら[17)]は，吸水率が 6.24％の再生粗骨材，吸水率が 14.3％の再生細骨材を用いた壁部材には，解説図 3.11 に示すように，スパン中央部に壁の上下を横断する顕著なひび割れが発生したことを報告している．このような乾燥収縮ひび割れの抑制のためには適切な位置にひび割れ誘発目地を設けることが有効と考えられる．したがって，平板状の部材には，目地の位置，間隔，深さなどを考慮して適切に目地を配置することが必要である．

a) RW 0/0-0.45-S
再生粗骨材 0 %，再生細骨材 0 %，
壁筋比 0.45%，シングル配筋

b) RW 30/30-0.45-S
再生粗骨材 30%，再生細骨材 30%，
壁筋比 0.45%，シングル配筋

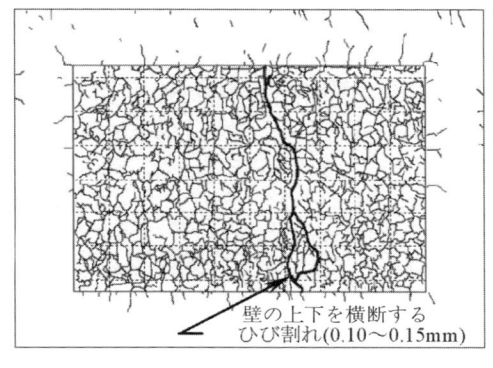

c) RW 100/100-0.45-S
再生粗骨材 100%，再生細骨材 100%，
壁筋比 0.45%，シングル配筋

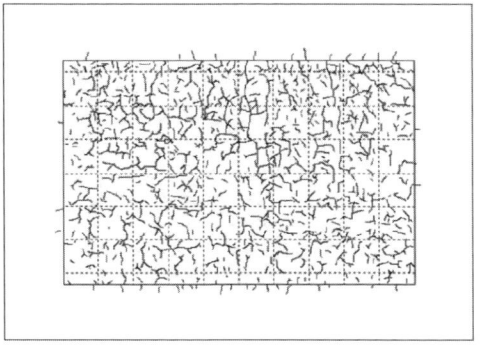

壁の上下を横断する
ひび割れ(0.10〜0.15mm)

d) RW 100/100-0.45-D
再生粗骨材 100%，再生細骨材 100%，
壁筋比 0.45%，ダブル配筋

**解説図 3.11** 再生骨材コンクリート壁部材に生じた乾燥収縮ひび割れ　材齢 13 週[17]
（壁部寸法：1 500×1 000×150 mm，柱梁部寸法：250×250 mm）

## 3.8 かぶり厚さ

a．かぶり厚さは，構造体および部材に所要の耐久性，耐火性および構造性能が得られるように，部材の種類と部位ごとに，計画供用期間，再生骨材コンクリートの種類と品質，部材の受ける環境作用の種類と強さ，特殊な劣化作用などの暴露条件ならびに耐火上および構造上の要求を考慮して定める．

b．再生骨材コンクリート H および再生骨材コンクリート M の最小かぶり厚さは，表 3.3 に示す値以上とする．ただし，水中コンクリートに適用する再生骨材コンクリート H および再生骨材コンクリート M の最小かぶり厚さは，JASS 5 24 節「水中コンクリート」による．

表 3.3　最小かぶり厚さ（単位：mm）

| 部材の種類 | | 短期 | 標準・長期 | |
|---|---|---|---|---|
| | | 屋内・屋外 | 屋内 | 屋外[1] |
| 構造部材 | 柱・梁・耐力壁 | 30 | 30 | 40 |
| | 床スラブ・屋根スラブ | 20 | 20 | 30 |
| 非構造部材 | 構造部材と同等の耐久性を要求する部材 | 20 | 20 | 30 |
| 直接土に接する柱・梁・壁・床および布基礎の立上り部 | | 40 | | |
| 基礎 | | 60 | | |

[注]（1） 計画供用期間の級が標準および長期で，耐久性上有効な仕上げを施す場合は，屋外側では最小かぶり厚さを 10 mm 減じることができる．

c．再生骨材コンクリート H および再生骨材コンクリート M の設計かぶり厚さは，鉄筋の加工・組立て精度，型枠の加工・組立て精度，部材の納まり，仕上材の割付け，打込み時の変形・移動などを考慮して，最小かぶり厚さが確保されるように，部位・部材ごとに，表 3.4 に示す値以上とする．乾燥収縮の影響を受ける再生骨材コンクリート M の最小かぶり厚さは 10 章による．

表 3.4　設計かぶり厚さ（単位：mm）

| 部材の種類 | | 短期 | 標準・長期 | |
|---|---|---|---|---|
| | | 屋内・屋外 | 屋内 | 屋外[1] |
| 構造部材 | 柱・梁・耐力壁 | 40 | 40 | 50 |
| | 床スラブ・屋根スラブ | 30 | 30 | 40 |
| 非構造部材 | 構造部材と同等の耐久性を要求する部材 | 30 | 30 | 40 |
| 直接土に接する柱・梁・壁・床および布基礎の立上り部 | | 50 | | |
| 基礎 | | 70 | | |

[注]（1） 計画供用期間の級が標準および長期で，耐久性上有効な仕上げを施す場合は，屋外側では設計かぶり厚さを 10 mm 減じることができる．

d．完成した構造体の各部位における最外側鉄筋のかぶり厚さは，b に定めた値以上とする．
e．構造体に誘発目地・施工目地などを設ける場合のかぶり厚さは，建築基準法施行令第 79 条に規定する数値を満足し，構造耐力上必要な断面寸法を確保し，防水上および耐久性上有効な措置を講じれば，a～c を適用しなくてもよい．
f．b で規定するかぶり厚さの判定は JASS 5 11 節「品質管理・検査および措置」による．

a．かぶり厚さは，鉄筋コンクリート部材の耐久性，耐火性および構造性能に重大な影響を及ぼす数値であり，再生骨材コンクリートを用いた部材においても同様である．再生骨材コンクリートの耐久性については，3.3 b の解説に示したように，中性化抵抗性や塩化物イオン浸透抵抗性には再生粗骨材の品質による違いはないことが報告されているため，コンクリートの耐久性上か

ら必要となるかぶり厚さは，一般コンクリートと同等でよいと考えられる．

なお，本項は，かぶり厚さを決定する原則を示したものであり，b以下に示す規定もしくは特別な調査研究の結果に従って，最小かぶり厚さおよび設計かぶり厚さを定めるものとする．かぶり厚さの設定においては，（1）法令上のかぶり厚さ，（2）耐久性上必要なかぶり厚さ，（3）耐火性上必要なかぶり厚さ，（4）構造性能上必要なかぶり厚さなどを考慮する必要がある．それぞれのかぶり厚さに対する考え方については，JASS 5 3.11の解説を参照されたい．

なお，再生骨材コンクリートLを用いてひび割れ防止筋等を配筋する場合については，上記の考え方に準じてかぶり厚さについて配慮する必要がある．

b．最小かぶり厚さは，使用する再生骨材コンクリートの中性化や塩化物イオンの浸透に対する抵抗性など，特に構造体に要求される耐久性能を考慮して設定することとした．なお，表3.3はJASS 5 3.11の本文で規定した最小かぶり厚さを準用した．JASS 5 3.11における最小かぶり厚さは，計画供用期間の級が標準・長期の場合，屋外側については，耐久性確保の観点から法令上のかぶり厚さ（建築基準法施行令第79条）を10 mm増した値としている．

c．設計かぶり厚さは，bで定めた最小かぶり厚さに対して，施工時精度に応じた割増を加えた値以上とする．施工精度に応じた割増は，一般的に用いられている10 mmを本指針においても採用した．

d，e，f．これらの項については，再生骨材コンクリートを用いた構造物であっても，一般コンクリートを用いた構造物と考え方は変わらないので，JASS 5 3.11に準じた規定とした．

## 3.9 耐久性を確保するための材料・調合に関する規定

> a．再生骨材コンクリートに含まれる塩化物量は，塩化物イオン量として0.30 kg/m³以下とする．やむを得ず，これを超える場合は，鉄筋防せい（錆）上有効な対策を講じるものとする．この場合においても，塩化物量は，塩化物イオンとして0.60 kg/m³を超えないものとする．
> b．再生骨材コンクリートは，アルカリシリカ反応を生じるおそれのないものとする．
> c．酸性土壌，硫酸塩およびその他の浸食性物質または熱の作用を受ける箇所に用いる再生骨材コンクリートの品質保護のための特別な措置は，信頼できる資料または試験により定める．
> d．海水の作用を受ける箇所に用いる再生骨材コンクリートの品質，鉄筋の防せい措置などは，JASS 5 25節「海水の作用を受けるコンクリート」による．
> e．再生骨材コンクリートHおよび再生骨材コンクリートM（耐凍害品）は，凍結融解作用による劣化を生じるおそれのないものとする．

a．コンクリート中の鉄筋の腐食発生は，コンクリートの細孔溶液中の塩化物イオン濃度に影響を受ける．このことは，再生骨材コンクリートであっても一般コンクリートと同じ性状であると考えられる．

また，再生骨材コンクリートの塩化物イオン浸透深さについて検討を行った原ら[6]の研究によ

ると，コンクリート中の塩化物イオンの浸透性は，再生骨材とマトリックスとの界面の品質が影響を及ぼすことになるので，再生骨材自体の品質には影響を受けないとしている．解説図3.12は付着ペーストの強度（VC：砕石，A2：68.5 N/mm²，B2：51.7 N/mm²，C2：32.3 N/mm²）および量（A2：26.0%，B2：30.2%，C2：30.1%）の異なる再生骨材の塩化物イオン浸透深さを示しているが，塩化物イオン浸透深さは一般コンクリートのVCと再生骨材コンクリートのA2，B2，C2とでは同等であり，再生骨材の種類にかかわらないことがわかる．

以上のことから，本指針においても再生骨材コンクリートに含まれる塩化物量は，鉄筋の腐食を防止するために一般コンクリートで規定されている値と同じ値とすることとした．なお，再生骨材の付着ペースト部分に固定される塩化物量については，解説4.1 a（9）で述べる．

b．アルカリシリカ反応の抑制対策は，再生骨材コンクリートの場合も一般コンクリートと同様に，大きく分けて次の3つの方法があると考えられる．しかし，再生骨材特有の問題があり，再生骨材HとMでも違いがあるため，注意が必要である．

・コンクリート中のアルカリ総量を規制する抑制対策
・アルカリシリカ反応抑制効果のある混合セメントなどを使用する抑制対策
・安全と認められる再生骨材を使用する抑制対策

（1）コンクリート中のアルカリ総量を規制する抑制対策

コンクリート中のアルカリ総量を規制する抑制対策による場合，再生骨材にはセメント分（付着ペースト）が含まれているため，アルカリ総量を求めるには，再生骨材に含まれる付着ペーストのアルカリ量も含めて計算しなければならない．再生骨材のアルカリ含有量を直接求める方法が，JIS A 5022附属書Cに示されているものの，この方法で品質管理・検査を行うことは，原コンクリートが特定されている場合を除き，現実的には難しいと考えられる．

このため，再生骨材Hの場合には，付着ペーストに起因する$Na_2Oeq$量を，再生細骨材Hで0.057%，再生粗骨材Hで0.025%として計算する方法が提案されており[18]，参考となる．一方，再生骨材Mの場合には，再生骨材の吸水率から，付着ペーストの量および付着ペーストのアルカリ量を推定して計算する方法がJIS A 5022附属書Cに記載されている．なお，これらの根拠お

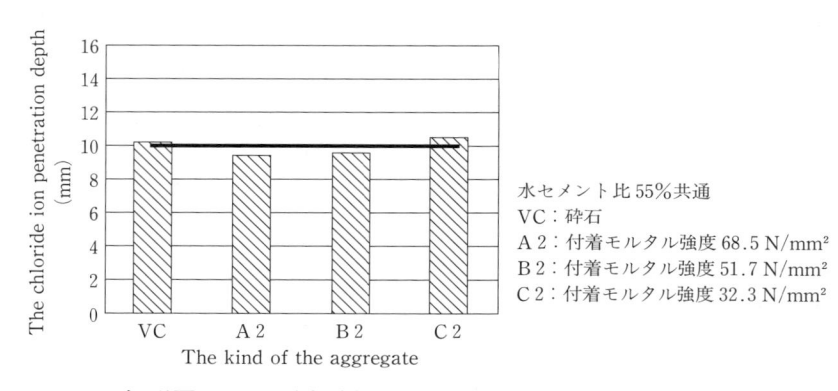

**解説図3.12　再生骨材の種類と塩化物イオンの浸透性**[6]

よび計算方法に関しては 6.9 で述べる．
（2） アルカリシリカ反応抑制効果のある混合セメントなどを使用する抑制対策

次に，混合セメントなどを使用する抑制対策による場合であるが，これも再生骨材には付着ペーストが含まれているため，付着ペースト量が再生骨材 H と比較して幾分多い再生骨材 M の場合，更なる配慮が必要となる．

土木学会「電力施設解体コンクリートを用いた再生骨材コンクリートの設計施工指針（案）」では，反応性骨材と多量のアルカリを含む付着ペーストからなる再生骨材（M 相当品）を用いて行ったコンクリートバー法による試験結果をもとに，混和材を用いた ASR 抑制対策を次のように設定している[19]．

・再生粗骨材のみ用いるケース：高炉スラグ混入率を 40%，またはフライアッシュ混入率を 15% とする
・再生細・粗骨材を用いるケース：アルカリ総量を 4.25 kg/m³ に抑制し，かつ高炉スラグ混入率を 50%，またはフライアッシュ混入率を 20% とする

JIS A 5022 附属書 C ではこれをベースに，①アルカリシリカ反応抑制効果のある混合セメント等を使用し，かつ，アルカリ総量を 3.5 kg/m³ 以下に規制する抑制対策の方法，②アルカリシリカ反応抑制効果のある混合セメント等を使用し，かつ，アルカリ総量を 4.2 kg/m³ 以下に規制する抑制対策の方法，③アルカリシリカ反応抑制効果のある混合セメント等を使用し，かつ，単位セメント量の上限値を規制する抑制対策の方法を解説表 3.1 のように示している．本指針でも基本的には同様の考え方をしており，詳しくは 6.9 で述べる．

（3） 安全と認められる再生骨材を使用する抑制対策

安全と認められる再生骨材を使用する抑制対策において，再生骨材のアルカリシリカ反応性が

**解説表 3.1　混合セメントの使用および単位セメント量の上限による抑制対策の方法**

| 再生骨材コンクリート M の種別 | アルカリシリカ反応抑制対策の種別 | | 付帯事項 |
|---|---|---|---|
| 再生 M1種　耐凍害<br>または<br>再生 M1種　標準 | 高炉セメント | スラグ分量（質量分率）40%以上 | 単位セメント量の上限値<br>400 kg/m³以下 |
| | フライアッシュセメント | フライアッシュ分量（質量分率）15%以上 | |
| | 高炉セメント | スラグ分量（質量分率）50%以上〔C.4 参照〕 | 単位セメント量の上限値<br>500 kg/m³以下 |
| | フライアッシュセメント | フライアッシュ分量（質量分率）20%以上 | |
| 再生 M2種　標準 | 高炉セメント | スラグ分量（質量分率）50%以上 | 単位セメント量の上限値<br>350 kg/m³以下 |
| | フライアッシュセメント | フライアッシュ分量（質量分率）20%以上 | |

無害と判定できるのは，原骨材のすべてが特定され，かつ試験成績書または試験によって無害と判定されることが基本である．しかし，原骨材がすべて特定できたとしても，すべての原骨材について，アルカリシリカ反応性の区分を確認することは難しい．そこで，原骨材のすべてが特定され，アルカリシリカ反応性が確認できない場合について，検査頻度を高めることを条件として，JIS A 5021 附属書D（規定）「コンクリート用再生骨材Hのアルカリシリカ反応性試験方法（再生骨材迅速法）」によって試験を行いアルカリシリカ反応性が無害と判定された場合，区分Aとして扱うことができるようになっている．本指針でも基本的には同様の考え方をしており，詳しくは4.1 aで述べる．

　c．本指針で対象とする再生骨材コンクリートを適用する部位のなかで，構造体が大気に直接曝されていない非露出部としては，基礎や杭など直接土に接する部分が考えられる．その際，土壌が酸性土壌である場合には鉄筋の腐食に対する特別な対策が必要である．その他，硫酸塩によるコンクリートの浸食，化学物質などの浸食性物質の作用，工場などで熱の作用を受ける場合は，再生骨材コンクリートの品質保護や劣化対策などのために施す特別な措置は，信頼できる資料または試験により定めることとした．

　d．海水の作用を受けるコンクリートでは，塩化物イオンがコンクリートに浸透して鉄筋を腐食させる懸念がある．再生骨材を用いたコンクリートを海水の作用を受ける部材で使用する場合，塩化物イオン浸透性については，再生骨材の品質の影響を受けない，すなわち，再生骨材および砕石を問わず粗骨材の品質の影響を受けないとの報告がある[6]ことから，海水の作用を受ける箇所に用いる再生骨材コンクリートの品質，鉄筋の防せい措置などは，JASS 5 25節「海水の作用を受けるコンクリート」によることとした．

　e．一般コンクリートについては，JASS 5 4節「コンクリートの材料」および5節「調合」で規定される材料・調合の制限，空気量（4.5％）の規定などを満足するコンクリートは凍結融解作用に対するある程度の抵抗性をもったものとなる．本指針6章では，再生骨材コンクリートHについては空気量4.5％を標準とし，水セメント比の最大値を60％とすることで，また，再生骨材コンクリートM（耐凍害品）については，空気量5.5％を標準とし，水セメント比の最大値は50％を標準とすることで，凍結融解作用を受ける部位に使用することができるとしている．再生骨材コンクリートM（耐凍害品）の空気量については，JIS A 5022においても5.5±1.5％と規定されている．なお，再生骨材コンクリートM（耐凍害品）にはJIS A 5022（再生骨材Mを用いたコンクリート）附属書D（規定）「再生粗骨材Mの凍結融解試験方法」により凍結融解抵抗性が確認された再生粗骨材Mを用いることが前提であり，解説表4.8に示すとおり，同附属書Dによる試験結果でFM凍害指数が0.08以下の再生粗骨材Mが再生骨材コンクリートM（耐凍害品）に適用可と評価される．

　一方，JASS 5 3.10 bの解説によれば，寒冷地の屋外に面するコンクリートで，パラペット，ひさし，バルコニーなどのように両面から冷却されたり，コンクリートが常時湿潤状態にある部位・部材，あるいは雪がたまり，その融解水の流出が絶えず生じているような部位は，激しい凍結融解作用を受ける，とされている．そのため，JASS 5 26.3において，激しい凍結融解作用を

受ける部位に使用するコンクリートの品質について規定している．それによれば，特記のない場合，耐久設計基準強度は，計画供用期間の級が短期の場合 21 N/mm²，標準の場合 27 N/mm² とし，コンクリートの凍結融解試験で 300 サイクルにおける相対動弾性係数は 85%以上，空気量の下限値は 4%以上とするとしている．同じく JASS 5 26.8 によれば，施工者は，工事開始前に凍結融解試験により相対動弾性係数を確認することが必要であり，試験を省略できるのは使用するコンクリートまたは類似の材料・調合のコンクリートの試験結果がある場合に限られている．

再生骨材コンクリート H および再生骨材コンクリート M（耐凍害品）についても，激しい凍結融解作用を受ける部位に使用する場合には，JASS 5 26.3 および 26.8 によることが必要である．本指針 6 章では，JASS 5 26.3 と対応して，激しい凍結融解作用を受ける部位に使用する場合の空気量は，再生骨材コンクリート H においても 5.5%を標準とすることを規定している．以上に示した再生骨材コンクリートの空気量の規定については，表 6.2 に整理されているので参照されたい．なお，不特定の原コンクリートから製造された再生骨材を用いる不特定型の再生骨材コンクリートは，所要の相対動弾性係数を有するか否かの確認が現実的に不可能である．したがって，激しい凍結融解作用を受ける箇所に用いる再生骨材コンクリートは，再生骨材コンクリート H，再生骨材コンクリート M（耐凍害品）ともに原コンクリートが特定される特定型に限定する必要がある．また，再生骨材コンクリート H においても，原コンクリートが non-AE コンクリートであると，激しい凍結融解作用を受ける場合には耐凍害性に劣るとの報告[4]がある．さらに，耐凍害品に用いる再生粗骨材 M の判定基準が，コンクリート試験において 300 サイクルにおける相対動弾性係数が 60%以上確保できるという実験結果に基づいているため，再生骨材コンクリート M（耐凍害品）については，耐凍害品であっても相対動弾性係数 85%以上を必ずしも満足できないと考えられる．以上のことから，再生骨材コンクリート M（耐凍害品）については，JASS 5 26.3 にしたがい，特記のない場合は，コンクリートによる試験により 300 サイクルにおける相対動弾性係数が 85%以上であることを確認する必要がある．

参 考 文 献

1) 早川光敬・丸嶋紀夫・石堂修次・飯島眞人：製造方法の異なる再生骨材を用いたコンクリートの調合と特性，コンクリート工学年次論文集，Vol. 25, No. 1, pp.1247-1252, 日本コンクリート工学協会，2003
2) 棚野博之・鹿毛忠継・濱崎　仁・杉本琢磨：中品質再生骨材を用いた再生骨材コンクリートの性能評価と活用に関する基礎的研究，コンクリート工学年次論文集，Vol. 29, No. 1, pp.165-171, 日本コンクリート工学協会，2007
3) 池内俊之ほか：高品質再生骨材の原子力用コンクリートへの適用性に関する基礎的検討（その 4：再生骨材を用いたコンクリートの耐久性），日本建築学会大会学術講演梗概集，pp.197-198, 2009.8
4) 喜地大輔・吉本　稔・栩木　隆・中沢　聡：骨材品質の異なる再生粗骨材を使用したコンクリートの性状，コンクリート工学年次論文集，Vol. 25, No. 1, pp.1295-1300, 日本コンクリート工学協会，2003
5) 依田和久・小野寺利之・新谷　彰・川西泰一郎：再生粗骨材の品質がコンクリートの性状に及ぼす影響，コンクリート工学年次論文集，Vol. 28, No. 1, pp.1457-1462, 日本コンクリート工学協会，2006
6) 原　法生・大即信明・宮里心一・Yodsudjai WANCHAI：再生骨材を使用したコンクリートの界面性状とコンクリート特性の評価，セメント・コンクリート論文集，Vol. 53, pp.543-550, セメント協会，1999
7) 神山行男ほか：高品質再生骨材製造技術に関する開発[IV]その 4　再生コンクリート部材の経年変化試験，

日本建築学会大会学術講演梗概集，pp.1065-1066，2000.9
8) 新谷　彰・依田和久・小野寺利之・桜本文敏：再生細骨材と天然骨材を混合使用したコンクリートの各種性状，コンクリート工学年次論文集，Vol.29, No.2, pp.367-372，日本コンクリート工学協会，2007
9) 竹内博幸・高橋祐一・河野政典・山田雅裕：再生骨材コンクリートの適用範囲拡大に向けた耐久性に関する研究，コンクリート工学年次論文集，Vol.30, No.2, pp.373-378，日本コンクリート工学協会，2008
10) 申　尚憲・朴　元俊・呉　多英・野口貴文：再生骨材コンクリートの圧縮強度と各種力学特性との関係（その１．研究概要，水セメント比および単位容積質量との関係），日本建築学会大会学術講演梗概集，pp.229-230，2011.8
11) 新谷　彰・依田和久・小野寺利之・川西泰一郎：２種類の再生粗骨材コンクリートによる現場適用事例，コンクリート工学年次論文集，Vol.28, No.1, pp.1463〜1468，日本コンクリート工学協会，2006
12) 朴　元俊・呉　多英・申　尚憲・野口貴文：再生骨材コンクリートの圧縮強度と各種力学特性との関係（その３．ヤング係数との関係），日本建築学会大会学術講演梗概集，pp.233-234，2011.8
13) 片柳　学・嵩　英雄・藤原一成・棚野博之・三明雅幸・柳橋邦生：高品質再生骨材の原子力発電所施設用コンクリートへの実用化に関する検討（その５：再生粗骨材コンクリートの耐久性およびクリープ），日本建築学会大会学術講演梗概集，pp.783-784，2010.9
14) 古賀康男ほか：高品質再生骨材製造技術に関する開発[III]その４　全体加熱・すりもみ方式　基本試験（２），日本建築学会大会学術講演梗概集，pp.125-126，1999.7
15) 川辺太郎・小山明男・菊池雅史：再生骨材コンクリートの乾燥収縮ひび割れに関する基礎的研究（その５．長期材齢での乾燥収縮ひび割れ），日本建築学会大会学術講演梗概集，pp.149-150，2005.9
16) 西浦範昭・棚野博之・鹿毛忠継・濱崎　仁：再生骨材コンクリートの性能評価と活用に関する研究（その２．実機練りにおける実大暴露試験について），日本建築学会大会学術講演梗概集，pp.175-176，2005.9
17) 小山明男・菊池雅史・鳥山隆文・増川　聡：再生骨材コンクリートの乾燥収縮ひび割れに関する基礎的研究（その４．再生骨材コンクリートを使用した壁部材に生じる乾燥収縮ひび割れ），日本建築学会大会学術講演梗概集，材料施工，pp.387-388，2004.8
18) コンクリート再生材高度利用研究会：コンクリートリサイクルシステムの普及に向けての提言（コンクリート再生材高度利用研究会活動報告書），pp.39-44，2005.09
19) 土木学会：電力施設解体コンクリートを用いた再生骨材コンクリートの設計施工指針(案)，pp.166-178，コンクリートライブラリー120，2005

# 4章 材　　料

## 4.1 骨　　材

a．再生骨材 H は JIS A 5021（コンクリート用再生骨材 H），再生骨材 M は JIS A 5022（再生骨材 M を用いたコンクリート）附属書 A（規定）「コンクリート用再生骨材 M」，再生骨材 L は JIS A 5023（再生骨材 L を用いたコンクリート）附属書 A（規定）「コンクリート用再生骨材 L」に適合するものとする．

b．再生粗骨材の最大寸法は，表 4.1 によるものとする．ただし，無筋コンクリートの場合はこの限りではない．

表 4.1　使用箇所による再生粗骨材の最大寸法（mm）

| 使用箇所 | 原粗骨材が砂利の場合 | 原粗骨材が砕石・高炉スラグ粗骨材の場合 |
|---|---|---|
| 柱・梁・スラブ・壁 | 20，25 | 20 |
| 基礎 | 20，25，40 | 20，25，40 |

［注］　原粗骨材が砂利であることが確実な場合以外は，原粗骨材が砕石・高炉スラグ粗骨材であるとして取り扱う．

c．再生骨材以外の骨材は，JASS 5 4.3 に適合する普通骨材とする．

d．再生骨材に普通骨材を混合した骨材は，混合前の再生骨材と同じ種類の再生骨材として取り扱う．また，種類の異なる再生骨材を混合した場合は，表 4.2 のとおりとする．

表 4.2　種類の異なる再生骨材を混合した場合の取扱い

| 混合する再生骨材 | 取扱い |
|---|---|
| H，M | M |
| H，L | L |
| M，L | L |
| H，M，L | L |

e．骨材を混合して使用する場合，混合前の各骨材の品質は，粒度を除きそれぞれの規定に適合するものとする．混合後の骨材の粒度は，上記 d に定められた混合後取り扱われる再生骨材の種類の規定に適合するものとする．

f．アルカリシリカ反応性による区分 A の骨材と区分 B の骨材を混合した骨材は，区分 B として取り扱う．

a．再生骨材およびこれを用いたコンクリートは，2章解説に示されているように2005〜2007年にかけて再生骨材の品質に応じたJIS化がなされ，その後普及促進の観点から，新たな知見を盛り込んだ形で2011〜2012年に改正・公示されている．

それぞれの再生骨材の規格について見ると，再生骨材HはJIS A 5021（コンクリート用再生骨材H）に骨材として規格化されているが，再生骨材MおよびLについては，それぞれJIS A 5022（再生骨材Mを用いたコンクリート）附属書A（規定）「コンクリート用再生骨材M」およびJIS A 5023（再生骨材Lを用いたコンクリート）附属書A（規定）「コンクリート用再生骨材L」として規定されており，位置付けが異なる．これはHが一般骨材と同様に用いることができるのに対して，M，Lでは用途制限があり，コンクリートとしての品質管理も一般コンクリートと異なるためである．

2章解説でも触れられているとおり，再生骨材の品質は含まれるモルタル・ペーストの量によるところが大きく，一般にこれらが多いほど密度は減少し，吸水率は増大し，コンクリートの品質を低下させる．一方，付着モルタル・ペースト除去の程度が大きいほど骨材製造コストは増大し，発生する微粉の処理が問題となる．したがって，再生骨材の使用にあたっては，コンクリートに要求される品質レベルに応じて適切にこれを選定することが重要である．再生粗骨材の付着モルタル率（モルタル付着率）と再生粗骨材の絶乾密度（絶乾比重）・吸水率との関係の一例を解説図4.1に示す．

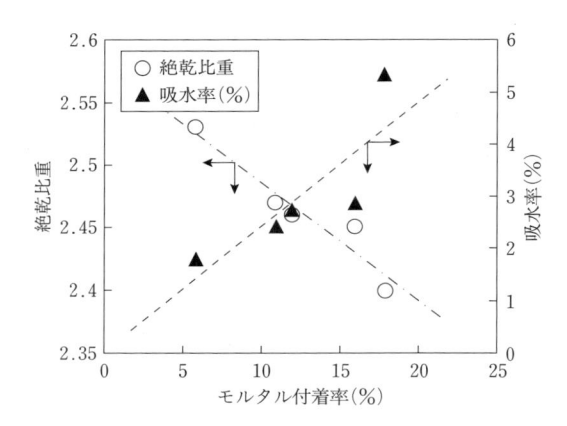

**解説図4.1** 再生粗骨材の付着モルタル率と絶乾密度・吸水率との関係の一例[1]

なお，再生骨材の品質は原骨材の品質にも左右され，再生骨材の密度・吸水率は原骨材のそれらに影響を受ける．原粗骨材の絶乾密度および吸水率と再生粗骨材の絶乾密度および吸水率との関係の一例が付3中の付図3.4に示されているので参照されたい．一方，同一の原骨材であっても，再生骨材の品質は，再生処理の程度によって大きく影響される．解説図4.2は，一次処理としてインパクトクラッシャ，二次処理・三次処理としてすりもみ方式や，媒体等を併用したすりもみ方式を行った場合の，密度（比重）・吸水率の変化を示したものである．再生処理の程度を高

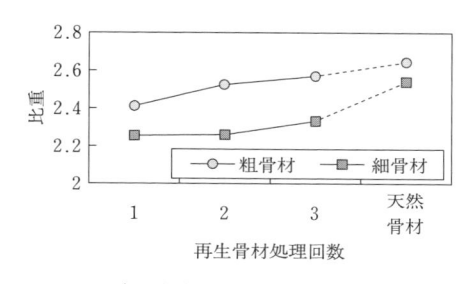

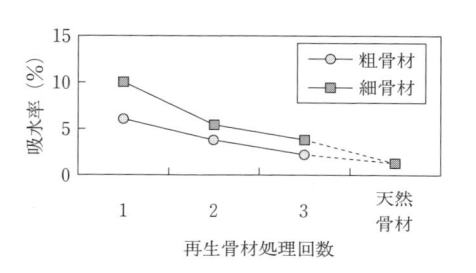

**解説図 4.2** 再生処理の程度が再生骨材の品質に及ぼす影響の一例[2]

めることにより再生骨材の密度（比重）は増大するとともに，吸水率は減少し，再生粗骨材・細骨材ともに天然骨材に近づいていくことがわかる．

以下，（1）では再生骨材の種類と区分について，（2）〜（9）では再生骨材の品質について，JIS およびその解説[3),4),5)]の概要を示すとともに，関連する技術的検討の結果について解説する．

(1) 再生骨材の種類と区分について

再生骨材の種類としては，再生骨材 H，M，L の 3 種類があり，それらはそれぞれの JIS において解説表 4.1 のように定義されている．また，再生骨材の粒度およびアルカリシリカ反応性は，解説表 4.2，4.3 のように区分されている．

粒度による区分では，再生粗骨材 M 4005，L 4005，M 4020，L 4020 については，最大寸法 40 mm 以上の骨材が用いられている原コンクリートから製造された再生骨材に限るとの規定が設けられている．これは付着モルタル・ペースト量が著しく増大することを防ぐためである．なお，アルカリシリカ反応性の判定方法については後述の（5）に示す．

**解説表 4.1** 再生骨材の種類

| 種類 | 記号 | 摘要 |
| --- | --- | --- |
| 再生粗骨材 H | RHG | 原コンクリートに対し，破砕，磨砕等の高度な処理を行い，必要に応じて粒度調整した粗骨材・細骨材 |
| 再生細骨材 H | RHS | |
| 再生粗骨材 M | RMG | 原コンクリートに対し，破砕，磨砕等の処理を行い，必要に応じて粒度調整した粗骨材・細骨材 |
| 再生細骨材 M | RMS | |
| 再生粗骨材 L | RLG | 原コンクリートに対し，破砕等の処理を行って製造した粗骨材・細骨材 |
| 再生細骨材 L | RLS | |

(2) 再生骨材の品質について

再生骨材の品質については，再生骨材の JIS において，不純物量，物理的性質，アルカリシリカ反応性，粒度，粒形および塩化物量が規定されている．ただし，再生骨材 L については粒形の規定がなく，再生粗骨材 M では凍結融解抵抗性の評価に関する規定がある．解説表 4.4 に不純物量，解説表 4.5 に物理的性質，解説表 4.6 に粒度の規定を示す．

(3) 再生骨材の不純物量について

解説表 4.2　再生骨材 H，M，L の粒度による区分

| 粒の大きさの範囲 mm | H 区分 | H 記号 | M 区分 | M 記号 | L 区分 | L 記号 |
|---|---|---|---|---|---|---|
| 40～5 | 再生粗骨材 H 4005 | RHG 4005 | 再生粗骨材 M 4005[1] | RMG 4005 | 再生粗骨材 L 4005[1] | RLG 4005 |
| 25～5 | 再生粗骨材 H 2505 | RHG 2505 | 再生粗骨材 M 2505 | RMG 2505 | 再生粗骨材 L 2505 | RLG 2505 |
| 20～5 | 再生粗骨材 H 2005 | RHG 2005 | 再生粗骨材 M 2005 | RMG 2005 | 再生粗骨材 L 2005 | RLG 2005 |
| 15～5 | 再生粗骨材 H 1505 | RHG 1505 | 再生粗骨材 M 1505 | RMG 1505 | － | － |
| 13～5 | 再生粗骨材 H 1305 | RHG 1305 | 再生粗骨材 M 1305 | RMG 1305 | － | － |
| 10～5 | 再生粗骨材 H 1005 | RHG 1005 | 再生粗骨材 M 1005 | RMG 1005 | － | － |
| 40～20 | 再生粗骨材 H 4020 | RHG 4020 | 再生粗骨材 M 4020[1] | RMG 4020 | 再生粗骨材 L 4020[1] | RLG 4020 |
| 25～15 | 再生粗骨材 H 2515 | RHG 2515 | 再生粗骨材 M 2515 | RMG 2515 | － | － |
| 20～15 | 再生粗骨材 H 2015 | RHG 2015 | 再生粗骨材 M 2015 | RMG 2015 | － | － |
| 25～13 | 再生粗骨材 H 2513 | RHG 2513 | 再生粗骨材 M 2513 | RMG 2513 | － | － |
| 20～13 | 再生粗骨材 H 2013 | RHG 2013 | 再生粗骨材 M 2013 | RMG 2013 | － | － |
| 25～10 | 再生粗骨材 H 2510 | RHG 2510 | 再生粗骨材 M 2510 | RMG 2510 | － | － |
| 20～10 | 再生粗骨材 H 2010 | RHG 2010 | 再生粗骨材 M 2010 | RMG 2010 | － | － |
| 5 以下 | 再生細骨材 H | RHS | 再生細骨材 M | RMS | 再生細骨材 L | RLS |

[注]（1）最大寸法 40 mm 以上の骨材が用いられている原コンクリートから製造された再生骨材に限る．

解説表 4.3　再生骨材 H，M，L のアルカリシリカ反応性による区分

| 区分 A | アルカリシリカ反応性が無害と判定されたもの |
|---|---|
| 区分 B | アルカリシリカ反応性が無害と判定された以外のもの |

**解説表 4.4　再生骨材 H，M，L の不純物量の上限値**

| 分類 | 不純物の内容 | 上限値[1]　% | | |
|---|---|---|---|---|
| | | H | M | L |
| A | タイル，れんが，陶磁器類，アスファルトコンクリート塊 | 1.0 | 1.0 | 2.0 |
| B | ガラス片 | 0.5 | 0.5 | 0.5 |
| C | 石こうおよび石こうボード片 | 0.1 | 0.1 | 0.1 |
| D | C 以外の無機系ボード片 | 0.5 | 0.5 | 0.5 |
| E | プラスチック片 | 0.2[2] | 0.2[2] | 0.5 |
| F | 木片，竹片，布切れ，紙くずおよびアスファルト塊 | 0.1 | 0.1 | 0.1 |
| G | アルミニウム，亜鉛以外の金属片（再生骨材 H，M の場合） | 1.0 | 1.0 | ― |
| | 金属片（再生骨材 L の場合） | ― | ― | 1.0 |
| | 不純物量の合計（上記 A～G の不純物量の合計） | 2.0 | 2.0 | 3.0 |

［注］（1）上限値は質量比で表し，各分類における不純物の内容の合計に対する値を示している．
　　　（2）プラスチックの種類によっては，軟化点が低く，高温になるとコンクリートの品質に悪影響を及ぼすことがあるので，コンクリートに蒸気養生やオートクレーブ養生を施す場合には，プラスチック片の上限値を 0.1％とするのがよい．

**解説表 4.5　再生骨材 H，M，L の物理的性質**

| 試験項目 | | H | | M | | L | |
|---|---|---|---|---|---|---|---|
| | | 粗骨材 | 細骨材 | 粗骨材 | 細骨材 | 粗骨材 | 細骨材 |
| 絶乾密度[1] | g/cm³ | 2.5 以上 | 2.5 以上 | 2.3 以上 | 2.2 以上 | ― | ― |
| 吸水率[1] | ％ | 3.0 以下 | 3.5 以下 | 5.0 以下 | 7.0 以下 | 7.0 以下 | 13.0 以下 |
| すりへり減量[2] | ％ | 35 以下 | ― | ― | ― | ― | ― |
| 微粒分量 | ％ | 1.0 以下 | 7.0 以下 | 2.0 以下 | 8.0 以下 | 3.0 以下 | 10.0 以下 |

［注］（1）再生骨材 H，M については，JIS A 1109（細骨材の密度及び吸水率試験方法）および JIS A 1110（粗骨材の密度及び吸水率試験方法）によって行った 2 回の試験結果のうち 1 回の試験結果についても，本表の規定に適合しなければならない．再生骨材 L については，3 回の試験結果の平均値とする．
　　　（2）舗装版に用いる場合に適用する．

　密度，吸水率のほか，再生骨材の品質に大きな影響を及ぼすものに不純物の含有量がある．不純物の種類にはタイル，れんがなど，混入量（質量割合）が多少多くてもコンクリートの品質に対する悪影響が小さいものと，石こうおよび石こうボード片やプラスチック片，木片，紙くず，アスファルト塊など，比較的少量の混入量でも影響が大きいものがある．したがって，再生骨材の製造に際しては，不純物量の合計とともに不純物の種類ごとに上限値を定めて管理する必要がある．なお，不純物量の試験は JIS A 5021（コンクリート用再生骨材 H）附属書 B（規定）「限度見本による再生骨材 H の不純物量試験方法」により限度見本を用いて行う．
　2011 年度および 2012 年度の改正においては，再生骨材 H および再生骨材 M で，一部の不純物

**解説表 4.6　再生骨材 H，M，L の粒度**

| 区分 | 50 | 40 | 25 | 20 | 15 | 13 | 10 | 5 | 2.5 | 1.2 | 0.6 | 0.3 | 0.15 |
|---|---|---|---|---|---|---|---|---|---|---|---|---|---|
| 再生粗骨材 H 4005<br>再生粗骨材 M 4005<br>再生粗骨材 L 4005 | 100 | 95〜100 |  | 35〜70 |  |  | 10〜30 | 0〜5 |  |  |  |  |  |
| 再生粗骨材 H 2505<br>再生粗骨材 M 2505<br>再生粗骨材 L 2505 |  | 100 | 95〜100 |  |  | 30〜70 |  | 0〜10 | 0〜5 |  |  |  |  |
| 再生粗骨材 H 2005<br>再生粗骨材 M 2005<br>再生粗骨材 L 2005 |  |  | 100 | 90〜100 |  |  | 20〜55 | 0〜10 | 0〜5 |  |  |  |  |
| 再生粗骨材 H 1505<br>再生粗骨材 M 1505 |  |  |  | 100 | 90〜100 |  | 40〜70 | 0〜15 | 0〜5 |  |  |  |  |
| 再生粗骨材 H 1305<br>再生粗骨材 M 1305 |  |  |  |  | 100 | 85〜100 |  | 0〜15 | 0〜5 |  |  |  |  |
| 再生粗骨材 H 1005<br>再生粗骨材 M 1005 |  |  |  |  |  | 100 | 90〜100 | 0〜15 | 0〜5 |  |  |  |  |
| 再生粗骨材 H 4020<br>再生粗骨材 M 4020<br>再生粗骨材 L 4020 | 100 | 90〜100 | 20〜55 | 0〜15 |  |  | 0〜5 |  |  |  |  |  |  |
| 再生粗骨材 H 2515<br>再生粗骨材 M 2515 |  | 100 | 95〜100 |  | 0〜15 |  | 0〜5 |  |  |  |  |  |  |
| 再生粗骨材 H 2015<br>再生粗骨材 M 2015 |  |  | 100 | 90〜100 | 0〜15 |  | 0〜5 |  |  |  |  |  |  |
| 再生粗骨材 H 2513<br>再生粗骨材 M 2513 |  | 100 | 95〜100 |  |  | 0〜15 | 0〜5 |  |  |  |  |  |  |
| 再生粗骨材 H 2013<br>再生粗骨材 M 2013 |  |  | 100 | 85〜100 |  | 0〜15 | 0〜5 |  |  |  |  |  |  |
| 再生粗骨材 H 2510<br>再生粗骨材 M 2510 |  | 100 | 95〜100 |  |  |  | 0〜10 | 0〜5 |  |  |  |  |  |
| 再生粗骨材 H 2010<br>再生粗骨材 M 2010 |  |  | 100 | 90〜100 |  |  | 0〜10 | 0〜5 |  |  |  |  |  |
| 再生細骨材 H<br>再生細骨材 M |  |  |  |  |  |  | 100 | 90〜100 | 80〜100 | 50〜90 | 25〜65 | 10〜35 | 2〜15 |
| 再生細骨材 L |  |  |  |  |  |  | 100 | 85〜100 | 65〜100 | 45〜90 | 25〜65 | 10〜35 | 2〜15 |

[注]　（1）ふるいの呼び寸法は，それぞれ JIS Z 8801-1（試験用ふるい—第1部：金属製網ふるい）に規定するふるいの公称目開き 53 mm，37.5 mm，26.5 mm，19 mm，16 mm，13.2 mm，9.5 mm，4.75 mm，2.36 mm，1.18 mm，600 $\mu$m，300 $\mu$m および 150 $\mu$m である．

および不純物合計量の上限値が引き下げられるとともに，JIS制定時には規定のなかった再生骨材Lについても不純物量の上限値が規定された．また，不純物の内容として金属片が加えられ，金属片の中でアルミニウム片および亜鉛片は極微量であってもコンクリートの品質に大きく影響するため，新たにJIS A 5021（コンクリート用再生骨材H）附属書C（規定）「コンクリート用再生骨材Hに含まれるアルミニウム片及び亜鉛片の有害量判定試験方法」として試験方法が規定され，これによってそれらの混入量の有害性を判定し，再生骨材Hおよび再生骨材Mでは基本的には混入を許容しないこととした．

再生骨材中の不純物がコンクリートの力学特性に及ぼす影響を検討した報告[6]より，高温下（180℃）で促進劣化試験を行った場合についての結果を解説図4.3に示す．ここでは数種類の不純物およびそれらを混合した場合の影響について，改正前の旧規格における不純物量上限値を中心にその半量や倍量などにも混入量を変化させて影響を調べている．プラスチック片（結束バンド片）を0.5%混入した場合（V 050）は無混入の場合（B 000）に比べて15%程度，1%混入した

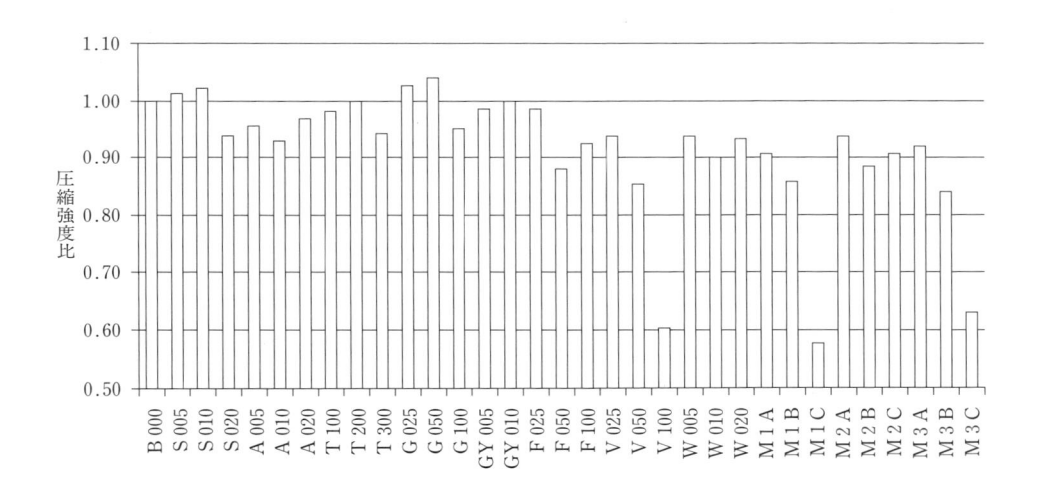

| 記号 | 不純物の内容 | 混入率（%） |
|---|---|---|
| T | 外壁タイル片 | 1.0, 2.0, 3.0 |
| G | ガラス片 | 0.25, 0.5, 1.0 |
| GY | 石こうボード片 | 0.05, 0.1 |
| F | スレート板片 | 0.25, 0.5, 1.0 |
| V | 結束バンド片 | 0.25, 0.5, 1.0 |
| W | 木片 | 0.05, 0.1, 0.2 |
| S | 結束線（鉄） | 0.05, 0.1, 0.2 |
| A | アルミ板（両性金属） | 0.05, 0.1, 0.2 |
| M 1 | 混合1（外壁タイル，ガラス片，結束バンド） | 1.5, 3.0, 5.0 |
| M 2 | 混合2（外壁タイル，ガラス片，スレート板片） | 1.5, 3.0, 5.0 |
| M 3 | 混合3（外壁タイル，結束バンド，スレート板片） | 1.5, 3.0, 5.0 |

凡例
B 000：不純物無混入
V 050：結束バンド片を0.5%混入
M 1 C：混合1を5.0%混入

**解説図4.3** 不純物の混入がコンクリート強度に及ぼす影響（高温下での促進劣化試験）[6]

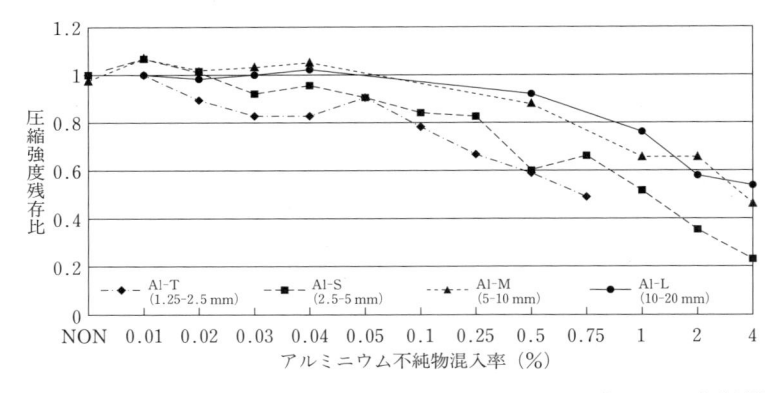

**解説図 4.4** アルミニウム片の混入がコンクリート強度に及ぼす影響[7]

場合（V 100）は 40%程度の強度低下を示している．また，不純物がプラスチック片だけでなく他の不純物と混合した場合，すなわち，外壁タイル，ガラス片と混合した場合（M 1），外壁タイル，スレート板片と混合した場合（M 3）においても同様の傾向を示している．なお，常温下（標準養生）や 115℃の条件下においても，強度低下の程度は 180℃に比べて少ないものの，プラスチック片の混入は他の不純物に比べて影響が大きいことが示されている．以上の結果を踏まえ，JIS 改正においては，プラスチック片の混入許容量の上限値の引き下げとともに，蒸気養生やオートクレーブ養生を行う場合は上限値を 0.1%に引き下げるのがよいとの注記が加えられた．

解説図 4.4 にアルミニウム片の混入がコンクリート強度に及ぼす影響を示す．アルミニウム片のサイズ（図中（ ）内の数字）にかかわらず混入率の増加に伴い圧縮強度の低下が認められ，特にサイズが小さくなるほど同一混入率でも急速に強度低下が生じている．この理由は，アルミニウムや亜鉛などの両性金属は，コンクリート中のアルカリ性環境下で反応して水素ガスを発生しコンクリート中で空げきを形成するため[7]と説明されている．混入の影響は限度見本では識別不可能と考えられる程度の極微量でも現れると考えられるため，三角フラスコおよび水酸化カルシウム飽和水溶液を用い，再生骨材中のアルミニウム片または亜鉛片との反応によって発生する水素ガス量を測定することで混入量を簡易に判断できる方法[7]が前述の附属書として採用された．これに基づき，24 時間後の気体発生量が 5 ml を超えると再生骨材中に有害量のアルミニウム片または亜鉛片が含まれていると判定する．

(4) 再生骨材の絶乾密度の許容差について

再生骨材の物理的性質は，原骨材の品質に左右される．たとえ再生処理の程度が同程度でも，すなわち付着モルタルまたは付着ペースト量が同程度であっても，原骨材が異なれば再生骨材の絶乾密度・吸水率も異なることとなる．骨材密度の変動は製造されるコンクリートの容積に影響し，結果として計画調合とは異なるコンクリートが製造されることになるため，再生骨材の製造に際しては適切にこれを管理する必要がある．JIS A 5021 および JIS A 5022 附属書 A では絶乾密度の許容差が設けられている．再生骨材 H および M の製造にあたっては，製造業者は購入者との協議により定められた絶乾密度に対して±0.1 g/cm³の許容差で管理を行わなければならな

**解説表 4.7** 再生骨材がアルカリシリカ反応で無害と判定されるための条件

| 種　類 | 以下が特定されること[1] | 以下が試験により無害と判定されること[2] |
|---|---|---|
| 再生粗骨材 H | 原粗骨材のすべて | 原粗骨材のすべて，または再生粗骨材 H |
| 再生細骨材 H | 原粗骨材および原細骨材のすべて | 原粗骨材および原細骨材のすべて，または再生細骨材 H |
| 再生粗骨材 M | | 原粗骨材および原細骨材のすべて，または再生粗骨材 M |
| 再生細骨材 M | | 原粗骨材および原細骨材のすべて，または再生細骨材 M |
| 再生粗骨材 L | | 原粗骨材および原細骨材のすべて，または再生粗骨材 L |
| 再生細骨材 L | | 原粗骨材および原細骨材のすべて，または再生細骨材 L |

[注]（1） JIS A 5021（コンクリート用再生骨材 H）附属書 A（規定）「原骨材の特定方法」による．
　　（2） JIS A 1145（骨材のアルカリシリカ反応性試験方法（化学法）），JIS A 1146（骨材のアルカリシリカ反応性試験方法（モルタルバー法）），または JIS A 5021（コンクリート用再生骨材 H）附属書 D（規定）「コンクリート用再生骨材 H のアルカリシリカ反応性試験方法（再生骨材迅速法）」による．

い．絶乾密度が減少側に変動した場合でもその値は規定値を下回ってはならない．

(5)　再生骨材のアルカリシリカ反応性の判定について

　再生骨材 H，再生骨材 M および再生骨材 L がアルカリシリカ反応性で無害と判定されるための条件を解説表 4.7 に示す．再生骨材がアルカリシリカ反応性で無害と判定されるためには，原骨材が特定されることと，原骨材または再生骨材が試験により無害と判定されることが必要である．以上のように，再生骨材がアルカリシリカ反応性で無害と判定されるためには原骨材の特定が前提条件となり，不特定の原コンクリートから再生骨材が製造される場合は，区分 B として扱わなければならない．

　なお，解説表 4.7 に示すように，再生骨材が無害と判定されるための条件は，再生骨材の種類により若干の相違がある．例えば JIS A 5021 では，再生粗骨材 H がアルカリシリカ反応性試験で無害と判定されるためには，原粗骨材のすべてが特定され，かつ，原粗骨材のすべて，または再生粗骨材 H がアルカリシリカ反応性試験で無害と判定されることが必要である．これに対して，再生細骨材 H がアルカリシリカ反応性試験で無害と判定されるためには，原粗骨材および原細骨材のすべてが特定され，かつ，原粗骨材および原細骨材のすべて，または再生細骨材 H がアルカリシリカ反応性試験で無害と判定されることが必要である．このように再生細骨材では原細骨材だけでなく原粗骨材も含めて特定と反応性の確認が必要である．これは再生細骨材の製造時には原粗骨材も破砕されて再生細骨材の一部となることを考慮したためである．

　JIS A 5022 附属書 A および JIS A 5023 附属書 A によれば，再生骨材 M，L では，粗骨材の場合においても原粗骨材および原細骨材のすべてが特定され，かつ，原粗骨材および原細骨材のすべて，または再生粗骨材がアルカリシリカ反応性試験で無害と判定されることが必要である．これは，再生粗骨材 M，L では H に比べて付着モルタル量が多いため，その中に含まれる原細骨材についてもアルカリシリカ反応性の確認が必要なためである．

　なお，2011 年度の改正において，JIS A 5021（コンクリート用再生骨材 H）附属書 D（規定）

「コンクリート用再生骨材 H のアルカリシリカ反応性試験方法（再生骨材迅速法）」が規定された．JIS A 5021 制定時には，アルカリシリカ反応性試験は，JIS A 1145（骨材のアルカリシリカ反応性試験方法（化学法）），JIS A 1146（骨材のアルカリシリカ反応性試験方法（モルタルバー法）），または迅速法としての JIS A 1804（コンクリート生産工程管理用試験方法－骨材のアルカリシリカ反応性試験方法（迅速法））によるものとされていた．JIS A 1145 は比較的短期間で試験結果が得られる反面で，再生骨材に適用した場合は，付着ペーストの除去のために塩酸等を用いる必要があり，その影響により本来「無害」と判定されるべき骨材が「無害でない」と判定される可能性が高くなることが指摘されている[8),9)]．

一方，JIS A 1146 は試験結果が得られるまで 6 か月以上を要するため，再生骨材製造における工程管理や品質管理に対しては，現実的な試験方法とは言い難い．また，JIS A 1804 の適用については，ペシマム条件を有する反応性骨材の場合，付着ペーストが反応性のない骨材を混合使用した場合と同様の働きをすることが指摘されている[10)]ため，再生骨材を対象とする場合には，ペシマム混合率の影響についてのさらなる配慮が必要であった．これらを考慮し，JIS A 1804 を基本としてペシマム混合率についての実験的検討を踏まえた迅速法が JIS A 5021 附属書 D として制定された．なお，同附属書 D によってアルカリシリカ反応性試験を行う場合，再生骨材 M および再生骨材 L では試料調整方法および配合条件が再生骨材 H の場合と相違するので注意が必要である．

（6）再生粗骨材 M の凍結融解抵抗性について

再生粗骨材 M については，2012 年度の改正において，JIS A 5022（再生骨材 M を用いたコンクリート）附属書 D（規定）「再生粗骨材 M の凍結融解試験方法」が規定された．この試験方法は，粒度範囲が 5～20 mm または 5～25 mm の再生粗骨材を対象とし，容器中に再生粗骨材試料と水を入れ，それを冷凍庫と水槽に交互に入れることで再生粗骨材に 10 サイクルの凍結融解作用を与え，骨材試料の粗粒率（F.M.）の試験前後の変化量を測定するものである．ただし，ここでは 4.75 mm 以下の粒子はすべて 2.36 mm のふるい上にとどまると仮定して F.M. を計算する．

解説図 4.5 に $F.M.'$ 変化量とコンクリートの耐久性指数の関係を示す．なお，F.M. の求め方が本来のものと少し異なることから，図中では $F.M.'$ 変化量と表記されている．これによれば，原骨材の種類，ならびに原コンクリートの空気量，W/C および製造・破砕方法にかかわらず，$F.M.'$ 変化量が 0～－0.10 の範囲であればコンクリートの耐久性指数はおおむね 60 以上となっていることがわかる．JIS A 5022 附属書 D はこの実験結果に基づいており，$F.M.'$ の変化量を FM 凍害指数と定義し，それを再生粗骨材 M の凍結融解抵抗性を評価するための指標とするものである．FM 凍害指数と再生骨材コンクリート M（耐凍害品）への適用の可否については解説表 4.8 に示すとおりである．

以上のように，同附属書 D で凍結融解抵抗性を確認した再生粗骨材 M を用い，コンクリートの呼び強度や空気量などの条件を満足することで，再生骨材コンクリート M を耐凍害品として凍結融解作用を受ける部材へ適用することが可能となった．なお，耐凍害品に再生細骨材 M は使用しない．

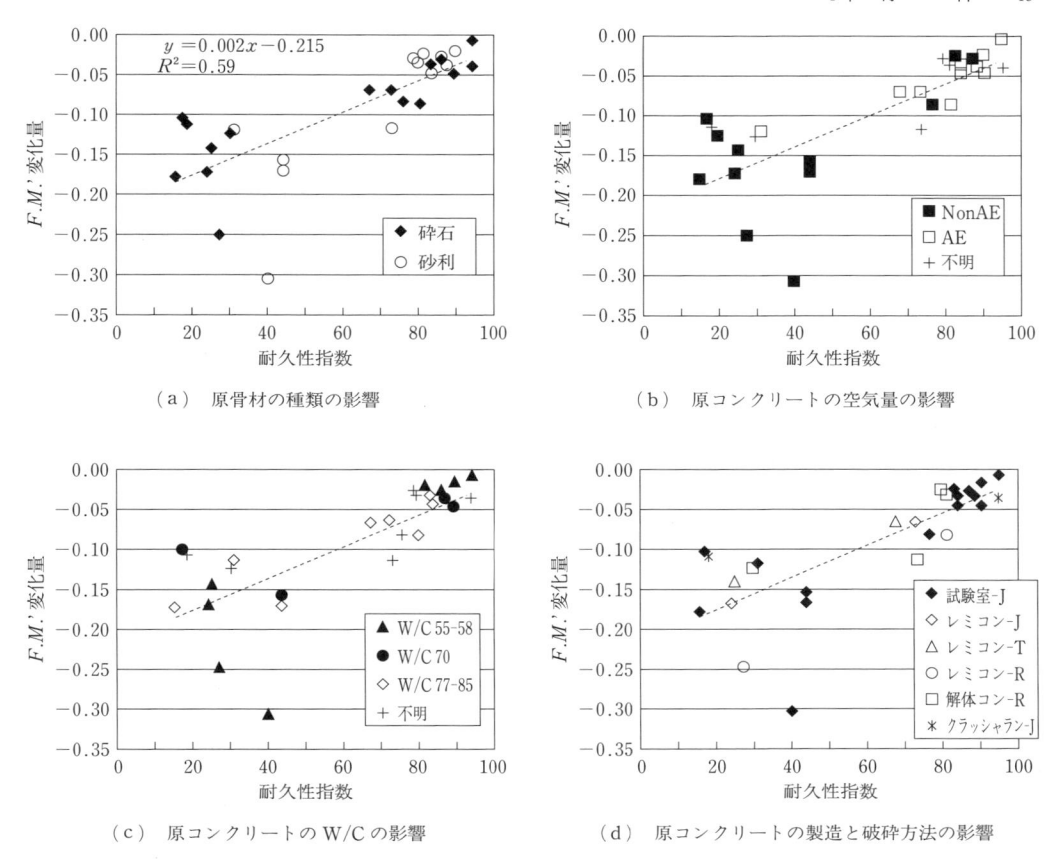

解説図 4.5　$F.M.'$ 変化量とコンクリートの耐久性指数との関係（再生粗骨材）[11]

（a）原骨材の種類の影響
（b）原コンクリートの空気量の影響
（c）原コンクリートのW/Cの影響
（d）原コンクリートの製造と破砕方法の影響

解説表 4.8　再生粗骨材 M の耐凍害品への適用の可否

| FM 凍害指数 | 耐凍害品への適用の可否 |
|---|---|
| 0.08 以下 | 可 |
| 0.08 を超える | 不可 |

（7）再生骨材の粗粒率の許容差について

　JIS では，再生骨材 H，M の粗粒率の許容差は，製造業者と購入者が協議によって定めた粗粒率に対して±0.20 であると定められている．なお，JIS A 5005（コンクリート用砕石及び砕砂）では，粗骨材（砕石）については規定がなく，細骨材（砕砂）については許容差を±0.15 と規定している．また，JIS A 5011（コンクリート用スラグ骨材）では，粗骨材で±0.30，細骨材で±0.20 と規定されている．再生骨材 H，M の粗粒率の許容差は，これらを勘案して設定されたものである．なお，再生骨材の製造においては，粒度が規定を外れたり，粒度の変動が増大したりする要因も多く，フレッシュコンクリートの品質を安定させるうえでは，再生粗骨材に砂利・砕石

などを，また，再生細骨材に砂・砕砂などを混合してコンクリートを製造することも有効と考えられる．その場合，再生骨材の製造業者は購入者と協議のうえ，その許容差を緩和できる．付3において，再生粗骨材を受け入れるレディーミクストコンクリート工場と協議のうえ，粗粒率の受入れ基準を $6.60 \pm 0.40$ とし，粒度調整のため再生粗骨材に砕石を混合することにより，安定した品質の再生骨材コンクリートを製造した事例が紹介されている．

(8) 粒形判定実積率の許容差について

再生粗骨材 H，M および再生細骨材 H，M の粒形判定実積率については，許容差を含めてそれぞれ 55％以上，53％以上と規定されており，許容差は製造業者と購入者が協議によって定めた粒形判定実積率に対して $\pm 1.5\%$ と定められている．種類の異なる原骨材から製造される再生骨材では，再生処理の程度を同じとしてもその粒形判定実積率の変動が大きくなることが考えられるため，コンクリートの品質の安定化の面からはこれを制限する必要がある．なお，粗粒率の場合と同様に，再生骨材 H，M が砂利，砕石，砂，砕砂などと混合して使用される場合には，製造業者は購入者と協議して許容差を緩和できる．

(9) 再生骨材 H，M，L の塩化物量について

再生骨材 H，M の塩化物量は，JIS A 5308（レディーミクストコンクリート）附属書 A（規定）「レディーミクストコンクリート用骨材」における砂の場合に準じて 0.04％以下と規定されている．また，再生骨材 L の塩化物量は受渡し当事者間の協議によって，必要に応じて規定するとされているが，塩分規制品に使用する再生骨材 L については 0.04％以下でなくてはならない．ただし，いずれの場合も JIS A 5308 附属書 A と同様に，購入者の承認を得てその限度を 0.1％以下とすることができるとの緩和規定が設けられている．

再生骨材についての塩化物量の試験方法は，JIS A 5002（構造用軽量コンクリート骨材）の 5.5 によることとなっているが，これによれば可溶性塩分のみが評価されることになり，付着ペースト中に固定された塩分については適切に評価できないため，可溶性塩分量の測定値から適切な換算比率により全塩分量を求める必要がある．一般コンクリートを用いた試験の結果によると，可溶性塩分量は全塩分量の約 70％程度であるとのデータが多いことから，再生骨材 H については試験結果を 4/3 倍した値を塩化物量とすることとしている．一方，再生骨材 L に相当する骨材を対象とした研究[12]によれば，JIS A 5002 の 5.5 による測定結果は，全塩分量が測定されていると考えられる JIS A 1154（硬化コンクリート中に含まれる塩化物イオンの試験方法）による測定結果の 1/4〜1/3 程度の結果である．この結果を踏まえ，再生骨材 M，L においては，試験結果を 4 倍した値を塩化物量とすることとしている．

b．JASS 5 4.3 では，粗骨材の形状によってコンクリートの充填性が異なることから，使用箇所に応じた粗骨材の最大寸法として，柱・梁・スラブ・壁においては，砂利の場合には 20，25 mm，砕石・高炉スラグ粗骨材の場合には 20 mm と定められている．再生粗骨材の粒形は磨砕処理の程度によって影響を受けるものの，原粗骨材の種類に大きく影響されるため，ここでは一律に，原粗骨材が砂利の場合には JASS 5 4.3 表 4.1 の砂利の場合に，原粗骨材が砕石・高炉スラグ粗骨材の場合には同表中の砕石・高炉スラグ粗骨材の場合に準じることとした．なお，原粗骨材が砂

利であることが確実な場合以外は，原粗骨材は砕石・高炉スラグ粗骨材であるとして扱わなければならない．

c，d，e，f．再生骨材の品質は，原骨材の品質のほか，原コンクリートの調合，また，再生骨材製造における処理の程度など，様々な要因による影響を受け，一般にばらつきも普通骨材に比べて大きいと考えられる．また，それを用いたコンクリートの品質も，付着モルタル・ペースト量の増大に従い，普通骨材を用いた場合よりも低下するものと考えられる．再生骨材コンクリートの品質を確保するため，また，そのばらつきを抑制するために，再生骨材を他の骨材と混合して使用する方法がある．この場合，コンクリートとしての品質の確保や安定を目的としていることから，再生骨材以外の骨材は JASS 5 4.3 に規定する普通骨材とすることとした．

なお，再生骨材に普通骨材を混合して品質向上を図る場合においても，混合骨材は混合前の再生骨材と同じ種類の再生骨材として取り扱う．例えば，再生粗骨材 M と普通粗骨材を混合した場合は，再生粗骨材 M として取り扱う．また，異なる種類の再生骨材を混合した場合については，表 4.2 によることとし，例えば，再生骨材 H と再生骨材 M を混合した場合は再生骨材 M として取り扱う．

また，骨材を混合して使用する場合，混合前の各骨材の品質は，粒度を除きそれぞれの規定に適合することとした．JASS 5 4.3 においては，粒度だけではなく塩化物についても混合後の塩化物量が規定に適合することとされているが，再生骨材では試験結果の取扱いが前述のとおり普通骨材とは異なるため，ここでは混合前の塩化物量がそれぞれの規定を満足することとした．一方，混合後の粒度は，混合後取り扱われる再生骨材の種類の粒度の規定に適合することとした．具体的には，再生粗骨材 H については JIS A 5308 附属書 A，再生粗骨材 M については JIS A 5022 附属書 A，再生粗骨材 L については JIS A 5023 附属書 A に示される粒度区分 4005，2505，2005 のいずれかの規定に適合することとした．

アルカリシリカ反応性による区分 A の骨材と区分 B の骨材とを混合する場合は，区分 B として取り扱わなければならない．したがって，区分 A の再生骨材は，製造，貯蔵などの各工程において，区分 B の再生骨材の混入が起こらないように注意して管理しなければならない．

## 4.2 セメント

a．セメントは，JIS R 5210（ポルトランドセメント）に規定するポルトランドセメント，JIS R 5211（高炉セメント）に規定する高炉セメント，JIS R 5213（フライアッシュセメント）に規定するフライアッシュセメント，または JIS R 5214（エコセメント）に規定する普通エコセメントに適合するものとする．

b．計画供用期間の級が長期の場合に使用するセメントは，上記 a のうち JIS R 5210，もしくは JIS R 5211 または JIS R 5213 に規定する A 種に適合するものとすることを原則とする．

c．上記以外のセメントを用いる場合は，コンクリートとして所要の品質が得られることを確認して使用する．

a．再生骨材コンクリートにおいても一般コンクリートと同様に，JIS に規定されているセメントであれば問題なく使用できる．ただし，選択するアルカリシリカ反応抑制対策に応じて適切にセメントを選定することが重要である．なお，JIS に規定されるセメントのうちシリカセメントはほとんど市場に流通していないため，ここでは除外した．エコセメントは，普通エコセメントと速硬エコセメントの2種類が規格化されているが，現在製造されているのは普通エコセメントのみであることから，ここでは普通エコセメントのみとした．なお，現状では普通エコセメントを用いたコンクリートを建築物の基礎，主要構造部等に使用する際には，国土交通大臣の認定を取得する必要がある．また，供給可能な地域や供給量にも限界があるため，使用にあたっては十分な検討が必要である．

b．JASS 5 4.2においては，計画供用期間の級が長期の場合に使用するセメントは，JIS R 5210（ポルトランドセメント）もしくは JIS R 5211（高炉セメント），JIS R 5212（シリカセメント）または JIS R 5213（フライアッシュセメント）のうち A 種に適合するものを原則とするとしている．計画供用期間の級に対応するコンクリート強度の下限値は，コンクリートの中性化速度を基礎として設定されているが，本指針3.3 b の解説に記述されているように，再生粗骨材コンクリートと砕石コンクリートとの間には中性化速度係数に明確な差がないことが報告されている．したがって，本指針においても，計画供用期間の級が長期の場合に使用するセメントは，JASS 5 4.2に準じることとした．

c．上記以外のセメントであっても，その使用を禁じるものではない．コンクリートとして，強度，耐久性などに関して所要の品質が得られることを確認すれば使用することができる．

## 4.3 混和材料

---

a．化学混和剤は，AE 剤，減水剤，AE 減水剤，高性能減水剤，高性能 AE 減水剤および流動化剤とし，JIS A 6204（コンクリート用化学混和剤）に適合するものとする．

b．収縮低減剤は JASS 5 M-402（コンクリート用収縮低減剤の性能判定基準）附属書1「コンクリート用収縮低減剤の品質基準」に，防せい剤は JIS A 6205（鉄筋コンクリート用防せい剤）に適合するものとする．

c．高炉スラグ微粉末は JIS A 6206（コンクリート用高炉スラグ微粉末）に，フライアッシュは JIS A 6201（コンクリート用フライアッシュ）に，シリカフュームは JIS A 6207（コンクリート用シリカフューム）に適合するものとする．

d．膨張材は JIS A 6202（コンクリート用膨張材）または JASS 5 M-403（コンクリート用低添加型膨張材の品質基準）に適合するものとする．

e．上記 a～d 以外の混和材料を用いる場合は，コンクリートとして所要の品質が得られることを確認して使用する．

---

a．再生骨材コンクリートにおいても，一般コンクリートと同様に化学混和剤を適切に用いることにより，ワーカビリティーの改善や硬化コンクリートにおける諸物性の向上につなげること

ができる．

　b，d．付着モルタル・ペーストが多く，吸水率が大きい再生骨材を使用した場合には，コンクリートの乾燥収縮が増大する可能性がある．乾燥収縮を抑制する必要がある場合には，必要に応じて収縮低減剤や膨張材を用いることが有効である．

　また，塩害環境下など，コンクリート中の塩化物イオン量が増大する可能性がある場合には，一般コンクリートと同様に，必要に応じて防せい剤の適用を検討するとよい．

　c．再生骨材は，原骨材が特定され，かつ原骨材または再生骨材がアルカリシリカ反応性試験で無害と判定された場合を除き，そのアルカリシリカ反応性は区分Bとして扱うことになっている．再生骨材はそれに含まれる付着ペースト中にもアルカリが存在するため，付着ペースト量が比較的少ない再生骨材Hを除き，そのアルカリ量を考慮した抑制対策が必要となる．抑制効果のある高炉セメントまたはフライアッシュセメントの使用による対策とともに，JIS A 6206に規定する高炉スラグ微粉末またはJIS A 6201に規定するフライアッシュを所定量使用することによる対策が3.9，6.9および9.5に示されているので参照するとよい．

## 4.4 練混ぜ水

> コンクリートの練混ぜ水は，JASS 5 4.4による．

　練混ぜ水がコンクリートに与える影響については，一般コンクリートと特に異なることはないため，JASS 5 4.4によることとした．

---

### 参考文献

1) 柳橋邦生・米澤敏男・神山行男・井上孝之：高品質再生粗骨材の研究，コンクリート工学年次論文報告集，Vol. 21，No. 1，pp.205-210，日本コンクリート工学協会，1999
2) 中本純次・戸川一夫・三岩敬孝・吉兼　亨：再生骨材の品質がコンクリートの諸特性に及ぼす影響，コンクリート工学年次論文報告集，Vol. 20，No. 2，pp.1129-1134，日本コンクリート工学協会，1998
3) 日本規格協会：JIS A 5021 コンクリート用再生骨材H，2011.5改正
4) 日本規格協会：JIS A 5022 再生骨材Mを用いたコンクリート，2012.7改正
5) 日本規格協会：JIS A 5023 再生骨材Lを用いたコンクリート，2012.7改正
6) 棚野博之：再生骨材中の不純物がコンクリートの力学特性に及ぼす影響，日本建築学会大会学術講演梗概集，A-1，pp.1063-1064，2010.9
7) 朴　元俊・野口貴文・長井宏憲：再生コンクリートの品質に対するアルミニウム不純物の影響および検査方法，日本建築学会構造系論文集，No. 656，pp.1765-1772，2010.10
8) 矢垰和彦：硬化コンクリート中の骨材のアルカリシリカ反応性（化学法）試験に関する予備実験－骨材の取り出し時の酸処理による試験結果への影響等－，建材試験情報 Vol. 37，No. 3，pp.12-18，建材試験センター，2001.3
9) 守屋　進・脇坂安彦・河野広隆：実構造物より採取した骨材のアルカリシリカ反応性試験（化学法）に関する一考察，セメント技術年報41，pp.427-430，セメント協会，1987
10) 黒田泰弘：再生骨材のアルカリシリカ反応性に関する研究，コンクリート工学年次論文集，Vol. 31，No. 1，pp.1765-1770，日本コンクリート工学協会，2009

11) 片平　博・渡辺博志：再生骨材の耐凍害性評価手法の研究，コンクリート工学論文集，Vol. 21, No. 1, pp. 25-33，日本コンクリート工学協会，2010.1
12) 日本コンクリート工学協会：平成16年度経済産業省委託，建設廃棄物コンクリート塊の再資源化物に関する標準化調査研究　成果報告書，pp.184-190，2005.3

# 5章 再生骨材の製造

## 5.1 総　　　則

> a．本章は再生骨材 H，再生骨材 M および再生骨材 L の製造方法について規定する．
> b．再生骨材の標準的な製造工程は，原コンクリートおよび原骨材の調査，コンクリート塊の受入れ・貯蔵，再生骨材の製造・貯蔵，再生骨材の品質管理・検査，ならびに再生骨材の出荷・納入からなり，それぞれについて規定する．

a．1992年建設省総合技術開発プロジェクト「建設副産物の発生抑制・再利用技術の開発（副産物総プロ）」から20年以上が経過して，再生骨材の製造技術も進歩し，普通骨材と同等品質の再生骨材が得られるまで高度化された製造方法や効率的な分別技術が開発されている．また，資源循環型社会への適用を目指し，品質に応じた再生骨材コンクリートの用途も多様化している．本章では，再生骨材 H，再生骨材 M および再生骨材 L の製造方法について規定する．

b．再生骨材の製造は，解説図5.1の製造フローに示すように，原コンクリートおよび原骨材の調査，コンクリート塊の受入れ・貯蔵，再生骨材の製造・貯蔵，再生骨材の品質管理・検査，ならびに再生骨材の出荷・納入の工程からなっている．再生骨材の品質に応じて，それぞれの工程において多様な方法が採用されているが，ここでは現時点で実用化されている一般的な方法について記述する．

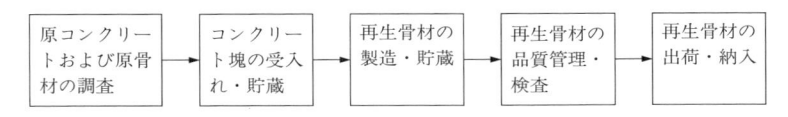

原コンクリートおよび原骨材の調査 → コンクリート塊の受入れ・貯蔵 → 再生骨材の製造・貯蔵 → 再生骨材の品質管理・検査 → 再生骨材の出荷・納入

**解説図5.1　再生骨材の製造フロー**

## 5.2　原コンクリートおよび原骨材の調査

> a．原コンクリートは，再生骨材の種類に適したものを選定する．
> b．原コンクリートは，アルカリシリカ反応など骨材に起因する変状が生じていないことを確認する．
> c．原コンクリートは，塩化物を多量に含んでいないことを確認する．
> d．原コンクリートは，有害量の不純物が混入することがないことを確認する．
> e．原コンクリートは，アスベスト等の特別管理廃棄物が混入することがないを確認する．
> f．原コンクリートを選定する際の品質管理・検査は，9.3による．

> g．原コンクリートを特定する場合は，JIS A 5022（再生骨材 M を用いたコンクリート）附属書 A（規定）「コンクリート用再生骨材 M」に従い，構造物ごとに行う．
>
> h．原骨材を特定する場合は，JIS A 5021（コンクリート用再生骨材 H）附属書 A（規定）「原骨材の特定方法」に従い，構造物ごとに行う．

a．原コンクリートによって再生骨材の品質は変動するため，解体前の構造物を調査して，原コンクリートを選定する．原コンクリートとしては，構造物の解体によって発生したもの以外に，コンクリート製品やレディーミクストコンクリートの戻りコンクリートを硬化させたものなどもある．

b．原コンクリートは，アルカリシリカ反応や吸水膨張性を有する有害な粘土鉱物によるひび割れなど，骨材に起因する変状が生じていないことを構造物の外観やコアの観察による調査によって確認する．骨材に起因する変状があるものを原コンクリートとして使用した場合，再生骨材も同様の変状を発生する可能性が高く，再生骨材の品質を確保するためにあらかじめ除外しておく．

c．塩化物を多量に含んだ原コンクリートから製造した再生骨材を使用したコンクリートは，塩害による劣化を生じる危険性がある．そのため，除塩が不十分な海砂を使用したコンクリートや，飛来塩分等の影響を受けた構造物のコンクリート，融雪剤を使用した道路や側溝のコンクリート等は，原コンクリートとして使用してはならない．

d．原コンクリートに含まれるタイルや木片等の不純物を解体工事後に精度よく分離することは困難である．仕上材や防水材等の分別解体が徹底できることを解体工事業者や施工者と事前に確認しておく．例えば，解説図 5.2，5.3 では，内装材をあらかじめ撤去して，重機を使って分別解体を実施している．また，解説図 5.4，5.5 のように，天井に木毛セメント板や屋上にアスファルト防水が施工されている状況が確認された場合は，解体時に混入しないように注意する．

e．原コンクリートは，構造物の解体前にアスベストや PCB 等の特別管理産業廃棄物が混入することがないことを確認する．アスベストについては，2010 年に再生路盤材にアスベストを含

解説図 5.2　内装材を撤去した鉄筋コンクリートの住宅

解説図 5.3　重機を使った分別解体の状況

**解説図 5.4** 木毛セメント板が施工されている天井

**解説図 5.5** アスファルト防水の屋上

むスレートの破砕物が混入した事案を契機[1]に，行政と関係団体が協議して，解体時の分別を徹底することになった．東京都においては，解体工事業者への適正な除去作業・分別方法の周知徹底，運搬業者へのスレート等の搬入禁止の周知，搬入物検査の徹底をした上で，万一，コンクリート塊にスレート等が混入したものが搬入された場合には都へ通報することなど，アスベストを含むスレート等の搬入防止対策が講じられている[2]．

　f．原コンクリートを選定する際の品質管理・検査は，9.3による．飛来塩分等の影響を受ける立地条件にある構造物では，塩害を受けた可能性がないことを検査したり，化学薬品や石油製品を扱う工場などでは，コンクリートに有害な化学物質が浸透していないかを解体前の構造物で検査する．

　g．原コンクリートを特定するためには，解体構造物等の工事記録，原コンクリートの配合報告書，原骨材の試験成績書などによって，原コンクリートの種類，呼び強度，空気量および原骨材の種類を明らかにすることが必要であり，構造物ごとに行う．すべての原コンクリートが特定でき，かつ AE コンクリートであった場合，再生粗骨材 M の凍結融解試験の検査頻度を軽減することができる．

　h．原骨材の特定とは，原骨材の種類および産地または品名を明らかにして，他の骨材と区別することである．原骨材を特定するためには，解体構造物等の工事記録，原コンクリートの配合報告書等により，原骨材の種類および産地または品名を明らかにできることが必要である．また，このような原骨材に関する記録がない場合でも，コンクリートの一部を取り出し，原骨材の種類とその数が判別できたときは，産地および品名が不明のまま特定できることとなっている．原骨材が特定でき，かつすべての原骨材が JIS A 1145（骨材のアルカリシリカ反応性試験方法（化学砲））または JIS A 1146（骨材のアルカリシリカ反応性試験方法（モルタルバー法））で無害であった場合，または再生骨材自体が JIS A 1145，JIS A 1146 または JIS A 5021（コンクリート用再生骨材 H）附属書 D（規定）「コンクリート用再生骨材 H のアルカリシリカ反応性試験方法（再生骨材迅速法）」で無害であった場合には，再生骨材は無害となる．不特定の原コンクリートから製造された再生骨材は，原骨材が特定できないために，原骨材ごとのアルカリシリカ反応性試験

を実施することができず，結果として，区分Bで取り扱うことになる．

## 5.3 コンクリート塊の受入れ・貯蔵

> a．コンクリート塊の受入れ時には，原コンクリートの発生場所，および特別管理産業廃棄物が混入していないことをマニフェスト等で確認する．
> b．コンクリート塊の受入れ時には，コンクリート塊が多量の不純物を含んでいないこと，および汚染されていないことを確認する．また，コンクリート塊の粒径や含水状態が再生骨材の製造に適していることを確認する．
> c．コンクリート塊は，異物が混入しないように貯蔵する．
> d．原コンクリートまたは原骨材を特定して製造する場合には，そのコンクリート塊は，他のコンクリート塊と混ざらないように区分して貯蔵する．

a．同一場所で発生したコンクリート塊は，骨材等の材料，強度，調合等が類似していることが多く，品質の安定した再生骨材が得られやすい．原コンクリートの発生場所を確認するためには，マニフェスト等を活用するのがよい．また，アスベストやPCB等の特別管理産業廃棄物が混入したコンクリート塊は，原コンクリートとして使用することができないため，建設廃棄物処理

解説図5.6 マニフェストの記載例

契約書等に「アスベスト含有産業廃棄物等を混入させないこと」を明記したり，解説図5.6に示すようにマニフェストの備考欄にその旨が記載されていることを受入れ時に確認したりする必要がある．

b．プラスチックや木くず等の不純物を多量に含んだコンクリート塊〔解説図5.7，5.8〕を使用して再生骨材を製造すると，不純物が細かく破砕されてしまい，再生骨材自体から分級することが困難になる．そこで，再生骨材の製造工場では，不純物の限度見本を作製し，コンクリート塊の受入れ時に多量の不純物が含まれていないことを確認する必要がある．また，コンクリート塊の含水率が高く，重機等で扱う際に水が滴るような状態では，ふるい目を詰まらせたり，モルタル分の除去を阻害する原因となるので，再生骨材の製造プロセスに適した含水状態であることを確認する．なお，重金属および放射性物質で汚染されたコンクリート塊は使用しない．

再生骨材を製造する場合，路盤材も合わせて製造することが多い．その場合は，不純物の混入程度やコンクリート塊の粒径に応じて，再生骨材用のコンクリート塊(最大粒径300 mm程度で，5 mm以下の細粒分の少ないもの)と路盤材用のコンクリート塊とに大別して製造されている〔解説図5.9〕．また，鉄筋が残ったままのコンクリートの大塊を受け入れる場合〔解説図5.10〕

**解説図5.7** コンクリート塊に混入した不純物

**解説図5.8** コンクリート塊に混入した木毛セメント板片

**解説図5.9** 原コンクリート

**解説図5.10** 鉄筋が残ったコンクリート塊

もあるが，重機等で鉄筋を除去すると不純物が含まれないコンクリート塊となり，再生骨材の原コンクリートに使用できる．

　c．コンクリート塊は，異物が混入しないように貯蔵場所を設定する．除去した不純物が再混入しないように，不純物は適切に保管する．

　d．原コンクリートまたは原骨材を特定できたコンクリート塊は，再生骨材の凍結融解抵抗性やアルカリシリカ反応性の検査頻度を少なくすることができるため，ブロック壁等を利用して，他のコンクリート塊と混ざらないようにする．また，同一の場所で大量に発生したコンクリート塊を受け入れた場合は，同一貯蔵場所に貯蔵しておくことが望ましい．

　都市部の再生骨材製造工場は，比較的スペースが狭く，コンクリート塊の貯蔵場所を十分に確保できない場合が多い．コンクリート塊を貯蔵する場合，廃棄物処理法の受入れ量や貯留高さ制限の規定を遵守しなければならないことは言うまでもない．

## 5.4　再生骨材の製造・貯蔵

> a．再生骨材製造設備には，再生骨材が所要の品質を満足することが確認できたものを使用する．
> b．再生骨材製造時の運転条件は，再生骨材が所要の品質を満足するように設定する．
> c．再生骨材の製造においては，再生骨材に有害な不純物が含まれないように適正に除去する．
> d．再生骨材は，種類および区分ごとに貯蔵し，他の製品・材料と混ざらないようにする．
> e．再生細骨材は，貯蔵時に固結しないように適切な対策を講じる．
> f．再生骨材の製造においては，騒音・振動・粉じん等による問題が生じないように，適切な対策を講じる．

　a．再生骨材H，再生骨材Mおよび再生骨材Lを製造するためには，製造された再生骨材が解説表4.4～4.6に示す各々の品質を満足することが確認できた設備を使用しなければならない．再生骨材は，解説図5.11に示すように，コンクリート塊に破砕，分級などの処理を行って製造される．再生骨材に含まれるペーストを十分に取り除くと，再生骨材の品質は高くなるが，消費エネルギーが多くなり，副産する微粉分も多くなる．一方，再生骨材の製造プロセスを簡略化したり，消費エネルギーを抑えて製造すると，歩留まりは多くなるが，付着ペースト率が高く，品質の低い再生骨材となる．そこで，再生骨材H，M，Lを製造するためには，解説表4.4～4.6に示す各々の品質を満足することが確認できた設備を使用しなければならない．なお，コンクリート塊の状態や目標とする再生骨材の品質によって，前処理や後処理工程が必要となることがある．

　既往の報告[3]をもとに作成した再生骨材の吸水率と付着ペースト率との関係を解説図5.12，

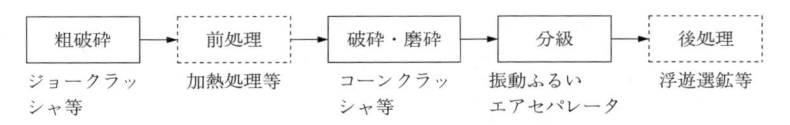

| 粗破砕 | → | 前処理 | → | 破砕・磨砕 | → | 分級 | → | 後処理 |
|---|---|---|---|---|---|---|---|---|
| ジョークラッシャ等 | | 加熱処理等 | | コーンクラッシャ等 | | 振動ふるいエアセパレータ | | 浮遊選鉱等 |

**解説図5.11　再生骨材の製造プロセス**

5.13 に示す．データのばらつきはあるものの，付着ペースト率は，再生粗骨材 H では約 8 % 以下，再生粗骨材 M では約 13% 以下となり，再生粗骨材 L では約 18% 以下となる．また，再生細骨材も同様に，付着ペースト率は，H，M，L の順に約 13% 以下，約 23% 以下，約 41% 以下と大きくなる．

破砕装置や磨砕装置は，解説表 5.1，5.2，解説図 5.14～5.21 に示すように，種類によってその特徴が異なる．コンクリート塊は，最大粒径 40 mm 程度に粗破砕して，破砕装置や磨砕装置に投

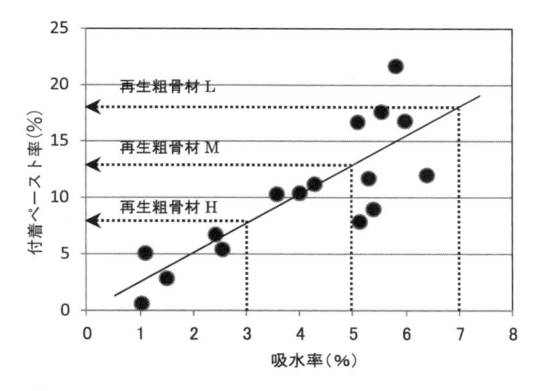

**解説図 5.12** 付着ペースト率と吸水率との関係（再生粗骨材）

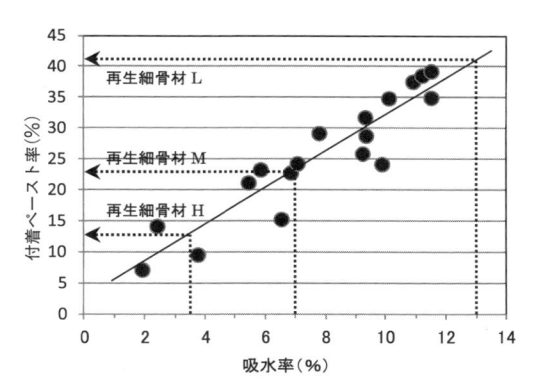

**解説図 5.13** 付着ペースト率と吸水率との関係（再生細骨材）

**解説表 5.1** 破砕装置および磨砕装置等の主な種類と特徴

| 用途 | 種類 | 特徴 | 解説図 |
|---|---|---|---|
| 粗破砕 | ジョークラッシャ | 固定刃と前後に往復動する駆動刃とで構成され，両者の間に人頭大程度のコンクリート塊をかみ込んで粗破砕する． | 5.14 |
| 破砕 | ハンマークラッシャ インパクトクラッシャ | 高速回転するロータにハンマーや打撃板を取り付け，コンクリート塊が衝撃破砕されるとともに，外筒に付帯した衝撃板でも破砕される． | 5.15 |
| 磨砕 | コーンクラッシャ | 中央部にある駆動部のマントルと外筒のコンケープで構成され，その隙間の変化に伴い，圧密された状態でコンクリート塊同士が磨砕される． | 5.16 |
| 磨砕 | 衝撃破砕機 | 高速回転するロータから遠心力でコンクリート塊を排出し，外壁に溜まったコンクリート塊同士がぶつかり，強度の低いモルタル部分が磨砕される． | 5.17 |
| 磨砕 | ロッド（ボール）ミル | 媒体にロッド（ボールミルの場合はボール）を使用し，ドラムの回転により，媒体がコンクリート塊を破砕・磨砕する． | 5.18 |
| 分級 | ふるい | 目的の粒度にあわせて，ふるい目を選択する． | ― |
| 分級 | エアセパレータ | 空気の流速によって分級する．ミル内に通風するなど，破砕機やふるいとの組合せで，微粒分を分級できる． | ― |

解説表 5.2　前処理および後処理の主な種類と特徴

| 用途 | 種類 | 特徴 | 解説図 |
|---|---|---|---|
| 前処理 | キルン等の加熱機 | 300℃以下でコンクリート塊を加熱する．セメント水和物の脱水により，ペースト強度を低下させ，磨砕が容易になる． | 5.19 |
| 後処理 | ジグ等の浮遊選鉱機 | 水中に再生骨材を投入し，水を上下に脈動させることで，再生骨材の見かけ密度に応じて上下に層状に分かれ，見かけ密度差により分級できる． | 5.20 5.21 |

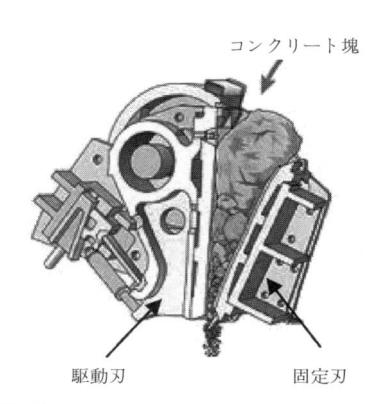

解説図 5.14　ジョークラッシャの例

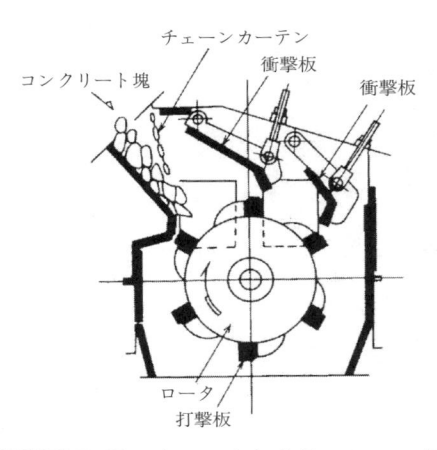

解説図 5.15　インパクトクラッシャの例

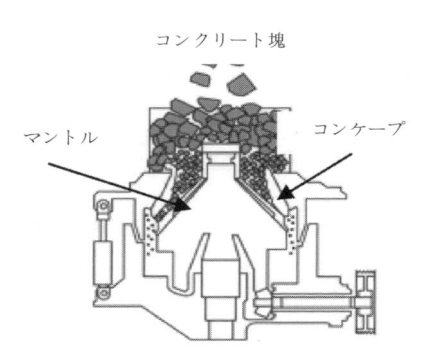

解説図 5.16　コーンクラッシャの例

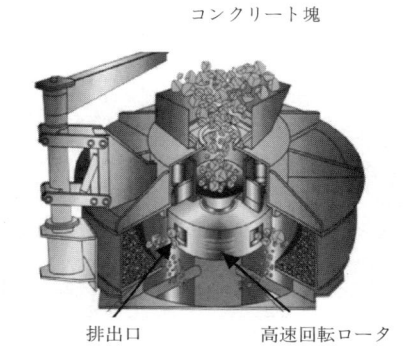

解説図 5.17　衝撃破砕機の例

入してモルタルやペーストを除去する．再生骨材Hの製造においては，ペーストを可能な限り除去する必要があるため，ペーストを脆弱化させる加熱処理等の前処理を行う場合もある．破砕装置や磨砕装置は，コンクリート塊同士をぶつけ合ったり，コンクリート塊を圧密してすりもみ状態にするなどの構造的特徴を有している．

　b．再生骨材を製造する場合，aに示した適正な設備を使用した上で，運転条件についても十

5章 再生骨材の製造 —63—

**解説図 5.18** ロッドミルの例

**解説図 5.19** ロータリーキルンの例

**解説図 5.20** ジグ（浮遊選鉱機）の例

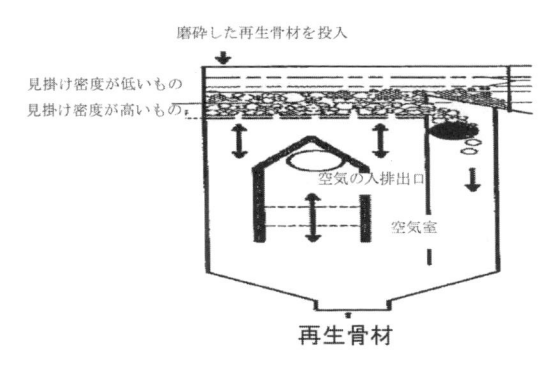

**解説図 5.21** ジグ（浮遊選鉱機）の例

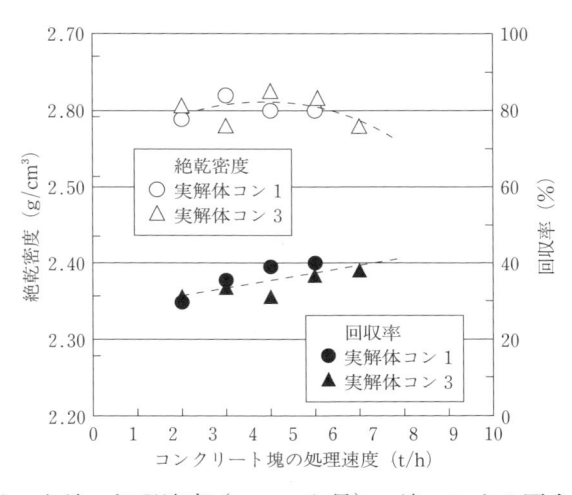

**解説図 5.22** コンクリート塊の処理速度（フィード量）の違いによる再生粗骨材の品質と回収率

分な配慮が必要となる．解説図4.2に示すように，インパクトクラッシャ等で処理を重ねると密度が大きくなり吸水率が小さくなる．また，キルンなどでの加熱処理後のコンクリート塊をボールミルに投入し，処理速度（フィード量）を変化させて製造した再生骨材の絶乾密度と回収率との関係を示した解説図5.22[4]によると，処理速度を速くすると，再生粗骨材の絶乾密度は漸減し，回収率は高くなる．これは，ボールミル中の滞留時間が短い場合には，再生粗骨材にペーストが付着した状態になっているためであり，目標とする再生骨材の品質に応じた運転条件をあらかじめ設定しておくことが必要となる．また，データを蓄積して，定期的に品質変動を分析して，適正な運転条件を設定する必要がある．

　c．解体時に，コンクリート塊に不純物が混入しないように注意していても，完全に不純物の混入を防ぐことはできない．タイルやれんが等は，再生骨材の製造プロセスにおいて，破砕・磨砕工程で粉化することが多いため，再生骨材に混入する割合は少ない．しかし，プラスチックや木片は破砕され，細かい状態になってしまうので，ふるい等の分級工程で適切に除去する必要がある．ジグ等による浮遊選鉱の後処理を設けることも不純物の除去には有効な手段となる．再生骨材から除去した不純物は，金属類や廃プラスチック類などに区分して貯留して，リサイクルに廻したり適切に処分したりする〔解説図5.23，5.24〕．

解説図5.23　金属類の貯留エリア（リサイクル）　　　解説図5.24　廃プラスチックの貯留エリア（焼却処理）

　d．再生骨材は，H，M，Lの品質，細・粗骨材の種類，粒度による区分ごとに，仕切り壁等を設け，他の製品や材料と混ざらないように貯蔵する．

　e．再生細骨材は湿潤状態では粒子同士が固結することがあるので，長期間保管する場合は，屋内に貯蔵したり，上屋を設けた施設に貯蔵する．また，定期的に重機等で固結した塊を解砕することも現実的な措置となる．

　f．再生骨材の製造工場では，破砕機や重機が稼働しており，騒音，振動，粉塵等が発生する．騒音・振動対策としては，中間処理施設の設置許可の基準に準拠する周辺への配慮が必要であり，破砕機等を屋内に収納し，防音壁を設置することなどが有効である．また，粉じん対策としては，局所排気と散水装置の設置で対応することができる．

## 5.5 再生骨材の品質管理・検査

> a．再生骨材の種類，区分に応じて，9.4により適正に品質管理・検査を実施する．
> b．すべての原骨材が特定され，かつアルカリシリカ反応性試験により無害と判定される場合は，再生骨材のアルカリシリカ反応性試験を省略できる．
> c．再生骨材をアルカリシリカ反応性による区分Bとして扱う場合には，再生骨材のアルカリシリカ反応性試験を省略できる．
> d．すべての原コンクリートが特定され，かつすべての原コンクリートがAEコンクリートであることが確認された場合は，再生骨材Mの凍結融解試験の頻度を緩和できる．

a．再生骨材H，M，Lはそれぞれの品質に応じた品質管理を実施する必要がある．なお，再生骨材Hに再生骨材Mが混入した場合は再生骨材Mとして扱い，再生骨材Mに再生骨材Lが混入した場合は再生骨材Lとして扱う．また，特定された再生骨材に，特定されなかった再生骨材が混入した場合は，特定されない再生骨材として扱う．

関東圏で再生骨材の製造・供給実績の豊富な工場における再生粗骨材Mの製造プロセスを解説図5.25に，また当該工場における2012年度の品質管理試験結果の一例を解説図5.26，5.27に示す．

b．原骨材の特定は，構造物の解体前調査などに多額な費用や日数を要するため，あらかじめ解体コンクリートの再利用が想定される場合に限定されることがほとんどである．この場合，調査段階で原骨材のアルカリシリカ反応性試験を実施することも多く，二重の試験を課すことを避けるために，JIS A 5021では，調査時のアルカリシリカ反応性試験で無害と判定された場合，再生骨材でのアルカリシリカ反応性試験を省略できることとなっている．なお，再生細骨材には，製造プロセスにおいて原粗骨材の一部が混入することはほぼ避けられないために，再生細骨材を区分Aとして取り扱うためには，原細骨材だけでなく原粗骨材も無害である必要がある．

c．現状では再生骨材を製造する場合，原骨材を特定できることは少なく，大半は原骨材が不特定のまま製造され，アルカリシリカ反応性による区分はBとなる．また，当初から区分Bとして扱う場合は，アルカリシリカ反応性試験を省略することができる．

JIS A 5308（レディーミクストコンクリート）附属書B（規定）「アルカリシリカ反応抑制対策の方法」においては，付着ペーストのアルカリ量を求めることが困難であること，原コンクリートのロットの区分が明確でないことを理由に，再生骨材コンクリートHではアルカリ総量規制によるアルカリシリカ反応抑制対策が認められず，区分Bの再生骨材を使用する場合には，混合セメントを使用する必要があり，再生骨材コンクリートが実施工で普及しない一因となっていた．一方，JIS A 5022およびJASS 5では，再生骨材の付着ペーストから持ち込まれるアルカリ量を求める方法を規定して，アルカリ総量規制によるアルカリシリカ反応抑制対策を認めている．

そこで，本指針では，6.9において，再生骨材のロット管理を明確にするとともに，再生骨材の付着ペーストを考慮したコンクリート中のアルカリ量を求めることで，普通ポルトランドセメン

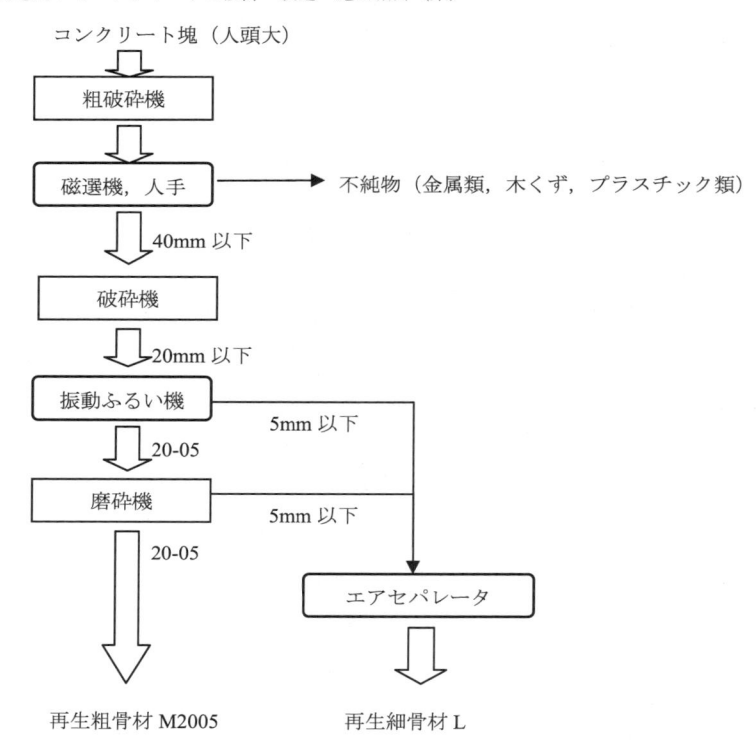

**解説図 5.25** 再生粗骨材 M および再生細骨材 L の製造工場の製造プロセスの実例

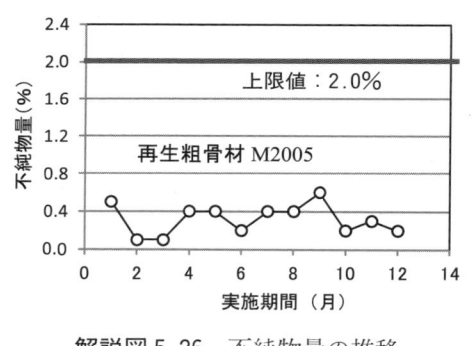

**解説図 5.26** 不純物量の推移

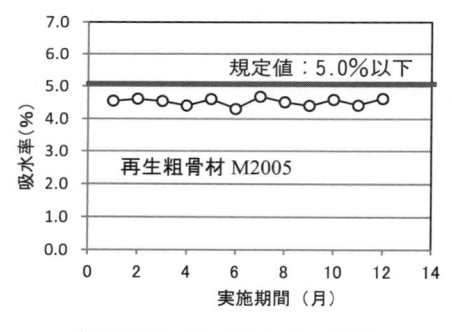

**解説図 5.27** 吸水率の推移

トを使用する場合でもアルカリ総量規制を適用できるようにした．

　d．原コンクリートの特定は，原コンクリートの種類，呼び強度，空気量および原骨材の種類を明らかにできる場合にのみ可能であり，構造物ごとに行う．すべての原コンクリートが特定でき，かつ記録等により AE コンクリートである場合，9.4 に示すように，再生粗骨材 M の凍結融解試験を実施するロットの最大値を 500 t または 1 週間で製造できる量から 3 か月で製造できる量に緩和できる．

## 5.6 再生骨材の出荷・納入

> a．出荷においては，再生骨材は，固結したり，材料の偏りが生じないようによく切り返して均一に積み込む．
> b．再生骨材の表示は，H，M，L の分類ごとに行い，次の事項を記載した納品書を購入者に提出する．
> 　（1）　種類，区分
> 　（2）　製造業者，製造工場名およびその所在地
> 　（3）　製造時期および出荷年月日
> 　（4）　質量または容積
> 　（5）　納入先会社・工場名
> c．原骨材が特定された場合，原コンクリートの発生所在地を納品書に表示する．
> d．再生骨材の生産者は，購入者からの要求があった場合には，再生骨材 H，M，L の試験成績書を提出しなければならない．

　a．再生骨材を長期間貯蔵した場合など，固結や粒度に偏りが生じていないかを確認して出荷する．特に，再生細骨材の固結については留意が必要となる．固結や偏りが確認された場合は，重機等で均一になるようにかき回しながらトラック等に積み込む．

　b．再生骨材の製造業者は，納品書に記載漏れや不明瞭な記載がないことを確認して，購入者に提出する．あらかじめ書式を定めて，管理番号などを利用して控えを保管しておくと，後日の問い合わせにも迅速に対応することができる．

　c．原骨材が特定された再生骨材は，アルカリシリカ反応性や耐凍害性に配慮したコンクリートを製造することができるため，その根拠となる原コンクリートの発生所在地を納品書に表示する．

　d．試験成績書は，JIS A 5021，JIS A 5022 附属書 A および JIS A 5023（再生骨材 L を用いたコンクリート）附属書 A（規定）「コンクリート用再生骨材 L」に規定された試験報告書の標準様式とする．コンクリートの製造においては，骨材の試験成績書の値が利用されることが一般的であり，納品書と併せて提出することが多い．

---

**参 考 文 献**

1) 東京新聞："再生砕石"にアスベスト，2010 年 8 月 18 日
2) 東京都環境局：再生砕石製造業者への指導について，2010 年 11 月 8 日
3) JIS A 5022 再生骨材 M を用いたコンクリート解説
4) 立屋敷久志, 島　裕和, 松本義弘, 古賀康男：加熱すりもみ法により回収した高品質再生骨材コンクリートの性状，日本コンクリート工学年次論文集，23 巻，2 号，日本コンクリート工学協会，pp.61-66，2001

# 6章 調　　合

## 6.1 総　　則

> 再生骨材コンクリートの計画調合は，所要の品質の再生骨材コンクリートが得られるように，原則として試し練りによって定める．

　再生骨材コンクリートの計画調合は，所要の強度，ワーカビリティーおよび耐久性が得られ，かつ3章に示すその他の品質が得られるように，試し練りによって定める．

　工事開始前に試し練りを行う場合で，実際に使用する設備で製造した再生骨材を使用できない場合は，他の類似した設備で製造した再生骨材を使用する必要がある．その場合，試験骨材と実際に使用する骨材の品質，特に粒度の差異および混合使用の場合の混合比率の変化を想定して試し練りを行うとともに，実際に使用する再生骨材と同じものが得られるようになった段階で，それを使用して再度，確認のための試し練りを行う必要がある．

## 6.2 調合管理強度および調合強度

> a．調合管理強度は，(6.1)式によって算定される値とする．ただし，再生骨材コンクリートLの構造体強度補正値 $mSn$ は0とする
> $$Fm = Fq + mSn \quad (\text{N/mm}^2) \tag{6.1}$$
> 　ここに，$Fm$：調合管理強度（N/mm²）
> 　　　　　$Fq$：品質基準強度（N/mm²）
> 　　　　　$mSn$：構造体強度補正値（N/mm²）
> b．調合強度は，(6.2)および(6.3)式によって算定される値のうち大きいほうの値とする．
> $$F = Fm + 1.73\sigma \quad (\text{N/mm}^2) \tag{6.2}$$
> $$F = 0.85Fm + 3\sigma \quad (\text{N/mm}^2) \tag{6.3}$$
> 　ここに，$F$：調合強度（N/mm²）
> 　　　　　$Fm$：調合管理強度（N/mm²）
> 　　　　　$\sigma$：使用するコンクリートの圧縮強度の標準偏差（N/mm²）
> c．調合強度は，標準養生した供試体の圧縮強度で表すものとし，調合強度を決める材齢 $m$ は28日を，構造体コンクリートの材齢 $n$ は91日を標準とする．
> d．構造体強度補正値 $_{28}S_{91}$ の標準値は表6.1により，セメントの種類およびコンクリートの打込みから材齢28日までの予想平均気温の範囲に応じて定める．表中にないセメントを用いる場合は試験または信頼できる資料によって定める．

e．標準偏差 $\sigma$ は，レディーミクストコンクリート工場の実績をもとに定める．実績がない場合は，$3.0\,\mathrm{N/mm^2}$ または $0.1Fm$ の大きいほうの値とする．

**表 6.1 構造体強度補正値 $_{28}S_{91}$ の標準値**

| セメントの種類 | コンクリートの打込みから28日までの期間の予想平均気温 $\theta$ の範囲（℃） | |
|---|---|---|
| 早強ポルトランドセメント | $5 \leqq \theta$ | $0 \leqq \theta < 5$ |
| 普通ポルトランドセメント | $8 \leqq \theta$ | $0 \leqq \theta < 8$ |
| 中庸熱ポルトランドセメント | $11 \leqq \theta$ | $0 \leqq \theta < 11$ |
| 低熱ポルトランドセメント | $14 \leqq \theta$ | $0 \leqq \theta < 14$ |
| フライアッシュセメント B 種 | $9 \leqq \theta$ | $0 \leqq \theta < 9$ |
| 高炉セメント B 種 | $13 \leqq \theta$ | $0 \leqq \theta < 13$ |
| 構造体強度補正値 $_{28}S_{91}$（N/mm²） | 3 | 6 |

［注］ 暑中期間における構造体強度補正値 $_{28}S_{91}$ は $6\,\mathrm{N/mm^2}$ とする

a．～ e．調合管理強度および調合強度の決定のための諸規定は，基本的には一般骨材を用いる場合と同じでよいと考えられる．解説図 6.1 は，普通ポルトランドセメントを用いた一般コンクリートの調合管理強度と圧縮強度の標準偏差との関係[1]に，再生骨材コンクリート H の製造実績[2]と再生骨材コンクリート L の製造実績をプロットしたものである．また，解説図 6.2 は高炉セメント B 種を用いた一般コンクリートの調合管理強度と圧縮強度の標準偏差との関係に，再生骨材コンクリート M の製造実績[3]と再生骨材コンクリート L の製造実績をプロットしたものである．管理材齢はいずれも 28 日であり，養生は標準養生である．

データ数は少ないが，再生骨材コンクリートの圧縮強度の標準偏差は，$0.1Fm$ 以下であり，一般コンクリートと大差ないことがわかる．このため，実績のない場合の標準偏差は $3.0\,\mathrm{N/mm^2}$ または $0.1Fm$ の大きいほうの値とした．なお，調合管理強度が $27\,\mathrm{N/mm^2}$ 以下と小さい場合でも，標準偏差 $3.0\,\mathrm{N/mm^2}$ を基本としたのは，再生骨材コンクリート M（標準品）や再生骨材コンクリート L（仕様発注品）では，空気量の許容差を 2.0％と大きくしていること，また，再生骨材コンクリート L（標準品）や再生骨材コンクリート L（塩分規制品）では，そもそも空気量についての規定もないこと，さらには，再生骨材コンクリート M ではトラックミキサの使用を，再生骨材コンクリート L ではトラックミキサに加え，連続式ミキサの使用を認めていることなどに配慮したものである．

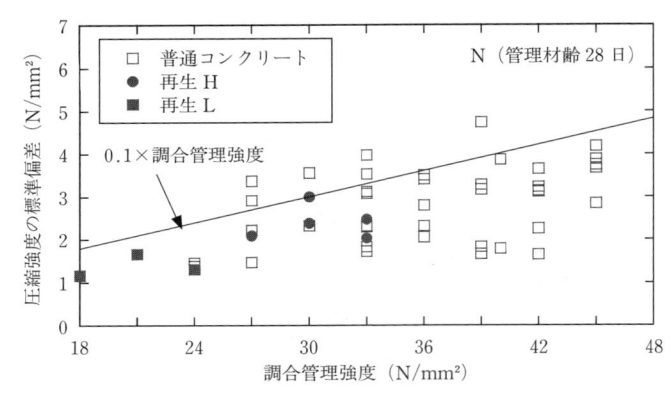

**解説図 6.1** 調合管理強度と圧縮強度の標準偏差との関係の調査結果の一例
（普通ポルトランドセメント）

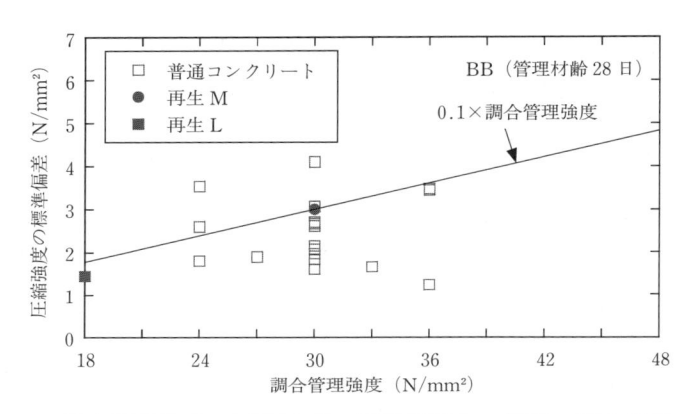

**解説図 6.2** 調合管理強度と圧縮強度の標準偏差との関係の調査結果の一例
（高炉セメント B 種）

## 6.3 スランプ

> a．スランプは 3.6 に示す値を満足するように定める．
> b．練上がり時のスランプは，製造場所から荷卸しする場所までのスランプの変化を考慮して定める．

a，b．再生骨材コンクリートの流動性は一般骨材を用いたコンクリートと大きく変わるものではないが，再生粗骨材の磨砕が進み，付着モルタル率〔解説図6.3ではモルタル混入率〕が小さくなるほど，形状が丸くなり，解説図6.3に示すように再生粗骨材の実積率は大きくなる傾向にある[4]．なお，図中の高強度，中強度，低強度という区分は，原コンクリートの圧縮強度の違いであり，高強度は水セメント比35％（60 N/mm²クラス），中強度は水セメント比45％（40 N/mm²

クラス），低強度は水セメント比62.5％（21 N/mm²クラス）として，それぞれ製造されたことを示している．

　同一スランプを得るのに必要な単位水量は，再生粗骨材の実積率が大きくなるほど，解説図6.4のように減少する傾向にある[4]．また，単位水量が少なくなり，（高性能）AE減水剤の使用量も減ると，練上がり後の経過時間に伴うスランプの低下が大きくなることもあるため，スランプの低下を考慮して練上がり時のコンクリートのスランプを定める必要がある．

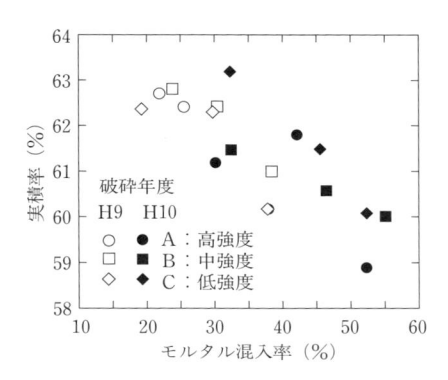

**解説図6.3** モルタル混入率と粗骨材の実積率[4]

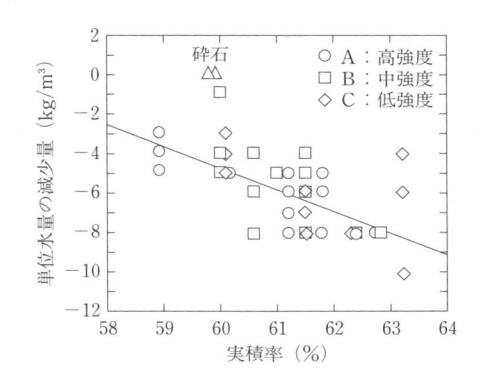

**解説図6.4** 粗骨材の実積率と単位水量の減少量[4]

## 6.4 空　気　量

a．凍結融解作用を受けない部位で使用する場合の空気量は4.5％を標準とする．
b．凍結融解作用を受ける部位に使用する場合の空気量は表6.2を標準とする．

表 6.2 凍結融解作用を受ける部位に使用する場合の空気量

|  | 再生骨材コンクリート H | 再生骨材コンクリート M（耐凍害品） |
|---|---|---|
| 激しい凍結融解作用を受けない場合 | 4.5% | 5.5% |
| 激しい凍結融解作用を受ける場合 | 5.5% | |

a．再生骨材コンクリートの種類にかかわらず，凍結融解作用を受けない部位で使用する場合の空気量は 4.5% を標準とした．再生骨材コンクリート L に関しては，JIS A 5023 において，仕様発注品を除き，品質上，空気量は規定されていないが，再生骨材コンクリート H や再生骨材コンクリート M（標準品）と同様に空気量は 4.5% として調合設計することを基本とした．

b．解説図 6.5 に示すように，一般的には，再生粗骨材の吸水率が大きいほど，コンクリートの耐凍害性の確保は難しくなる[5]．このため，凍結融解作用を受ける部位に使用できるのは，再生骨材コンクリート H および再生骨材コンクリート M（耐凍害品）に限定される．さらに，寒冷地で激しい凍結融解作用を受ける部位に使用する場合には，より高い耐凍害性が必要と考えられることから，再生骨材コンクリート M（耐凍害品）だけでなく，再生骨材コンクリート H に関しても空気量は 5.5% を標準とした．なお，3 章で述べたように，激しい凍結融解作用を受ける部位に使用する場合には，JASS 5 26.3 および 26.8 によることが必要である．解説図 6.6 に示すとおり[6]，AE コンクリートから製造された再生粗骨材を用いたコンクリートの耐凍害性は，再生粗骨材の付着モルタル率にかかわらず，比較的高いことが知られているが，激しい凍結融解作用を受ける部位に使用する場合には，300 サイクルにおける相対動弾性係数が 85% 以上であることを確認する必要がある．

なお，必要な空気量を確保するための空気量調整剤の量は，解説図 6.7 に示すように，砕石を用いた場合に比べ，付着モルタル率によらず，幾分少なくなる傾向が把握されている[4]．

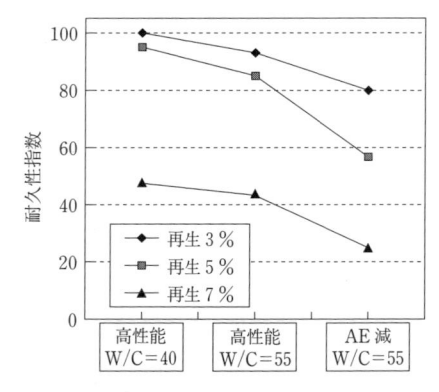

解説図 6.5 再生粗骨材の吸水率と耐久性指数との関係[5]

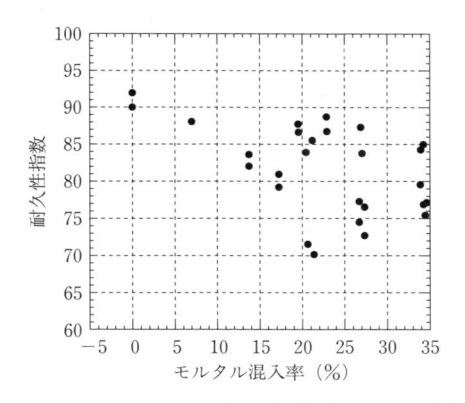

**解説図 6.6** AE コンクリートから製造された再生粗骨材の
モルタル混入率と耐久性指数の関係[6]

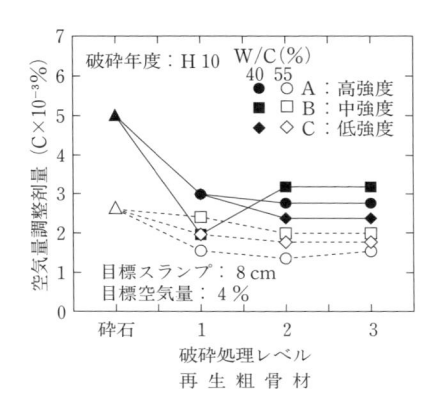

**解説図 6.7** 再生粗骨材コンクリートの空気量調整剤の量[4]

## 6.5 水セメント比

> a．水セメント比は，調合強度が得られる値とする．
> b．再生骨材コンクリート H，M の水セメント比の最大値は 60% とする．ただし，再生骨材コンクリート M（耐凍害品）を，凍結融解作用を受ける部位に使用する場合の水セメント比の最大値は 50% を標準とする．
> c．再生骨材コンクリート L の水セメント比の最大値は 65% とする．

a．試し練りによってセメント水比と圧縮強度の関係を求め，調合強度が得られる水セメント比を定める．解説図 6.8 は，生コン工場で製造した普通ポルトランドセメントを用いた一般コンクリートのセメント水比と圧縮強度の平均値との関係[1]に，再生骨材コンクリート H の結果[2]と再生骨材コンクリート L の結果をプロットしたものである．再生骨材 H のように磨砕が進んだ再

生骨材では，形状が丸くなることもあり，同じ水セメント比で比較すると，圧縮強度は砕石コンクリートより低くなり，砂利コンクリートに近い傾向を示すことがわかる．また，再生骨材コンクリートLの場合は，付着モルタル率が大きい影響もあって，全体的に圧縮強度が低くなっていると考えられる．付着モルタル率が大きい場合には，再生骨材の付着モルタルに含まれる水分がペースト部分に移動し，再生骨材界面の細孔構造がポーラスになり，強度低下の一因になりうることが指摘されている[7]．なお，逆に気乾状態の再生粗骨材を使用すると，表乾状態の場合より，再生骨材界面の状態が改善され，圧縮強度が向上することも指摘されている[8]．

解説図 6.9 は，生コン工場で製造した高炉セメント B 種を用いた一般コンクリートのセメント水比と圧縮強度の平均値との関係[1]に，再生骨材コンクリート M（標準品）の結果と再生骨材コンクリート L の結果をプロットしたものである．再生骨材コンクリート M（標準品）のプロットは工事における製造実績ではなく，実機での試験結果であるが，この例では砕石を用いた場合との

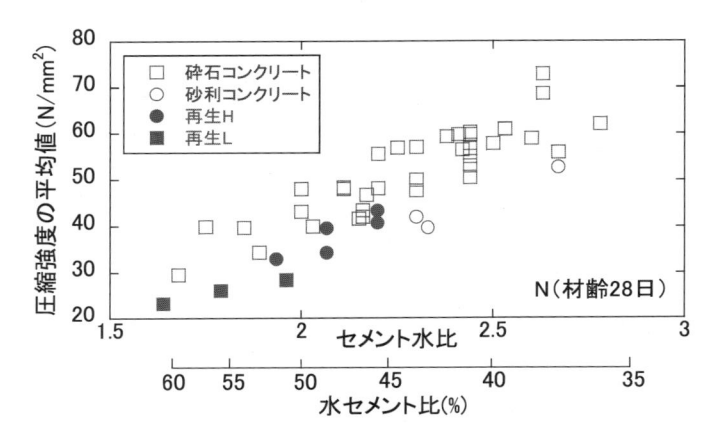

**解説図 6.8** セメント水比（水セメント比）と圧縮強度の平均値との関係
（普通ポルトランドセメント）

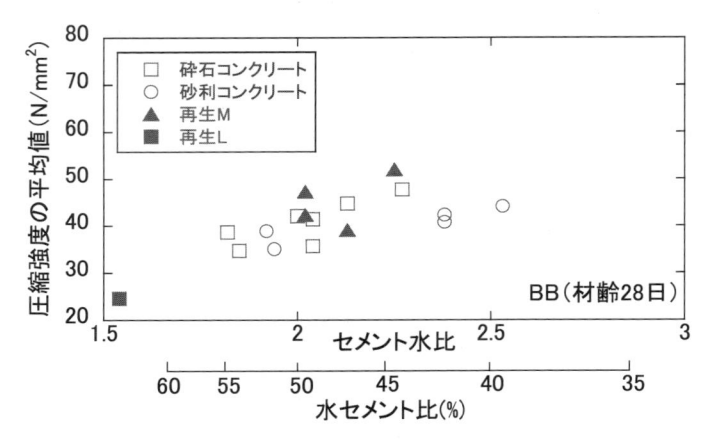

**解説図 6.9** セメント水比（水セメント比）と圧縮強度の平均値との関係
（高炉セメント B 種）

違いは，ほとんど認められない．一方，再生骨材コンクリートLの圧縮強度は，一般コンクリートや再生骨材コンクリートM（標準品）の結果と比べて小さい．一般的には吸水率が大きいモルタル分を減じることにより，再生骨材コンクリートの強度性状は改善される[5),9)]ため，再生骨材コンクリートM（標準品）の圧縮強度は再生骨材コンクリートLより大きく，一般コンクリートと差のない結果となっているものと考えられる．

また，再生骨材コンクリートの圧縮強度は，原コンクリートの圧縮強度の影響を強く受け，原コンクリートの圧縮強度が低い場合には，一般コンクリートよりも先に強度が頭打ちになる傾向にあり，セメント水比と圧縮強度との関係が偏曲する点は，原コンクリートの強度（材齢28日強度）のおよそ2倍程度であることが示されている[10)]．したがって，強度式を設定する場合には，強度の偏曲について注意が必要である．

解説図6.10は，圧縮強度の異なる原コンクリートから製造した再生骨材Hを使用して，再生骨材コンクリートを製造し，圧縮強度とヤング係数を調べた結果である[11)]が，圧縮強度は再生骨材の絶乾密度の違いによらず一定であり，高強度領域においては原コンクリートの強度の影響を強く受けていることがわかる．一方，ヤング係数は絶乾密度の影響も受けている．

セメント水比の増加に伴って，一般コンクリートよりも先に再生骨材コンクリートの強度が頭打ちになるのは，再生骨材コンクリートの水セメント比が高い領域では，新界面（付着モルタルとその周辺に新たに形成されたモルタルとの界面）の破壊が支配的であるのに対し，水セメント比が低い領域では，旧界面（原骨材と付着モルタルとの界面）の破壊が支配的になるためである．旧界面と新界面の状態が，硬化コンクリートの物性に及ぼす影響は解説図6.11のように表せる[12)]．

b．10年間，屋外に暴露された水セメント比60％の壁体の再生骨材コンクリートを対象とした中性化試験結果では，中性化深さは全体に小さく，中性化の進行については，再生骨材を使用することの影響は現れていない[13)]ことが報告されている．しかしながら，再生骨材コンクリートについては，耐久性関係のデータの蓄積がまだ少ないので，水セメント比の最大値は60％とした．

一方，解説図6.12は，再生粗骨材の吸水率を横軸に，再生骨材コンクリートの水セメント比を縦軸にし，再生骨材コンクリートの耐久性指数（D.F.）を，0～30，30～60および60～100の3水準に分けて示したものである[14)]．再生粗骨材Mの吸水率の範囲，すなわち5％以下の範囲では，

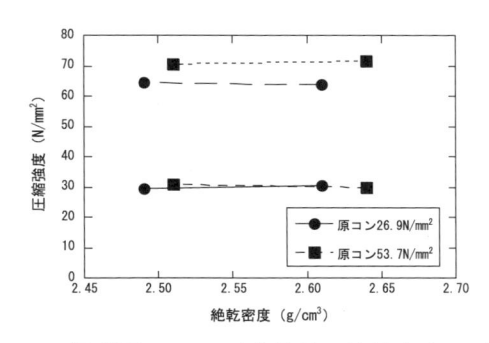

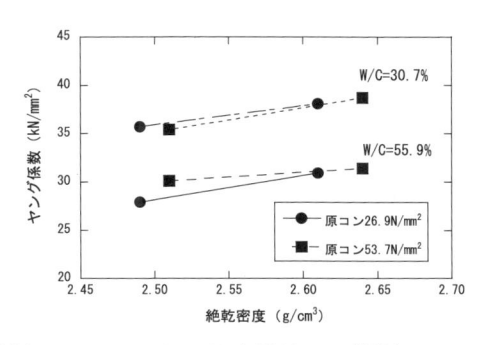

**解説図6.10** 再生骨材の絶乾密度と再生骨材コンクリートの強度特性との関係[11)]

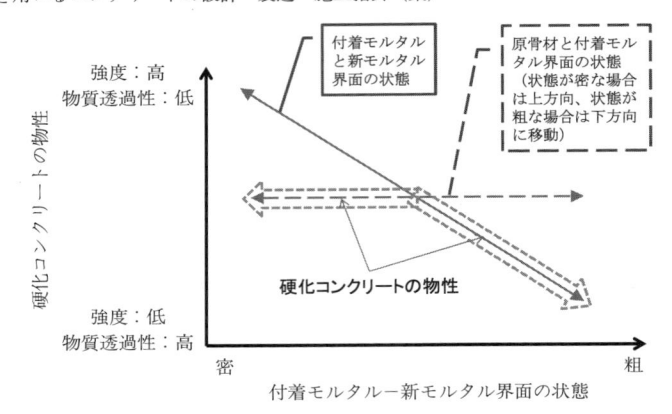

**解説図 6.11**　新旧界面の状態が再生骨材コンクリートの物性に及ぼす影響
　　　　　　　（文献 12 を元に作成）

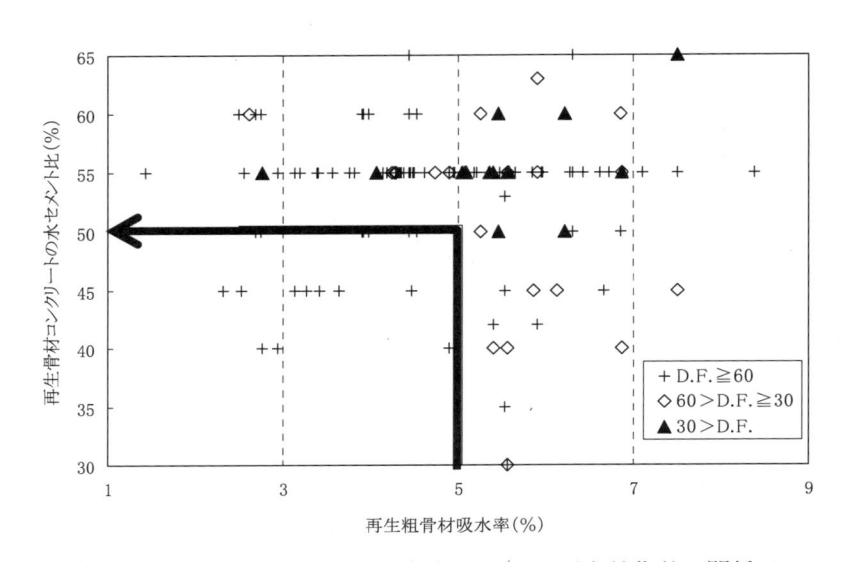

**解説図 6.12**　再生粗骨材の吸水率，$W/C$ と耐久性指数の関係[14]

水セメント比をおおむね 50％以下とすることで，耐久性指数が小さくなる確率はかなり低くなっているのがわかる〔図中の実線の左下の範囲〕．この結果をもとに，凍結融解作用を受ける部位に用いる再生骨材コンクリート M（耐凍害品）の水セメント比の最大値は 50％を標準とした．

　c．再生骨材コンクリート L に関しては，捨てコンクリートなど簡易的な使い方も多いことことから，65％を水セメント比の上限とした．

## 6.6　単 位 水 量

単位水量は，JASS 5 5.6 による．

解説図 6.13 に示す粗骨材の吸水率とコンクリートの乾燥収縮率との関係[5]では，粗骨材の吸水率が大きくなると，コンクリートの乾燥収縮率が大きくなる傾向にあることがわかる．このため，単位水量の最大値は，一般コンクリートの場合と同様に 185 kg/m³ 以下とするのが望ましい．

なお，砂利コンクリートを起源とする磨砕が進んだ再生骨材 H や再生骨材 M を用いたコンクリートでは，粒形の改善によって単位水量が極端に小さくなる場合があり，粉体量が少なくなり過ぎて，ワーカビリティーが低下する場合には，細骨材率を若干大きくするなどの対応が必要となる．

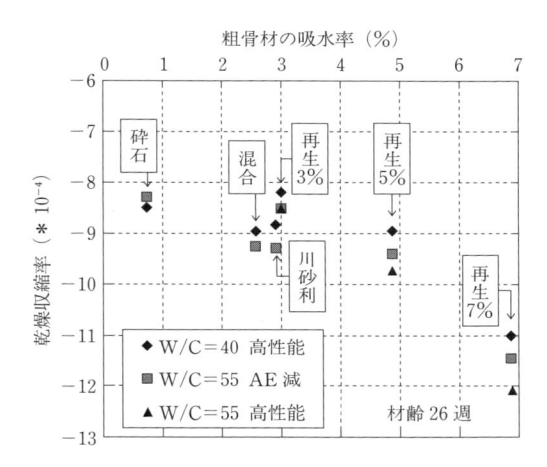

**解説図 6.13** 粗骨材の吸水率とコンクリートの乾燥収縮率との関係[5]

## 6.7 単位セメント量

単位セメント量は，JASS 5 5.7 による．ただし，再生骨材コンクリート L に関しては，この限りでない．

単位セメント量が極端に少ないと，ポンプ圧送性などにおいてワーカビリティーが低下するだけでなく，耐久性も低下する傾向にあるため，単位セメント量の最小値は，一般コンクリートの場合と同様に 270 kg/m³ とした．ただし，再生骨材コンクリート L に関しては，捨てコンクリートなど簡易的な使い方も多いことから，特に規定しないこととした．

## 6.8 単位粗骨材かさ容積

単位粗骨材かさ容積は，3 章に示すコンクリートの品質が得られるように適切な値を確保する．

単位粗骨材かさ容積は，試し練りを行って確認するのがよい．なお，磨砕が進んだ再生骨材 H

の粒形は丸く，砕石コンクリートを起源とする再生骨材を用いる場合でも砂利を用いた場合に近くなる傾向にある．

## 6.9 アルカリ量

> アルカリシリカ反応抑制対策として，アルカリ量の上限値を定める場合，アルカリ量の計算は信頼できる方法によって行う．

アルカリシリカ反応抑制対策として，再生骨材コンクリートの場合も一般コンクリートと同様に，コンクリート中のアルカリ総量を規制する抑制対策が可能であるが，再生骨材には原コンクリートに由来する付着ペーストが含まれているため，アルカリ総量を求めるには，再生骨材に含まれる付着ペーストのアルカリ量も含めて計算しなければならない．再生骨材のアルカリ含有量を直接求める方法は JIS A 5022「再生骨材 M を用いたコンクリート」附属書 C（規定）「再生骨材コンクリート M のアルカリシリカ反応抑制対策の方法」の C.7「再生骨材中のアルカリ含有量の測定方法」に示されているものの，この方法で試験して求めることは，時間および経済性を考えると難しい．そこで，再生骨材 M と H の場合における現実的，かつ有効であると考えられる計算方法を次に示す．

（1）再生骨材コンクリート M の場合

再生骨材コンクリート M のアルカリ総量を計算する方法は，JIS A 5022 附属書 C において下式のように示されている．

$$R_t = R_c + R_a + R_{rg} + R_{rs} + R_s + R_m + R_p$$

ここに，$R_t$：コンクリート中のアルカリ総量（kg/m³）

$R_c$：コンクリート中のセメントに含まれる全アルカリ量（kg/m³）
  ＝単位セメント量（kg/m³）×セメント中の全アルカリ量（％）/100

$R_a$：コンクリート中の混和材に含まれる全アルカリ量（kg/m³）
  ＝単位混和材量（kg/m³）×混和材中の全アルカリ量[1]（％）/100

$R_{rg}$：コンクリート中の再生粗骨材 M に含まれる全アルカリ量（kg/m³）
  ＝単位粗骨材量（kg/m³）×再生粗骨材中の全アルカリ量（％）/100

$R_{rs}$：コンクリート中の再生細骨材 M に含まれる全アルカリ量（kg/m³）
  ＝単位細骨材量（kg/m³）×再生細骨材中の全アルカリ量（％）/100

$R_s$：コンクリート中の普通骨材[2]に含まれる全アルカリ量（kg/m³）
  ＝単位骨材量（kg/m³）×0.53×骨材中の NaCl の量（％）/100

$R_m$：コンクリート中の混和剤に含まれる全アルカリ量（kg/m³）
  ＝単位混和剤量（kg/m³）×混和剤中の全アルカリ量[1]（％）/100

$R_p$：コンクリート中の流動化剤に含まれる全アルカリ量[3]（kg/m³）
  ＝単位流動化剤量（kg/m³）×流動化剤中の全アルカリ量[1]（％）/100

[注]　1）$Na_2O$ および $K_2O$ の含有量の総和を，これと等価な $Na_2O$ の量（$Na_2Oeq$）に換算して表した値で，$Na_2Oeq$（%）＝$Na_2O$（%）＋$0.658 K_2O$（%）とする．

2）JIS A 5308「レディーミクストコンクリート」の附属書A（規定）「レディーミクストコンクリート用骨材」に適合する骨材．ただし，人工軽量骨材は除く．

3）購入者が荷卸し地点で流動化を行う場合に加える．流動化を行う購入者は，この値（$R_p$）をあらかじめ製造業者に通知しておく必要がある．

セメント中の全アルカリ量の値としては，直近6か月間の試験成績表に示されている全アルカリの最大値の最も大きい値を用いる．また，混和材，混和剤および流動化剤に含まれる全アルカリ量ならびに骨材の NaCl の値は，最新の試験成績表に示されている値とする．

なお，JIS A 5022 附属書CのC.7では，再生骨材に含まれる全アルカリ量の現実的な求め方として，解説図6.14の再生骨材の吸水率と付着ペースト率との関係をもとに，再生骨材の吸水率と付着ペースト率との関係性の不確かさと，再生骨材製造時の吸水率の変動を見込んだうえで，再生骨材の製造実績から，次のように計算する方法を示している．

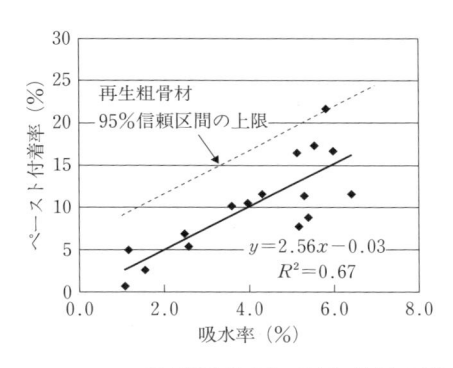

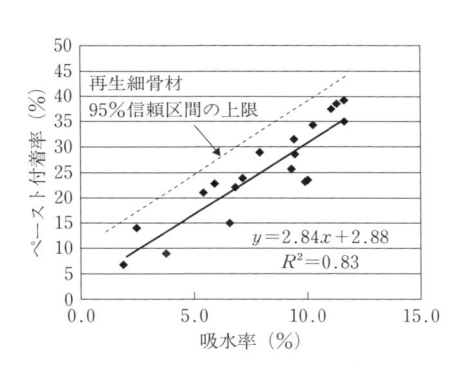

**解説図6.14　再生骨材の吸水率と付着ペースト率との関係**[14]

＜再生粗骨材の場合＞

$$r_{rg} = 0.025 \times Q_{rg} + 0.075$$

$$Q_{rg} = {}_aQ_{rg} + 1.64\sigma$$

ここに，　$r_{rg}$：再生粗骨材 M の全アルカリ量（%）

$Q_{rg}$：再生粗骨材吸水率（%）

${}_aQ_{rg}$：過去に製造された再生粗骨材 M の吸水率の平均値（%）

$\sigma$：過去に製造された再生粗骨材 M の吸水率の標準偏差（%）

＜再生細骨材の場合＞

$$r_{rs} = 0.033 \times Q_{rs} + 0.067$$

$$Q_{rs} = {}_aQ_{rs} + 1.64\sigma$$

ここに，　$r_{rs}$：再生細骨材 M の全アルカリ量（%）

$Q_{rs}$：再生細骨材吸水率（%）

$_aQ_{rs}$：過去に製造された再生細骨材Mの吸水率の平均値（％）

$\sigma$：過去に製造された再生粗骨材Mの吸水率の標準偏差（％）

なお，解説図6.14より，再生粗骨材Mでは吸水率5％で付着ペースト率の上限が約20％であり，再生細骨材Mでは吸水率7％で付着ペースト率の上限が約30％であることから，再生骨材Mの全アルカリ量を一律に計算する場合は，セメント中のアルカリ量を安全側に1％と見込み，再生粗骨材質量の0.2％，再生細骨材質量の0.3％がアルカリであるとして，計算すればよい．

（2）再生骨材コンクリートHの場合

再生骨材Hを用いた場合も，再生骨材Mを用いた場合と同様な考え方が可能である．しかし，再生骨材Hの場合，再生骨材Mに比べて付着ペースト率よりも原骨材の吸水率が再生骨材に及ぼす影響が大きく，原骨材の種類を変えた場合の再生骨材の吸水率と付着ペースト率との関係は必ずしも明瞭でない．また，吸水率の範囲も狭いため，再生骨材の吸水率から付着ペースト率を推定するのは，困難である．

このため，再生骨材Hの全アルカリ量を一律であるとして計算した方が現実的と考えられる．再生骨材Hの付着ペースト率の調査結果の一例を解説表6.1に示す[15]．既往の研究では，この表から，再生粗骨材Hの付着ペースト率を2.62％，再生細骨材Hの付着ペースト率を5.96％とし，安全側にみたセメント中のアルカリ量$Na_2Oeq$を0.95％と設定し，再生細骨材Hの$Na_2Oeq$を0.057％，再生粗骨材Hの$Na_2Oeq$を0.025％とすることを提案している[15]．

ところで，アルカリ総量によるアルカリシリカ反応抑制対策の考え方によれば，区分Bの再生骨材でも，普通骨材と混合し，その混合率を下げることで，再生骨材から持ち込まれるアルカリ

**解説表6.1** 再生骨材Hの付着ペースト率（コンクリート再生材高度利用研究会[注]による）[15]

|  | 再生粗骨材H | 再生細骨材H |
|---|---|---|
| 最大値（％） | 6.15 | 8.30 |
| 最小値（％） | 0.24 | 1.73 |
| 平均値（％） | 2.15 | 4.42 |
| 標準偏差（％） | 1.31 | 2.61 |
| 個数 | 29 | 11 |
| 95％信頼区間上限値（％） | 2.62 | 5.96 |
| 95％信頼区間下限値（％） | 1.67 | 2.88 |

※ 5％HCl 5日間浸漬（液交換1回/日）
　再生粗骨材Hは測定した付着モルタル率の1/4を付着ペースト率とした
　再生細骨材Hは溶解減量分を付着ペースト率とした

［注］分別解体により生じたコンクリート塊の高度再生利用の実現に向け，2002年6月に設立された民間企業による研究会．再生骨材専門部会，副産微粉専門部会，事業促進専門部会より構成され，2005年に活動成果として作成された「コンクリートリサイクルシステムの普及に向けての提言」は，再生骨材および再生骨材コンクリートのJIS化に貢献．

量は少なくなる．しかし，再生骨材に含まれるアルカリ量は，コンクリート全体に含まれる総量よりも，大きな影響を与える可能性もある．

したがって，現段階では，再生骨材の種類の違いにかかわらず，アルカリ量を求める際の普通骨材の混合割合の計算上の上限は50％までとすることを原則とする．つまり，再生骨材を50％未満とする場合においても，再生骨材の使用割合は，50％として計算する必要がある．

### 参考文献

1) 片山行雄・西田　朗・黒田泰弘・藤丸啓一・菅野光寿：建築現場用レディーミクストコンクリートの実態調査（その3．圧縮強度の調査結果），日本建築学会大会学術講演梗概集，pp.851-852，2011.08
2) 黒田泰弘・橋田　浩・山崎庸行・宮地義明：構造用再生骨材コンクリートによる現場内リサイクル，日本建築学会大会学術講演梗概集，pp.61-64，2004.08
3) 竹内博幸・松田信広・高橋雄一：中品質の再生細・粗骨材を用いたコンクリートの実構造物への適用（その1～2），日本建築学会大会学術講演梗概集，pp.245-248，2011.08
4) 長瀧重義ほか：建設材料第76委員会　ライフサイクルを考慮した建設材料の新しいリサイクル方法の開発（平成8年度～平成12年度日本学術振興会未来開拓学術研究推進事業研究成果報告書），pp.64-66，2001
5) 南波篤志・阿部道彦・棚野博之・前田広美：再生コンクリートの品質改善に関する実験，コンクリート工学年次論文報告集，Vol.17-2，pp.65-70，日本コンクリート工学協会，1995
6) 長瀧重義ほか：日本学術振興会未来開拓学術研究推進事業　ライフサイクルを考慮した建設材料の新しいリサイクル方法の開発（平成8・9・10年度実績報告書），pp.55-68，1999
7) 石橋昌史・松下博通・佐川康貴・川端雄一郎：再生細骨材を用いたモルタルの細孔構造および強度・中性化に関する研究，コンクリート工学年次論文報告集，Vol.28-1，pp.1487-1492，日本コンクリート工学協会，2006
8) 島崎　磐・国枝　稔・鎌田敏郎・六郷恵哲：含水状態の異なる再生粗骨材を使用したコンクリートの諸特性，コンクリート工学年次論文報告集，Vol.21-1，pp.199-204，日本コンクリート工学協会，1999
9) 阿部道彦：再生骨材と再生コンクリートの品質に関する文献調査結果，日本建築学会大会学術講演梗概集（材料施工），pp.345-346，1995
10) 長瀧重義ほか：建設材料第76委員会　ライフサイクルを考慮した建設材料の新しいリサイクル方法の開発（平成8年度～平成12年度日本学術振興会未来開拓学術研究推進事業研究成果報告書），pp.67-92，2001
11) 黒田泰弘：コンクリート資源循環システム，第288回コンクリートセミナーテキスト，pp.41-51，セメント協会，2002
12) 長瀧重義ほか：日本学術振興会未来開拓学術研究推進事業　ライフサイクルを考慮した建設材料の新しいリサイクル方法の開発（平成8・9・10年度実績報告書），pp.69-103，1999
13) 加賀秀治・樫野紀元・阿部道彦・南波篤志：建築系副産物の発生抑制と再生利用に関する研究（その7　再生コンクリート壁体の耐久性調査），日本建築学会大会学術講演梗概集，pp.859-860，1995
14) JIS A 5022再生骨材Mを用いたコンクリート解説，2012.7改正
15) コンクリート再生材高度利用研究会：コンクリートリサイクルシステムの普及に向けての提言（コンクリート再生材高度利用研究会活動報告書），pp.39-44，2005.09

# 7章　再生骨材コンクリートの発注・製造および受入れ

## 7.1　総　　則

> 本章は、レディーミクストコンクリート工場の選定ならびに再生骨材コンクリートの発注、製造・運搬および受入れについて規定する。

　現在、再生骨材およびそれらを用いたコンクリートに関する JIS が制定され、再生骨材を用いたコンクリートに関する JIS 認証を与える仕組みが整備されている。しかし、再生骨材 H, M, L を用いた再生骨材コンクリートを建築の構造躯体に使用する場合、現状では建築基準法第 37 条第二号による国土交通大臣の認定（以下、大臣認定という）を取得しないと使用できないので注意が必要である。

　再生骨材コンクリートの製造は、原則としてレディーミクストコンクリート工場で行うこととする。なお、再生骨材コンクリート M に関しては、JIS A 5022（再生骨材 M を用いたコンクリート）に従い、トラックミキサを用いて製造してもよい。また、再生骨材コンクリート L に関しては、JIS A 5023（再生骨材 L を用いたコンクリート）に従い、固定式の連続ミキサまたはトラックミキサを用いて製造してもよい。

　工事現場練りコンクリートの場合、製造業者は、骨材の種類に応じて、JIS A 5308（レディーミクストコンクリート）、JIS A 5022 および JIS A 5023 の規格内容に準じて製造する。

## 7.2　工場の選定

> a．再生骨材コンクリートを製造する工場の選定は、JASS 5 6.2 によるほか、次の b から e による。
> b．現場までの運搬時間、製造設備、および品質管理体制を考慮して、設計・施工上の要求条件を満足する再生骨材コンクリートの製造が可能な工場を選定する。
> c．再生骨材コンクリート H を発注する場合、再生骨材コンクリート H について JIS A 5308（レディーミクストコンクリート）の認証を受けた製品または大臣認定を受けた製品を製造している工場を選定する。
> d．再生骨材コンクリート M を発注する場合、JIS A 5022（再生骨材 M を用いたコンクリート）の認証を受けた製品または大臣認定を受けた製品を製造している工場を選定する。
> e．再生骨材コンクリート L を発注する場合、JIS A 5023（再生骨材 L を用いたコンクリート）の認証を受けた製品または大臣認定を受けた製品を製造している工場を選定する。

a．JASS 5 6.2を遵守することにより所定の品質のコンクリートが得られる工場を選定することができるが，再生骨材コンクリート特有の条件があるものについては，本章で定めることとした．
　　b．再生骨材コンクリートの製造工場を選定するにあたっての工場の要件は次のとおりである．
　　① 再生骨材を受け入れるストックヤードについて，他の骨材と混在しないように仕切りが設けられ，清掃・整備を徹底した工場であること．
　　② 再生骨材コンクリートMおよびLでは，プレウェッティング設備を有し，使用時に再生骨材の表面水率を安定させることができる工場であること．
　　c．再生骨材コンクリートHを発注する場合，JIS A 5308による認証または大臣認定を受けた製品を扱う工場を選定する．ただし，現状ではそのような工場は少ないため，適当な工場が見つからない場合には，bの要件を満たす工場を選んだ後，JIS A 5308による認証または大臣認定を取得してもらう必要がある．なお，全国生コンクリート品質管理監査会議が主体となり，都道府県別に生コンクリート品質管理監査会議が設けられ，レディーミクストコンクリート工場の監査が行われている．この監査において合格した工場には「㊞マーク」の使用が許可されているので，工場の選定に際して参考にするとよい．
　　d．再生骨材コンクリートMを発注する場合，JIS A 5022による認証または大臣認定を受けた製品を扱っている工場を選定する．ただし，現状ではそのような工場は少ないため，適当な工場が見つからない場合には，bの要件を満たす工場を選んだ後，JIS A 5022による認証または大臣認定を取得してもらう必要がある．トラックミキサを使用する場合，JIS A 5022の認証を取得し，JIS A 5022附属書B（規定）「再生骨材コンクリートMの製造方法」の規定に適合した「トラックミキサ」を有する事業所を選定する．
　　e．再生骨材コンクリートLを発注する場合，JIS A 5023の認証または大臣認定を受けた製品を扱っている工場を選定する．ただし，現状ではそのような工場は少ないため，適当な工場が見つからない場合には，bの要件を満たす工場を選び，JIS A 5023による認証または大臣認定を取得してもらう必要がある．固定式の連続ミキサを使用する場合には，JIS A 5023附属書B（規定）「再生骨材コンクリートLの製造方法」の規定に適合しているミキサを有する工場であることを確認する．トラックミキサを使用する場合には，JIS A 5023の認証を取得し，JIS A 5023附属書Bの規定に適合した「トラックミキサ」を有する事業所を選定する．

## 7.3　再生骨材コンクリートの発注

　　a．再生骨材コンクリートの発注は，JASS 5 6節によるほか，次のbからcによる．
　　b．再生骨材コンクリートの発注は，適用部位に応じて再生骨材コンクリートの種類を決定し，所要の品質ならびに材料および調合の条件を定める．
　　c．練混ぜ水としてスラッジ水が使用されている場合，工場のスラッジ水の濃度の管理状態を確認

し発注する．

　a．JASS 5を遵守することにより所定の品質のコンクリートが得られるが，再生骨材コンクリート特有の条件があるものについては，本章で定めることとした．
　b．適用部位に応じて再生骨材コンクリートH，M，Lの種類を選択し，必要な強度，ワーカビリティー（スランプ），ヤング係数，乾燥収縮率を種類に応じて具体的に指定して発注する．発注の際の再生骨材コンクリートの品質の考え方は3章による．

　再生骨材コンクリートを発注する場合，JIS A 5308，JIS A 5022，JIS A 5023，または大臣認定で規定された必要事項を指定する．

　呼び強度については，再生骨材コンクリートの種類と適用部位，ならびに設計基準強度および耐久設計基準強度を確認のうえ，構造体強度補正値を考慮し，調合管理強度に相当する呼び強度を指定して発注する．ただし，再生骨材コンクリートLについては，設計基準強度は $18\,\mathrm{N/mm^2}$ を標準とし，必要に応じて呼び強度を定めるものとする．また，再生骨材コンクリートLについては，耐久設計基準強度は定められていないので注意が必要である．

　ワーカビリティーおよびスランプは，3.6により定め，ヤング係数，乾燥収縮率は，3.7により所定の範囲にあることを確認する．ただし，乾燥収縮率の規定は，再生骨材コンクリートHに限るものとする．

（1）　再生骨材コンクリートH

　再生骨材コンクリートHを発注する際，JIS A 5308の認証を取得している場合は，JIS A 5308の必要事項を指定する〔解説表7.1参照〕．大臣認定を取得している場合の指定事項は認定内容による．

　施工者は，発注にあたって，解説表7.1のa）～q）までのp）を除く事項について生産者と協議する．なお，a）～d）は指定事項であり，e）～q）は必要に応じて協議のうえ指定することができる．ただし，a）～h）までの事項は，JIS A 5308で規定した範囲とする．

　再生骨材コンクリートHは，1種および2種とし，特殊な配慮を要せず利用可能な範囲のすべての用途・部位に利用できる．

（2）　再生骨材コンクリートM

　再生骨材Mを用いたコンクリートを発注する場合，JIS A 5022の認証を取得している場合はJIS A 5022の必要事項を指定する〔解説表7.1参照〕．大臣認定を取得している場合の指定事項は認定内容による．

　施工者は，発注にあたって，解説表7.1のa）～q）までのf）を除く事項について製造業者と協議する．なお，a）～e）は指定，g）～q）は必要に応じて協議のうえ指定することができる．ただし，a）～g）までの事項は，JIS A 5022で規定した範囲とする．

　再生骨材コンクリートMは，1種および2種とし，乾燥収縮の影響を受ける構造部材に使用する場合は10章による．

　再生骨材コンクリートMは，JIS A 5308の普通コンクリートと空気量の許容差（±2.0％）が

異なるので注意する．また，耐凍害品の空気量は5.5%（±1.5%）となっている．

再生骨材コンクリートの種類ごとに規定される空気量，スランプおよび呼び強度を解説表7.2に示す．

普通骨材を混合してコンクリートのヤング係数，乾燥収縮率などを変える場合，粗骨材に対する再生粗骨材Mおよび細骨材に対する再生細骨材Mの容積混合率を指定する．再生骨材Mと普通骨材の種類およびそれらの容積比は配合計画書に記載する．

（3） 再生骨材コンクリートL

**解説表7.1　再生骨材コンクリートを発注する場合の必要事項**

| 記号 | 種類 H | 種類 M | 指定及び協議事項 |
|---|---|---|---|
| a) | ● | ● | セメントの種類 |
| b) | ● | ● | 骨材の種類 |
| c) | ● | ● | 粗骨材の最大寸法 |
| d) | ● | ● | アルカリシリカ反応抑制対策の方法 |
| e) | ○ | ● | 骨材のアルカリシリカ反応性による区分 |
| f) | ○ |  | 呼び強度が36を超える場合は，水の区分 |
| g) | ○ | ○ | 混和材料の種類および使用量 |
| h) | ○ |  | JIS A 5308 4.2に定める塩化物含有量の上限値と異なる場合は，その上限値 |
|  |  | ○ | JIS A 5022 5.2に定める塩化物含有量の上限値と異なる場合は，その上限値 |
| i) | ○ | ○ | 呼び強度を保証する材齢 |
| j) | ○ |  | JIS A 5308 表4に定める空気量と異なる場合は，その値 |
|  |  | ○ | JIS A 5022 表3に定める空気量と異なる場合は，その値 |
| k) | ○ | ○ | コンクリートの最高温度または最低温度 |
| l) | ○ | ○ | 水セメント比の目標値の上限（配合設計で計画した水セメント比の目標値） |
| m) | ○ | ○ | 単位水量の目標値の上限（配合設計で計画した単位水量の目標値） |
| n) | ○ | ○ | 単位セメント量の目標値の下限または目標値の上限（配合設計で計画した単位セメント量の目標値） |
| o) | ○ | ○ | 流動化コンクリートの場合は，流動化する前のレディーミクストコンクリート（Mの場合は再生骨材コンクリートM）からのスランプの増大量［購入者がd)でコンクリート中のアルカリ総量を規制する抑制対策の方法を指定する場合，購入者は，流動化剤によって混入されるアルカリ量（kg/m³）を生産者に通知する］ |
| p) |  | ○ | 人工軽量骨材を除くJIS A 5308 附属書Aに適合する骨材と混合使用する場合には，再生粗骨材Mおよび再生細骨材Mの容積混合率 |
| q) | ○ | ○ | その他必要な事項 |

［注］　●指定事項
　　　　○協議事項

**解説表7.2 再生骨材コンクリートの種類ごとの空気量，スランプおよび呼び強度の規定**

| コンクリートの種類 | | | 該当JIS | 空気量(%) | 粗骨材の最大寸法(mm) | スランプ(cm) SL | 許容差 | 呼び強度 18 | 21 | 24 | 27 | 30 | 33 | 36 | 40 | 42 | 45 |
|---|---|---|---|---|---|---|---|---|---|---|---|---|---|---|---|---|---|
| H | 普通コンクリート | | A 5308 | 4.5±1.5 | 20, 25 | 8, 10, 12, 15, 18 | 2.5±1 | ○ | ○ | ○ | ○ | ○ | ○ | ○ | ○ | ○ | ○ |
| | | | | | | 21 | 5±1.5 | − | ○ | ○ | ○ | ○ | ○ | ○ | ○ | ○ | ○ |
| | | | | | | | 8〜18±2.5 | | | | | | | | | | |
| | | | | | 40 | 5, 8, 10, 12, 15 | 21±1.5 a) | ○ | ○ | ○ | ○ | ○ | − | − | − | − | − |
| M | 再生骨材コンクリートM | 標準品 | A 5022 | 4.5±2.0 | 20, 25 | 8, 10, 12, 15, 18 | | ○ | ○ | ○ | ○ | ○ | ○ | ○ | − | − | − |
| | | | | | | 21 | 5±1.5 | − | ○ | ○ | ○ | ○ | ○ | ○ | − | − | − |
| | | | | | | | 8〜18±2.5 | | | | | | | | | | |
| | | | | | 40 | 5, 8, 10, 12, 15 | 21±1.5 a) | ○ | ○ | ○ | ○ | ○ | − | − | − | − | − |
| | | 耐凍害品 | | 5.5±1.5 | 20, 25 | 8, 10, 12, 15, 18, 21 | | ○ | ○ | ○ | ○ | ○ | ○ | ○ | − | − | − |
| L | 再生骨材コンクリートL | 標準品 | A 5023 | − | 20, 25, 40 | 8, 15, 18 b) | SL±3 | ○ | ○ | ○ | − | − | − | − | − | − | − |
| | | 塩分規制品 | | − | 20, 25, 40 | 8, 15, 18 b) | SL±3 | ○ | ○ | ○ | − | − | − | − | − | − | − |
| | | 仕様発注品 | | 指定空気量c)±2.0 | 20, 25, 40 | c) | − | ○ | ○ | ○ | − | − | − | − | − | − | − |

[注] a) 呼び強度27以上で高性能AE減水剤を使用する場合は，±2.0cmとする．
b) 粗骨材の最大寸法を40mmとする場合には，スランプ18cmを除く．
c) 購入者が生産者と協議して，空気量，スランプを指定する．空気量の許容差は±2.0%とする．

　標準品の呼び強度21および24は，呼び強度18と同じく高い強度・耐久性が要求されない部材または部位に使用されるものであるが，材齢28日以前の材齢において施工上必要な強度を得るためのものである．
　また，内部に鉄筋を有し，かつ長期にわたって鉄筋の発錆を抑制したい場合には塩分規制品を用いる．仕様発注品の空気量とスランプは，購入者が生産者と協議して指定する．
　c．JIS A 5308では，コンクリートの製造における環境配慮の中で，スラッジ水の利用促進が図れるようにしており，JIS A 5022およびJIS A 5023も同様である．
　解説表7.1中の再生骨材コンクリートHにおけるf)の水の区分については，呼び強度が36以下のレディーミクストコンクリートにスラッジ水を使用する場合は，指定事項から外されたため，製造業者は購入者（施工者）と協議しないでスラッジ水を使用できるようになった．一方，呼び強度が36を超える場合には，スラッジ水の使用は協議により指定することとなる．このため，呼び強度36以下の再生骨材コンクリートについては，スラッジ固形分率3％以下のスラッジ水の使用の有無およびスラッジ濃度の管理記録を確認する必要がある．施工者は，工場のスラッジ水の管理システムやスラッジ濃度の管理記録を調査した結果，スラッジ濃度の管理が十分でないと判断された場合は，製造業者と協議してスラッジ水を使わないこととする．
　なお，スラッジ水を使用する場合には，目標スラッジ固形分率が配合計画書に示されているので，これを確認するとともに，スラッジ固形分率が3％を超えていないことを確認する．また，コンクリートの調合においては，スラッジ水中に含まれるスラッジ固形分は，水の質量に含めない．スラッジ固形分率を1％未満で使用する場合に関しては，スラッジ水は練混ぜ水の全量に使

用し，スラッジ固形分を水の質量に含めてもよいが，濃度の管理期間ごとに1％未満となるように管理されていることを確認する．

## 7.4 再生骨材コンクリートの製造・運搬

> a．再生骨材コンクリートの製造・運搬は，JASS 5 6節によるほか，次のbからdによる．
> b．再生骨材コンクリートは，固定ミキサを用いて製造し，トラックアジテータを用いて運搬する．ただし，再生骨材コンクリートMおよび再生骨材コンクリートLについては，トラックミキサを用いて製造し，運搬することできる．さらに，再生骨材コンクリートLは，連続式の固定ミキサを用いて製造することができる．
> c．再生骨材コンクリートは運搬中に品質の低下が生じないようにする．
> d．再生骨材コンクリートの荷卸し地点までの運搬時間の限度は1.5時間とする．ただし，外気温が25℃以上の場合は，打込み終了までの時間を考慮して協議によって定める．

　a．JASS 5 6章を遵守することにより所定の品質のコンクリートが得られるが，再生骨材コンクリート特有の条件があるものについては，本章で定めることとした．
　b．再生骨材コンクリートの固定ミキサによる製造とトラックアジテータによる運搬については，製造業者は，JIS A 5308，JIS A 5022，JIS A 5023および大臣認定の内容に適合させる．ここでは場外運搬を扱うものとし，場内運搬の詳細は8章による．
（1）固定ミキサによる製造およびトラックアジテータによる運搬について
　再生骨材コンクリートH，MおよびLについて，製造業者は，再生骨材コンクリートの製造にかかわる社内規格，製造マニュアルを整備しており，その中で次の内容が記載されているとともに，本章にかかわる業務を実務で徹底していることが必要である．
　① 再生骨材コンクリートHの製造・運搬に際して，JIS A 5308による認証を取得した製品を扱っている場合，製造・運搬の内容をJIS A 5308に適合させる．再生骨材コンクリートMの製造・運搬に際して，JIS A 5022による認証を取得した製品を扱っている場合，製造・運搬内容をJIS A 5022に適合させる．再生骨材コンクリートLの製造運搬に際して，JIS A 5023による認証を取得した製品を扱っている場合，製造・運搬内容をJIS A 5023に適合させる．大臣認定を取得した製品を扱っている場合，製造・運搬内容を認定内容に適合させる．
　② 再生骨材の受入れ，保管の方法を明確に規定する．
　③ プレウェッティングにより再生骨材の使用時の表面水率を安定させる．
　④ 再生細骨材は積層することにより固結する場合があるので，再生細骨材を積み上げる場合は長期間保管しないで，迅速に製造に供することが必要である．また，製造が終了した場合，貯蔵ビンおよび骨材サイロに残った再生骨材は排出して空にすることとする．
　⑤ 骨材置き場等に積み上げて固結した塊状の再生骨材については，適切な機具，装置等で解

砕した後，所定の品質に適合することを確認したうえで製造に供することができる．所定の品質を満足しない場合は廃棄する．

⑥　運搬によるスランプの変動が予想されるため，事前に運搬時間とスランプとの関係の調査を行い，その内容を製造，運搬業務に反映させる．

（2）トラックミキサによる製造・運搬について

施工現場が長距離であっても，トラックミキサを利用すれば製造，運搬が可能である．しかし，荷卸し時における品質管理上の注意が必要であり，要求品質と注意事項の詳細は9章による．

再生骨材コンクリートの製造は，原則として，固定ミキサを用いることとするが，再生骨材コンクリートMおよび再生骨材コンクリートLについてはトラックミキサを用いて製造・運搬することができる．

トラックミキサにより再生骨材コンクリートMまたは再生骨材コンクリートLを製造する場合，製造業者は，次の内容を実行する必要がある．

①　JIS A 5022またはJIS A 5023の認証を取得した再生骨材コンクリートMまたは再生骨材コンクリートLを扱っている場合，製造・運搬内容をJIS A 5022またはJIS A 5023に適合させる．JIS A 5022の認証を取得していない場合，再生骨材コンクリートMの製造・運搬に際しては，該当する要件にJIS A 5022の対応事項を準用する．大臣認定を取得した製品を取扱っている場合，製造・運搬内容を認定内容に適合させる．JIS A 5023の認証を取得していない場合，再生骨材コンクリートLの製造・運搬に際しては，該当する要件にJIS A 5023の対応事項を準用する．

②　トラックミキサ自体の練混ぜ能力を確認する．

③　再生骨材コンクリートの構成材料の受入れ場所が工場から施工現場までのルート上に確保されていることを確認する．

④　再生骨材コンクリートの構成材料の最後の受入れ場所で練混ぜに用いる水を受け入れて，施工現場へ運搬するまでの間に練混ぜを行うことができることを確認する．この場合，ドライモルタルコンクリートを原則とするので，製造・運搬前にミキサ内部が適度に乾燥していることを確認する．

⑤　施工現場で練混ぜ水を受け入れて練り混ぜることができる．

⑥　材料の計量管理が各材料の受入れ場所でなされていること，および調合計画にしたがって材料計量が行われていることを確認する．

（3）連続式の固定ミキサによる製造について

連続式の固定ミキサでは，計量のためにミキサを止めることなく，練混ぜを連続的に行えることから，練混ぜ工程が簡素化される，プラントを小型化できるなどの特徴がある．連続式の固定ミキサは，JIS A 5023附属書E（規定）「計量装置および供給装置の性能試験方法」および附属書F（規定）「練混ぜ性能試験」の規定に適合しなければならない．

c．解説図7.1[1]は，表乾状態にした再生骨材を用いたコンクリートの練混ぜ後の経過時間とスランプの変化の結果である．再生骨材Mおよび再生骨材Lについても，表乾状態に処理されたも

のを用いれば，再生骨材コンクリートのスランプの経時変化は，普通コンクリートとほぼ同等であることがわかる．

また，含水状態を変化させた再生粗骨材Mを用いたコンクリートのスランプの経時変化を調査した結果[2]を解説図7.2に示す．気乾状態の再生粗骨材〔解説図7.2左図　気乾1（含水率2.86%），右図　気乾（含水率3.10%））〕を用いた場合は，スランプが急激に低下することが確認できる．吸水率が大きい再生粗骨材を用い，かつスランプの経時変化を少なくするためには，粗骨材のプレウェッティングを十分に行うことが必要である．

再生骨材コンクリートMのスランプと経時変化の関係[3]を解説図7.3に示す．コンクリートの使用材料として，細骨材に川砂，粗骨材に砕石（表乾密度$2.64\,g/cm^3$，吸水率2.22%）または再生粗骨材M相当品（表乾密度$2.42\,g/cm^3$，吸水率5.43%）を使用しており，普通ポルトランドセメントを用いて水セメント比55%の普通コンクリートおよび再生骨材コンクリートを製造している．再生骨材コンクリートMに関しては，再生粗骨材Mを気乾状態で用いたコンクリート，表乾状態で用いたコンクリート，気乾状態で有効吸水率分の水分量を調合で補正したコンクリートに区別し，スランプの経時変化を評価している．その結果，再生粗骨材Mをプレウェッティングをしない気乾状態で用いると，砕石を用いた場合に対してスランプが大幅に低下するのに対し，十分なプレウェッティングをし，表乾状態で用いた場合はその影響はなくなることが示されている．プレウェッティングが十分ではない気乾状態の再生粗骨材Mを用い，調合で水分量を補正した再生骨材コンクリートMは，練上がり時には有効吸水率分の水分量をすぐに吸収できないためスランプが大きくなるが，スランプの経時に伴う低下が逆に大きくなる．なお，原則に従って適切なプレウェッティングを行えば，一般コンクリートと同様の扱いをすることができる．

再生骨材コンクリートHとMのスランプの経時変化〔3章　解説図3.8参照[4]〕については，再生骨材の製造方法の違いによってコンクリート中の微粉量に差が生じ，それがフレッシュ性状に影響を及ぼす可能性がある．しかし，その場合，高性能AE減水剤の使用や運搬時間の制限を設けるなどして適切な品質管理を行えば，一般コンクリートと同様の扱いをすることができる．

解説図7.4に再生骨材コンクリートの空気量の経時変化[5]を示す．コンクリートの使用材料として，再生細骨材（表乾密度$2.57\,g/cm^3$，吸水率2.84%，FM 3.04）および再生粗骨材（最大寸法20 mm，実積率64.4%，表乾密度$2.59\,g/cm^3$，吸水率1.92%，FM 6.47）を使用し，普通ポルトランドセメントを用いて水セメント比53.9%（R 1），49.0%（R 2），44.0%（R 3）の再生骨材コンクリートが製造されている．空気量の管理値は5.0±1.5%であり，練上がり直後はすべての調合で管理値の範囲内にあり，経時120分までの間，水セメント比によらず空気量が若干減少したことが報告されている．以上のことから，再生骨材コンクリートの空気量の経時変化は，一般コンクリートと同様とみなすことができる．

d．コンクリートの運搬時間は，JIS A 5308，JIS A 5022およびJIS A 5023において，製造業者が練混ぜを開始してから運搬車が荷卸し地点に到着するまで時間として，1.5時間以内と規定されている．運搬時間は納入書に記載されている発着時間の差によって確認する．ただし，8章では，再生骨材コンクリートの練混ぜから打込み終了までの時間は，原則として外気温が25℃

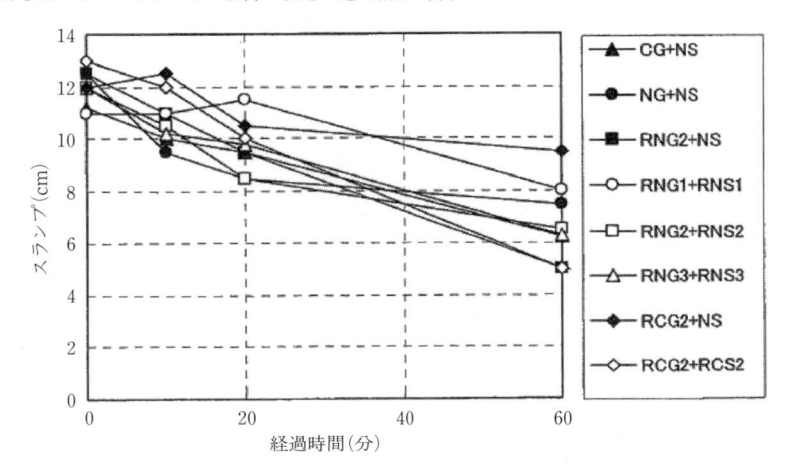

|  |  | 普通骨材 |  | 再生骨材 |  |  |  |  |  |
|---|---|---|---|---|---|---|---|---|---|
| 粗骨 | 名称 | NG | CG | RNG 1 | RNG 2 | GNG 3 | RCG 1 | RCG 2 | RCG 3 |
|  | 絶乾密度 | 2.53 | 2.63 | 2.40 | 2.36 | 2.30 | 2.44 | 2.33 | 2.23 |
|  | 吸水率(％) | 2.22 | 2.55 | 3.56 | 4.49 | 5.20 | 3.69 | 5.57 | 7.27 |
|  | 再生骨材のランク | N | N | M | M | L | M | L | ― |
| 細骨材 | 名称 | NS |  | RNS 1＋2 | | RNS 3 | RCS 1 | RCS 2 | RCS 3 |
|  | 絶乾密度 | 2.55 |  | 2.11 | | 2.00 | 2.12 | 2.07 | 1.97 |
|  | 吸水率（％） | 2.28 |  | 9.68 | | 12.03 | 10.07 | 11.21 | 13.68 |
|  | 再生骨材のランク | N |  | L | | L | L | L | ― |

N：普通骨材，M：再生骨材 M，L：再生骨材 L

| 記号 | 骨材種の組合せ 粗骨材＋細骨材 | コンクリート種 |
|---|---|---|
| ▲ | CG(N)＋NS(N) | 普通コンクリート |
| ● | NG(N)＋NS(N) | 普通コンクリート |
| ■ | RNG 2(M)＋NS(N) | 再生骨材コンクリート M 1 種 |
| ○ | RNG 1(M)＋RNS 1(L) | 再生骨材コンクリート L 2 種 |
| □ | RNG 2(M)＋RNS 2(L) | 再生骨材コンクリート L 2 種 |
| △ | RNG 3(L)＋RNS 3(L) | 再生骨材コンクリート L 2 種 |
| ◆ | RCG 2(L)＋NS(N) | 再生骨材コンクリート L 1 種 |
| ◇ | RCG 2(L)＋RCS 2(L) | 再生骨材コンクリート L 2 種 |

N：普通骨材，M：再生骨材 M，L：再生骨材 L

**解説図7.1** 表面乾燥状態にした再生骨材を用いた再生骨材コンクリートの練混ぜ後のスランプの経時変化[1]

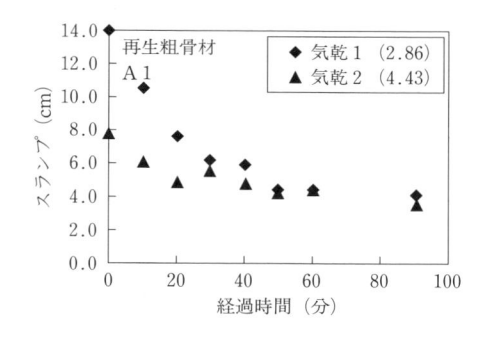

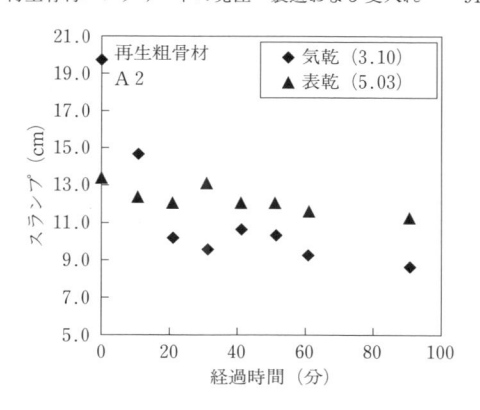

|  | 再生粗骨材 | | | |
|---|---|---|---|---|
|  | A1 | | A2 | |
| 含水率（％） | 2.86 | 4.43 | 3.10 | 5.03 |

**解説図7.2** 含水状態を変化させた再生骨材コンクリートのスランプの経時変化[2]

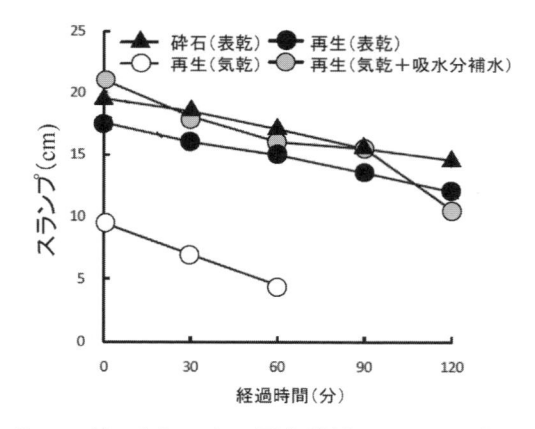

**解説図7.3** プレウェッティングの有無による再生骨材コンクリートMのスランプの経時変化[3]

以上の場合，90分としているため，夏期などコンクリート温度が高くなる時期には，できるだけ運搬時間の短い工場を選定する．遅延形の混和剤の使用や冷却水によるコンクリート温度の低減などの対策を講じると，フレッシュコンクリートの品質変化やコールドジョイントの防止に有効である．このような場合には，工事監理者の承認を得て練混ぜから打込み終了までの時間を延長することも可能である．

トラックアジテータまたはトラックミキサを使用して運搬する場合，荷卸し時の品質の低下が生じないような工夫・配慮が必要である．待機時間が長くなることが予想される場合には，発注の段階で，製造業者は，施工者と連携をとって待機時間を予測し，待機時間が長くなりそうな場

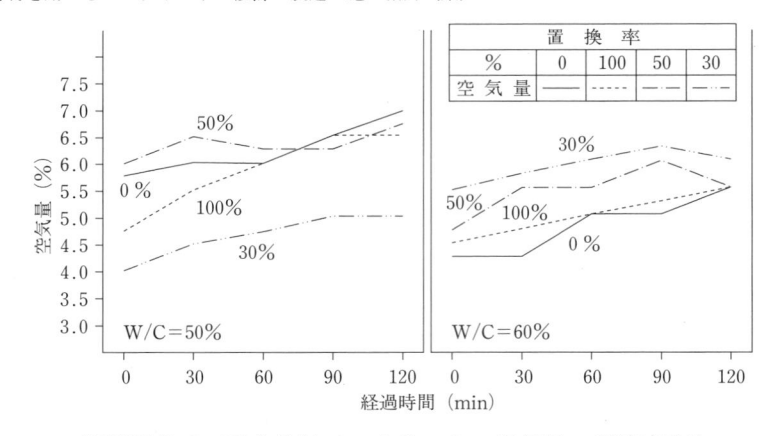

**解説図7.4** 再生骨材コンクリートの空気量の経時変化[5]

合には，予防措置を講じる必要がある．また，予定になかった待機が発生する場合には，待機場所を日陰とする等の配慮をして，状況に応じて品質の低下を防ぐ対応が必要である．

## 7.5 受 入 れ

> 再生骨材コンクリートの受入れは，JASS 5の6.5による．ただし，受入れに際しての品質管理項目および検査は9章による．

　施工者は，所定の品質の再生骨材コンクリートを工程どおり受け入れるために，レディーミクストコンクリート工場またはトラックミキサを管理する製造業者と綿密に，納入量，打込み開始時刻等の必要事項の打合せを行い，連絡・確認を適切に行うこととする．なお，詳細はJASS 5の6.5による．また，周辺道路，近隣などの状況を考慮しながら，再生骨材コンクリートの荷卸し場所として，トラックアジテータまたはトラックミキサが安全，円滑に出入りできて，荷卸し作業が容易に行え，かつ現場内運搬が容易な場所を選定する．さらに，トラックアジテータが現場に到着したときに，そのコンクリートが発注した再生骨材コンクリートに適合していることをJIS A 5308，JIS A 5022またはJIS A 5023で規定される納入書で，発注した再生骨材コンクリートに適合していることを確認し，その後9章によって品質管理・検査を行い，再生骨材コンクリートが合格していることを確認して受け入れる．トラックミキサが現場に到着したときは，JIS A 5022またはJIS A 5023で規定される納入書で，トラックアジテータの場合と同様に対応する．なお，トラックミキサによる練混ぜの場合，製造業者は，再生骨材コンクリートの練混ぜ量，練混ぜ方法および練混ぜ時間をJIS A 1119（ミキサで練り混ぜたコンクリート中のモルタルの差及び粗骨材量の差の試験方法）に則って決定し，ミキサの回転速度等をあらかじめ定める．

　検査の結果，最終的に不合格になった場合，施工者は，そのトラックアジテータまたはトラックミキサに積まれた再生骨材コンクリートを返却するとともに，続けて数台について検査を行い，

品質を確認する．もし続けて不合格になるような場合には，施工者は，直ちに製造工場と連絡をとり，原因を調査して対策を講じる．圧縮強度の検査で不合格となった場合の処置は JASS 5 11.5 による．

トラックアジテータによる運搬およびトラックミキサによる製造・運搬がなされた再生骨材コンクリートは，十分に練り混ぜられたものである必要がある．製造業者は，その品質が指定された事項に適合していることを確認する．そのための検査項目および検査ロットの大きさは，重要な品質管理事項であり，詳細は9章による．

製造業者は，再生骨材コンクリートの荷卸し後，ホッパロ・シュート等に付着したコンクリートを工事現場内または工場で洗浄し，洗浄した水はドラムに積み込むなどして工場の所定の場所に持ち帰って排出するといった配慮が必要である．

## 7.6 工事現場練り再生骨材コンクリートの製造

> a．工事現場練り再生骨材コンクリートの製造は，JASS 5 6節によるほか，次のbからeによる．
> b．固定ミキサを用いて製造する場合，JASS 5 6.6による．
> c．トラックミキサを用いて製造・運搬する場合または連続式の固定ミキサを用いて製造する場合，施工者は，工事開始前に材料の貯蔵および計量，ならびにコンクリートの練混ぜおよび運搬に必要な事項を定め，工事監理者の承認を受けて実施する．
> d．トラックミキサおよび連続式の固定ミキサを用いる場合，現場調合の定め方，材料の計量および計量装置の検査は，JASS 5 6.6に準じて行う．
> e．工事現場練りコンクリートの品質管理・検査は9章に準じて行う．

a，b，c．工事現場で固定ミキサを用いて製造する場合は，予想される日最大使用量を基に製造能力を決め，貯蔵設備や輸送能力もそれに見合ったものを選ぶ．また，対応する計量設備やミキサなどについても製造能力を踏まえ，適合するものを選定する．

なお，再生骨材コンクリートMやLではトラックミキサが使用できる．1台あたりの処理能力を確認したうえで，必要な台数を準備する．再生骨材H使った試験では，スランプ，空気量，乾燥収縮および耐凍害性については，トラックミキサを用いる場合と固定ミキサを用いる場合とでほぼ同等，圧縮強度と促進中性化深さはトラックミキサを用いる場合に幾分小さくなったことが紹介されている[1]．スランプおよび空気量の経時変化をそれぞれ解説図7.5および解説図7.6に，圧縮強度および促進中性化試験の結果をそれぞれ解説図7.7および解説図7.8に示す．

さらに，再生骨材コンクリートLでは，連続式のミキサを使用することも可能であり，小規模な工事の場合に選択肢として考えることができる．ただし，連続式のミキサを使用する場合，材料は容積で計量されることが多く，単位時間あたりのセメントの供給量（容積）を基準とし，調合に応じて骨材，水等の供給量を調整するのが通例である．容積のバランスで計量を行っているため，密度が変動すると，そのまま調合に影響する点に注意が必要である．

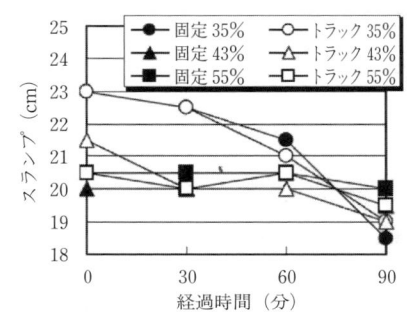

**解説図7.5** スランプの経時変化の比較[6]

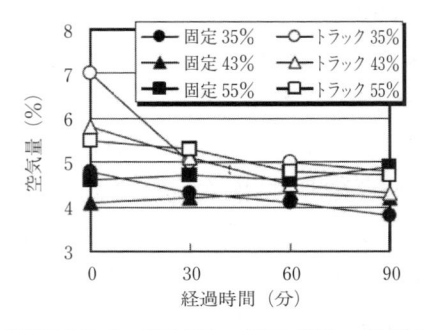

**解説図7.6** 空気量の経時変化の比較[6]

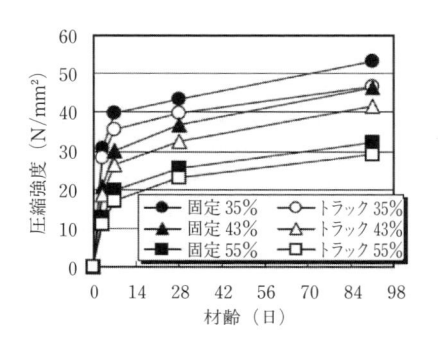

**解説図7.7** 圧縮強度試験結果の比較[6]

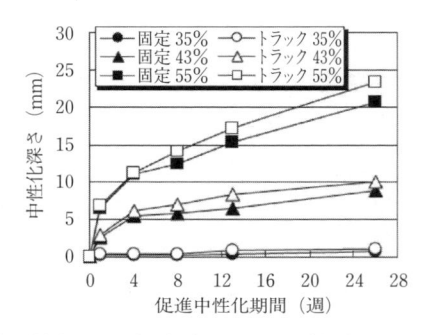

**解説図7.8** 促進中性化試験結果の比較[6]

　また，再生骨材の貯蔵設備は，種類・粒度ごとに独立して貯蔵できるものとする．コンクリートの最大出荷量の1日分以上に相当する量の骨材を貯蔵できることを原則とする．再生細骨材を使用する場合には，保管中に再生細骨材から溶出する成分によって塊状とならないように留意するとともに，解砕方法を考えておく必要がある．一方，再生粗骨材は乾燥しないように留意する必要があり，水分の調整（プレウェッティング）が可能なように散水設備を設ける必要がある．

　d．再生骨材コンクリートの調合は，一般に，事前の試し練りによって仮決定されるが，試し練りに用いられる材料は，実際に用いられる材料とは異なる場合が多い．したがって，現場内に製造設備が建設され，検査を終了した時点で，再度，実際の使用材料および設備を使って，再生骨材コンクリートの調合，練混ぜ方法（製造設備含む）および品質の確認を行う必要がある．トラックミキサや連続式の固定ミキサを使用する場合も同様である．

　また，必要に応じて，連続的に試験製造を実施し，検査設備や品質管理方法（帳票類含む）についても見直し，検査設備や工場の規格に不備がないかを確認するとよい．

　e．連続式の固定ミキサを使用する場合，運転開始時には，品質の不安定なコンクリートが排出されるため，最初に排出されるコンクリートは廃棄し，品質の安定したものが定常的に供給できるようになってから用いる．

**参考文献**

1) 社団法人土木学会：コンクリートライブラリー120　電力施設解体コンクリートを用いた再生骨材コンクリートの設計施工指針（案），pp.137-140，2005
2) 島崎　磐ほか：含水状態が異なる再生骨材を使用したコンクリートの諸特性，コンクリート工学年次論文報告集，Vol.21，No.1，pp.199-204，1999
3) 澤本武博・辻　正哲・西　謙一：環境を考慮したコンクリート廃材のコンクリート用骨材の利用に関する研究，全国解体工事業団体連合会　解体工事に係る研究報告書梗概集，pp.23-30，2009
4) 新谷　彰・依田和久・小野寺利之・川西泰一郎：2種類の再生粗骨材コンクリートによる現場適用事例，コンクリート工学年次論文報告集，Vol.28，No.1，pp.1463-1468，日本コンクリート工学協会，2006
5) 黒田泰弘・橋田　浩・太田達見・中村和行：コンクリート資源環境システムの開発・実用化（その3　調合検討および実施工），日本建築学会学術講演梗概集，pp.733-734，2001
6) 橋田　浩・名和豊春：廃コンクリートの都市型クローズド・リサイクルシステム（その2　構造用再生コンクリートの品質），日本建築学会学術講演梗概集，pp.277-278，2003

# 8章　再生骨材コンクリートの運搬・打込み・締固めおよび養生

## 8.1　総　　則

> a．本章は再生骨材コンクリートの工事現場内における運搬・打込み・締固めおよび養生について規定する．
> b．再生骨材コンクリートの運搬・打込み・締固めおよび養生は，再生骨材コンクリートの品質および施工条件を考慮して，計画を定めて実施する．

　a．再生骨材コンクリートの工事現場内における運搬・打込み・締固めおよび養生は，一般のコンクリートと大きな違いはなく，原則として，JASS 5 7節および8節によればよいが，本章では，再生骨材コンクリートの施工にあたり特に配慮を要する事項について規定した．

　なお，本章における運搬とは，再生骨材コンクリートがレディーミクストコンクリート工場または現場内のコンクリート製造施設で製造され，工事現場にて荷卸しされた後，工事現場においてコンクリートポンプやバケットなどの運搬機器を使用して，打込み箇所までコンクリートが運搬されるまでの段階とする．したがって，レディーミクストコンクリート工場で製造されたコンクリートを工事現場まで運搬する段階は含めないものとする．

　b．コンクリートの運搬・打込み・締固めおよび養生の段階は，コンクリート工事の中でも構造体の耐力，水密性，耐久性などの品質に最も大きな影響を及ぼす工程といえる．したがって，一般コンクリートと同様に，再生骨材コンクリートに関しても，ワーカビリティーやコンシステンシーなどの各種のフレッシュ性状が損なわれることがないように，運搬・打込み・締固めおよび養生方法に関する設備・資機材を適切に選定する必要がある．そして，密実で均質な構造体コンクリートが得られるように施工計画を作成する必要がある．

## 8.2　再生骨材コンクリートの運搬・打込み・締固め

> a．再生骨材コンクリートの運搬・打込み・締固めは，JASS 5 7節によるほか，次のbおよびcによる．
> b．再生骨材コンクリートの運搬用機器は，再生骨材コンクリートの種類および適用部位を踏まえ，品質への影響が少ないものを選定する．
> c．再生骨材コンクリートの練混ぜから打込み終了までの時間は，原則として外気温が25℃未満の場合は120分，25℃以上の場合は90分とする．ただし，コンクリートの品質の経時変化を確認し，所要の品質を確保できる場合は，工事監理者の承認を受け，この時間の限度を変えることができ

る．

　a．再生骨材コンクリートの工事現場内における運搬・打込み・締固めは，一般コンクリートと大きな違いはないため，原則として，JASS 5 7節によればよいが，運搬・打込み・締固めにあたり特に配慮を要する事項をbおよびcに規定した．

　b．再生骨材コンクリートの製造の前段階で，再生粗骨材はプレウェッティングすることが原則であるが，その骨材の吸水状態の程度により，工事現場内における運搬への影響が生じることが考えられる．また，アルカリシリカ反応抑制対策のため，フライアッシュセメントや高炉セメントなどの混合セメントやフライアッシュおよび高炉スラグ微粉末などの混和材を積極的に使用する場合も同様に，運搬への影響が生じることがある．

　したがって，再生骨材コンクリートは，その種類と調合によっては，スランプおよび空気量の経時変化が大きくなる可能性も考えられることから，コンクリートポンプの機種選定，配管計画をはじめ，打込み高さ・速度と配員数の調整など，再生骨材コンクリートの品質に悪影響を及ぼさないような配慮が必要となる．また，高所からのコンクリートの落とし込みや型枠内でのコンクリートの横流しなど，コンクリートの品質への悪影響が考えられる施工要因についても避けられるように十分に配慮する．

　c．再生骨材コンクリートをポンプ圧送によって打込みを行う場合，フライアッシュや高炉スラグ微粉末などの混和材や，再生骨材に付着する微粒分の影響をはじめ調合条件や骨材の組み合わせにより，コンクリートの粘性が増大し，圧送性が低下することが考えられる．また，凝結時間が一般コンクリートと比較して長くなることが見込まれるものや，打込み終了まで所要の品質を確保できる場合に対しては，コンクリートの種類および調合に応じて品質の経時変化を適切に確認したうえで，打込み終了時間を30分程度伸ばすなど，工事監理者の承認を受けて時間の限度を変えることができる．

　一方，再生骨材コンクリートの打重ね時間間隔の限度は，一般コンクリートと同様に，コールドジョイントが生じない範囲とするが，経時変化による品質低下が生じにくく，打重ね時間を長く保つことができる再生骨材コンクリートの場合においても，コンクリートの施工品質を良好に保つため，打込み区画は均等に配置し，コンクリートの締固めを入念に行う必要がある．

　解説図8.1には，再生骨材コンクリートをポンプ圧送した場合におけるコンクリート吐出量と管内圧力損失との関係が示されている[1]．普通ポルトランドセメントを用いた水セメント比50%の再生骨材コンクリートであり，細骨材は山砂で，粗骨材に砕石（表乾密度2.61 g/cm³，吸水率1.76%）および再生粗骨材M相当品（表乾密度2.32 g/cm³，吸水率5.20%）を使用しており，再生粗骨材の置換率を0，15，30%に変化させてコンクリートを製造している．この条件で，ポンパビリティーの確認のため，水平部分58 m，垂直部分3 mの輸送管を配してポンプ圧送を行った結果，水平圧送時，垂直圧送時いずれの場合も再生骨材コンクリートの方が一般コンクリートと比較して，圧力損失がやや大きくなったものの，ポンプ圧送指針の基準前後の値であったことから，その増加量は実用上問題にならない範囲であったと報告されている．

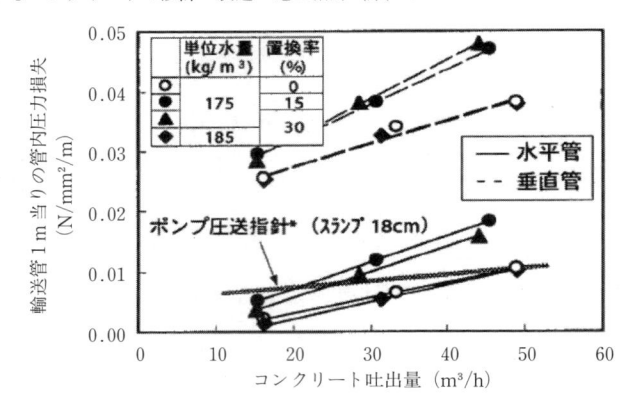

解説図8.1　管内圧力損失とコンクリート吐出量の関係[1]

## 8.3　再生骨材コンクリートの養生

> a．再生骨材コンクリートの養生は，JASS 5 8節によるほか，次のbによる．
> b．再生骨材コンクリートMおよび再生骨材コンクリートLのアルカリシリカ反応抑制対策として混和材を用いる場合には，試験または信頼できる資料によって，適切な養生方法および養生期間を定める．

a．再生骨材コンクリートの養生は，一般コンクリートと大きな違いはないため，原則として，JASS 5 8節によればよいが，再生骨材コンクリートの養生にあたり特に配慮を要する事項をbに規定した．

b．アルカリシリカ反応抑制対策を実施するために，フライアッシュ，高炉スラグ微粉末などの混和材を用いた再生骨材コンクリートの養生は，一般コンクリートの場合と特に変わるところはないが，混和材の使用量の増加に伴う品質変動の影響を踏まえ，打込み終了直後からコンクリートの硬化が十分に進行するまでの間は，急激な乾燥，過度の高温または低温の影響，急激な温度変化ならびに振動および外力の悪影響を受けないように，十分な湿潤養生を行う必要がある．そのうえで，再生骨材コンクリート工事の施工計画にあたっては，一般コンクリートと同様に，試験または信頼できる資料によって必要な湿潤養生の期間を定め，施工計画に反映させる必要がある．

高炉セメントB種やフライアッシュセメントB種を用いた一般コンクリートにおける初期の水和速度は，普通ポルトランドセメントに比べていくぶん遅いため，解説表8.1の湿潤養生の期間に示されるように，JASS 5では必要な湿潤養生期間の限度は，普通ポルトランドセメントより2～3日長くなるように規定されている．

参考文献
1)　江口　清・成川匡文・寺西浩司・中込　昭・岸本　均：低環境負荷型再生コンクリートの実用化に関する研

**解説表 8.1** 湿潤養生の期間[2]

| セメントの種類 | 計画供用期間の級 | 短期および標準 | 長期および超長期 |
|---|---|---|---|
| 早強ポルトランドセメント | | 3日以上 | 5日以上 |
| 普通ポルトランドセメント | | 5日以上 | 7日以上 |
| 中庸熱および低熱ポルトランドセメント，高炉セメントB種，フライアッシュセメントB種 | | 7日以上 | 10日以上 |

究，日本建築学会構造系論文集，第570号，pp.15-21，2003
2) 日本建築学会：建築工事標準仕様書 JASS 5 鉄筋コンクリート工事，p.26，2009

# 9章　品質管理・検査

## 9.1　総　　則

> a．本章は，コンクリート構造物の解体，再生骨材の製造，ならびに再生骨材コンクリートの製造および施工における品質管理および検査に適用する．
> b．品質管理・検査の項目，方法および回数，ならびに品質管理および検査のための試料の採取方法は，本章による．
> c．品質管理および検査の結果は，本指針の各章に示された規定および設計図書に適合することを確認する．
> d．品質管理および検査の結果は，記録し保管する．記録の保管方法およびその期間は，協議により定める．

　a，b，c，d．施工者は，当該工事現場における再生骨材コンクリートの施工段階だけでなく，再生骨材の原料となる原コンクリートや再生骨材の製造段階等の各段階での品質管理責任者を明確にし，品質管理・検査を行う必要がある．したがって，品質管理を行う関係者も，解説表9.1に示すように，再生骨材コンクリート製造業者のみならず，再生骨材製造業者や，必要に応じて解体工事業者を含むこととなる．

　品質管理のために行う試験・検査の項目・方法・回数，試料や供試体の採取場所，ならびに試験・検査の対象箇所および試験結果の判定基準は，原則としてJASS 5 11節によるほか，再生骨材Hを使用する場合はJIS A 5021（コンクリート用再生骨材H）に，再生骨材コンクリートMを使用する場合はJIS A 5022（再生骨材Mを用いたコンクリート）に，再生骨材コンクリートLを使用する場合はJIS A 5023（再生骨材Lを用いたコンクリート）に従うこととし，追記・変更・整理すべき部分について本章に定めた．

　解説表9.1に再生骨材コンクリートを適用する場合の各段階における品質管理・検査の項目を網羅的に示す．再生骨材コンクリートの種類に対応した品質管理・検査を行うことになるが，種類にかかわらず，再生骨材や再生骨材コンクリートは，製造・出荷された後，次の段階で受け入れられる際には，原則として試験により品質の確認が行われる必要がある．ただし，出荷時に試験による確認が行われた項目については，品質管理・検査費用面に配慮し，試験成績書等の書面で確認してよい．しかしながら，コンクリート製造業者が調合設計で用いる材料の密度など，各段階の品質管理責任者がその前段階の品質に対しても責任を負うような項目については，受入れ時においても試験により確認を行う必要がある．

　さらに，品質管理責任者は，自主的に管理すべき項目については，日常管理により品質の確保

**解説表 9.1** 再生骨材コンクリートを適用する場合の各段階における品質管理・検査の項目・時期

| 段階 | 構造物の解体 | | | 再生骨材の製造 | | | コンクリートの製造 | | | | コンクリートの施工 | | |
|---|---|---|---|---|---|---|---|---|---|---|---|---|---|
| | 解体前 | 解体中 | 搬出時 | コンクリート塊受入時 | 処理中 | 出荷時 | 再生骨材受入時 | 試し練り | 製造中 | 出荷時 | 受入れ時 | 打込み時 | 打込み後 |
| 品質管理責任者 | 解体工事業者または再生骨材製造業者 | | | 再生骨材製造業者 | | | 再生骨材コンクリート製造業者 | | | | 施工者 | | |

| 確認すべき品質 | | 解体前 | 解体中 | 搬出時 | コンクリート塊受入時 | 処理中 | 出荷時 | 再生骨材受入時 | 試し練り | 製造中 | 出荷時 | 受入れ時 | 打込み時 | 打込み後 |
|---|---|---|---|---|---|---|---|---|---|---|---|---|---|---|
| 原コンクリート | 構造物の立地条件・用途・状態 | ○ | | | | | ▲ | | | | | | | |
| | 特別管理産業廃棄物 | ○ | | △ | △ | | | | | | | | | |
| | 仕上げ材料の付着 | ○ | | △ | △ | | | | | | | | | |
| | 原コンクリートの種類・呼び強度・空気量 | ▲□ | | | | | ▲ | | | | | | | |
| | 原骨材の種類・産地 | ▲□ | | | | | ▲ | | | | | | | |
| 再生骨材 | 不純物量 | ○ | △ | ▽ | | △ | ■ | ■▲ | ▲ | | | | | |
| | 絶乾密度 | | | | | △ | ■ | ■▲ | ▲ | | | | | |
| | 吸水率 | | | | | △ | ■ | ■▲ | ▲ | | | | | |
| | 粒度・粗粒率 | | | | | | ■ | ■▲ | ▲ | | | | | |
| | 塩化物量 | | | | | | ■ | ▲ | ■ | | | ■ | | |
| | アルカリシリカ反応性 | ▲□ | | | | | ▲ | □▲ | ▲ | □▲ | | ▲ | | |
| | 凍結融解抵抗性・耐凍害性 | ▲□ | | | | | ▲ | □ | | □ | | | | □ |
| コンクリート | スランプ | | | | | | | | ■ | △ | △ | ■ | | |
| | 空気量 | | | | | | | | ■ | △ | △ | ■ | | |
| | 圧縮強度 | | | | | | | | ■ | | | ■ | | ■ |
| | 乾燥収縮率 | | | | | | | | □ | | | | | □ |
| | 耐凍害性 | | | | | | | | □ | | | | | □ |
| | 構造体コンクリート強度 | | | | | | | | □ | | | | | □ |
| | 仕上り | | | | | | | | | | | | △ | ■ |
| | かぶり厚さ | | | | | | | | | | | | △ | ■ |

記号の説明
- ○：目視等により品質に影響を及ぼす構造物を排除
- △：日常管理（目視または試験）
- ▽：基準を定めて品質に影響を及ぼすものを排除
- ■：試験により確認
- □：必要に応じて試験により確認
- ▲：記録や書類により確認

に努めるとともに、乾燥収縮率、耐凍害性および構造体強度について要求がある場合には、試験を行ってそれらの品質の確認を行う．

なお、アルカリシリカ反応の抑制対策は、本指針3.9 bの解説に示したとおり、①コンクリート中のアルカリ総量を規制する抑制対策、②アルカリシリカ反応抑制効果のある混合セメントなどを使用する抑制対策、③安全と認められる再生骨材を使用する抑制対策の3つの抑制方法の何れかの方法によるが、本章では各段階で行うべき品質管理・検査方法について記述した．

## 9.2 品質管理組織

> a．施工者は、再生骨材および再生骨材コンクリートを用いた建築物の品質を確保するため、品質管理組織を編成する．
> b．必要に応じて再生骨材製造業者および解体工事業者を品質管理組織に加える．
> c．品質管理組織には、再生骨材および再生骨材コンクリートに関して十分な知識、技術および経験を有する品質管理責任者を置く．
> d．検査を外部の試験機関に依頼して行う場合は、再生骨材および再生骨材コンクリートの検査や試験方法に関して十分な知識、技術および経験を有する技術者を擁する試験機関を選定する．

a，b，c，d．品質管理組織の例を図9.1に示す．再生骨材の品質管理がレディーミクストコンクリート工場で実施され、施工者はレディーミクストコンクリート工場に対して指示・協議を行うことで、再生骨材コンクリートの品質管理を行うことができる場合、例えば、レディーミクストコンクリート工場が再生骨材コンクリートについてJISの認証を取得している場合には、

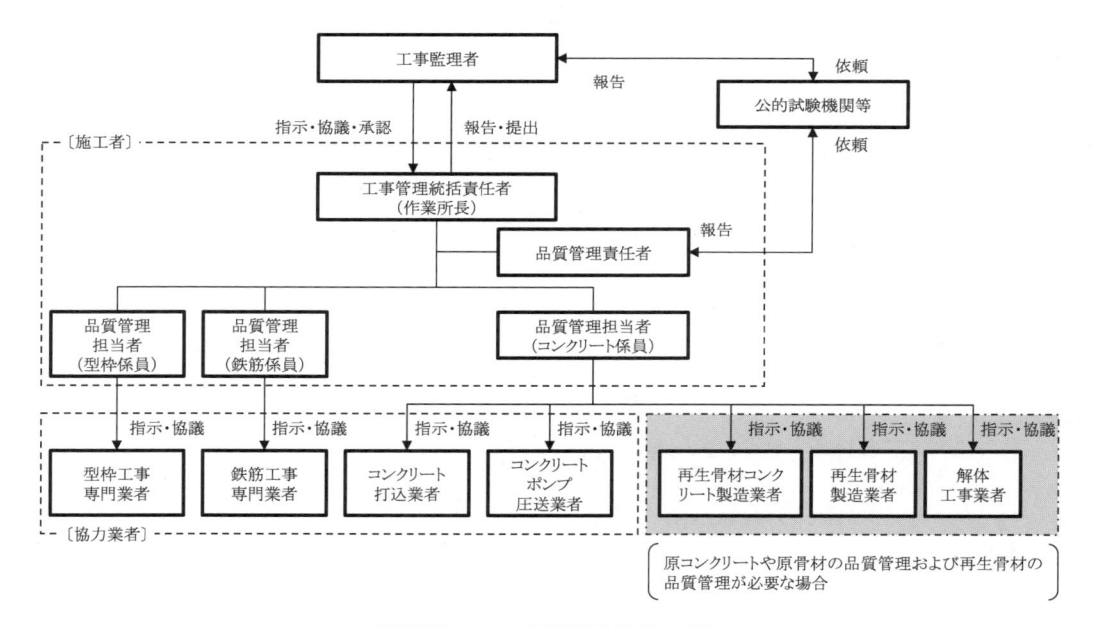

**解説図9.1 品質管理組織の例**

通常の品質管理組織と同様な体制で品質管理・検査を実施できる．原骨材や原コンクリートの特定が必要となる場合や，絶乾密度，粗粒率などの品質に許容差を設ける場合は，解体工事業者や再生骨材製造業者に対して施工者が直接的に指示・協議を行うことが必要となる場合がある．このような場合には図 9.1 右下部分のように，品質管理組織に解体工事業者および再生骨材製造業者を加える必要がある．

## 9.3 原コンクリートの品質管理・検査

a．コンクリート構造物の解体前・解体時に原コンクリートを選定する際の品質管理・検査は，表 9.1 による．

表 9.1 コンクリート構造物の解体における品質管理・検査

| 項目 | 判定基準 | 試験・検査方法 | 時期・回数 |
|---|---|---|---|
| 構造物の立地条件 | 塩害を受けた可能性がないこと | 周辺を含む地図の確認および隣接地域での塩害に関する情報の確認 | 対象とする構造物ごとに解体工事前に適宜 |
| コンクリート構造物の用途および状態 | コンクリートに有害な化学的物質が浸透した可能性がないこと | 解体構造物の所有者または使用者への確認 | |
| 特別管理産業廃棄物 | 構造物を解体する際に，特別管理産業廃棄物が残存しないこと | 解体構造物の所有者または使用者への確認，および解体前の目視確認 | 対象とする構造物ごとに解体工事前に適宜 |
| | 上記で残存している場合に，解体したコンクリート塊に特別管理産業廃棄物が含まれていないこと | 一時集積場所および廃棄物運搬車両の目視確認 | 一時集積場所については随時，および車両積込み時（上記で解体工事前に対象となる廃棄物が残存していないことが確認された場合は，本検査は省略できる） |
| 分離困難な材料の付着状態 | 分別解体の際に除去が困難な仕上材料等が多量に残存する可能性がないこと | 解体工事の計画書または作業手順書等の確認，および解体前の目視確認 | 対象とする構造物ごとに解体工事前に適宜，および解体工事の計画や作業手順に変更があった場合は，その都度 |
| 不純物量 | コンクリート塊に不純物が多量に含まれないこと | 一時集積場所および廃棄物運搬車両の目視確認 | 解体中の一時集積場所については随時，および解体中に搬出する場合は車両積込み時 |

b．原コンクリートを特定する場合の品質管理・検査基準は，表 9.2 による．

表9.2 原コンクリートを特定する場合の品質管理・検査

| 項目 | 判定基準 | 試験・検査方法 | 時期・回数 |
|---|---|---|---|
| 原コンクリートの種類，呼び強度および空気量，ならびに原骨材の種類 | 原コンクリートの種類，呼び強度および空気量，ならびに原骨材の種類が確認できること | 解体構造物等の工事記録，原コンクリートの配合報告書，原骨材の試験成績書等の確認 | 対象とする構造物ごとに原コンクリートを受け入れる前に適宜 |

c．原骨材を特定する場合の品質管理・検査基準は，表9.3による．

表9.3 原骨材を特定する場合の品質管理・検査

| 項目 | 判定基準 | 試験・検査方法 | 時期・回数 |
|---|---|---|---|
| 原骨材の種類および産地 | 再生粗骨材を製造する場合は，原粗骨材の種類および産地が確認できること<br>再生細骨材を製造する場合は，原粗骨材および原細骨材の種類および産地が確認できること | JIS A 5021（コンクリート用再生骨材H）附属書A（規定）「原骨材の特定方法」 | 原コンクリートの採取箇所は，対象とする構造物ごとに，<br>建築物の場合は各階の床から1か所以上，かつ，各階の壁または柱から1か所以上．<br>土木構造物の場合は各打込み区画につき1か所以上．ただし，採取区画のコンクリート量が1 000 m³を超える場合は，1 000 m³ごとに1か所以上． |

a．再生骨材を製造するうえで最も注意すべき事項が異物や不純物の混入であり，その種類や量によっては，再生骨材コンクリートの品質に決定的な悪影響を及ぼす可能性がある．再生骨材に一端混入した異物や不純物の除去は非常に手間がかかるため，原コンクリートの段階で混入の可能性を最小限にすることは，最も効果が高い対策となる．対象となる異物・不純物としては，①油脂類や糖類などコンクリートの硬化性状や耐久性に有害な影響を与える化学物質，②廃酸や廃アルカリ，使用済み医療器具，アスベストやPCB，ダイオキシンを含む燃え殻など，爆発性，毒性，感染性，その他，人の健康または生活環境にかかわる被害を生じるおそれがある性状を有する特別管理産業廃棄物，③木毛セメント板のようにコンクリートと一体化してしまったもので分別解体や分離が困難な仕上げ材料などがある．これらの中で，液状でコンクリートに浸み込むものや，微粉末となって解体したコンクリートに付着するものは，再生骨材製造段階での検知や除去が困難であるため，建築物の用途の確認やこれらの異物・不純物が撤去された状況にあるかどうかなど，解体前に解体構造物の所有者または使用者への確認が必須となる．

b．凍害を受ける可能性がある部位に再生骨材コンクリートMを使用する場合は，再生骨材

Mを製造する際に再生骨材Mの凍結融解抵抗性試験を行う必要がある．JIS A 5022 附属書A（規定）「コンクリート用再生骨材M」では，その試験ロットの最大値は，500 tまたは1週間で製造できる量のいずれか少ない量と定められているが，原コンクリートが特定され，かつそのコンクリートがAEコンクリートである場合は，ロットの最大値を3か月で製造できる量に緩和できる．このとき，解体構造物等の工事記録，原コンクリートの配合報告書，原骨材の試験成績書などによって，原コンクリートの種類，呼び強度および空気量ならびに原骨材の種類が明らかにできる場合は，原コンクリートは特定されたものとして扱う．なお，原骨材の種類は，ｃに示す方法により特定できる．

ｃ．アルカリシリカ反応抑制対策のうち，安全と認められる再生骨材を使用する方法を採用する場合，コンクリート構造物の解体段階において原骨材を特定したうえで，再生骨材のアルカリシリカ反応性が無害であることを確認する必要がある．原骨材の特定は，解体構造物等の工事記録，原コンクリートの配合報告書，原骨材の試験成績書などによって原骨材の種類および産地または品名を明らかにするか，これらの記録がない場合は，適切に原コンクリートの一部を採取し，原骨材の色，形，大きさなどを観察する．観察の結果，原骨材の種類とその数が判別できる場合には，原コンクリートに含まれる原骨材のすべてを産地および品名が不明のまま特定されたものとして扱うことができる．原コンクリートの採取方法は，JIS A 5021 附属書A（規定）「原骨材の特定方法」A.3に従うこととし，コンクリート用コアドリルやコンクリート用カッター等によって，原骨材の色，形および大きさが判別できる寸法の原コンクリートを採取する．原コンクリートの採取箇所は，建築物においては，各階の床から1か所以上，かつ，各階の壁または柱から1か所以上とし，土木構造物においては，各打込み区画につき1か所以上とする．ただし，採取区画のコンクリート量が1 000 m³を超える場合は，1 000 m³ごとに1か所以上とする．解説表9.2に，昭和44年に建築された5階建てのある公営集合住宅の解体工事において，再生骨材H相当品を製造する際に骨材を特定することを目的として行われた調査の例を示す[1]．この例では，以下の方法により調査が実施された．

(1) 建築物の外観調査

目視で建築物の外観を観察し，アルカリシリカ反応や塩害などが原因と推定される異常なひび割れがないか調査が行われた．

(2) コア採取および観察

調査対象とした建築物は工事記録が残っておらず，レディーミクストコンクリート工場が特定できなかったため，調査対象の建築物の形状を考慮し，各棟，各フロアの東西方向（当該建物の長辺方向）の妻壁または東西両端付近の内壁から1本ずつ直径100 mmのコア供試体が採取された．採取されたコア供試体は，側面4方向から写真撮影が行われた〔解説図9.2〕．

(3) 原骨材の種類

各棟から採取したコア供試体のうち各3本が選ばれ，耐圧機等で粗破砕された試料が300℃程度で1日乾燥された．その後，ロサンゼルス試験機で10分程度すり減り作用が加えられた．その際，必要に応じて鉄筋（D 13）が媒体として加えられた（媒体/試料＝0.4）．0.15 mmのふるいで

微粉部分がふるい落された試料を，バケツ内で5％の塩酸に浸漬してセメント水和物を溶解し，0.15 mm のふるいに留まる粒子が骨材として取り出された．なお，付着ペーストを除去しにくい場合には100℃で加熱後，ロサンゼルス試験機ですりもみ処理（鋼球媒体サイズ11/16，試料/媒体＝1）され，再度，塩酸浸漬によって付着ペーストが取り除かれた〔解説図9.3〕．

（4）　原骨材の試験（絶乾密度，吸水率）

取り出された原細骨材は JIS A 1109（細骨材の密度及び吸水率試験方法）で，原粗骨材は JIS A 1110（粗骨材の密度及び吸水率試験方法）で，それぞれ絶乾密度および吸水率の試験が実施された．試験結果を解説表9.3に示す．なお，取り出された原骨材でアルカリシリカ反応性の試験は実施されていないが，建築物の外観調査の結果では，建物外部，内部とも特に異常なひび割れは認められず，コア観察結果でも，アルカリシリカ反応に起因すると考えられる反応リム等は観察されなかったことが報告されている．

**解説表9.2　原骨材特定のための鉄筋コンクリート造建築物の解体時の調査項目の例**

| 品質項目 | 試験方法 | 試験時期 | 判定基準 | 備考 |
|---|---|---|---|---|
| 外観状況 | 目視 | 解体工事着手前 | 明らかにアルカリシリカ反応や塩害に起因すると推定されるひび割れがないこと | |
| 解体方法 | 工事要領書 | | 石こうボードやガラス等の不純物を分離できる分別解体工法が採用されていること | |
| 骨材の種類 | 目視 | 解体工事着手時 | 砂利と砕石，砂と砕砂の区別 | コンクリートコアの目視または酸溶解等で原骨材を取り出して目視判定 |
| 絶乾密度 | JIS A 1109 | | 2.54 g/cm³以上 | 判定基準は再生骨材製造業者の規格による |
| 吸水率 | JIS A 1110 | | 2.3％以下 | |

**解説図9.2　解体建物の概観と採取したコンクリートコアの例（文献1）より抜粋）**

解説図 9.3　コンクリートコアから取り出した原骨材の例（文献 1）より抜粋）

解説表 9.3　取り出された原骨材の試験結果の例（文献 1）をもとに作成）

| 種別 | 表乾密度（g/cm³） | 絶乾密度（g/cm³） | 吸水率（％） |
|---|---|---|---|
| 粗骨材 | 2.62 | 2.59 | 1.26 |
| 細骨材 | 2.64 | 2.59 | 1.62 |

## 9.4　再生骨材の品質管理・検査

a．再生骨材製造業者は，コンクリート塊の受入検査方法，および再生骨材製造時の品質管理方法を社内規格等で具体的に定め，これらに基づいて適切に品質管理・検査を実施する．

b．コンクリート塊の受入基準は，表 9.4 による．

表 9.4　コンクリート塊の受入基準

| 項目 | 判定基準 | 試験・検査方法 | 時期・回数 |
|---|---|---|---|
| 不純物量 | コンクリート塊に多量に含まれないこと | 目視 | 一時集積場所については随時および搬入車両ごと |
| 特別管理産業廃棄物 | コンクリート塊に含まれないこと | 目視 | |

c．再生骨材製造業者は，製造する再生骨材の種類に応じて製造設備の運転管理項目を定め，管理を行う．

d．再生骨材 H の品質管理・検査は，表 9.5 による．

表9.5 再生骨材Hの品質管理・検査方法

| 項目 | 判定基準 | 試験・検査方法 | 時期・回数 |
|---|---|---|---|
| 不純物量 | JIS A 5021の5.1による | JIS A 5021附属書B（規定）「限度見本による再生骨材Hの不純物試験方法」による．アルミニウム片および亜鉛片の量の試験は，同附属書C（規定）「コンクリート用再生骨材Hに含まれるアルミニウム片及び亜鉛片の有害量判定試験方法」による． | 購入者と製造業者で定めたロットあたり1回以上．ロットの最大値は，2週間で製造できる量 |
| 絶乾密度 | JIS A 5021の5.2による | JIS A 5021の7.4による | |
| 吸水率 | | | |
| 微粒分量 | | JIS A 1103（骨材の微粒分試験方法）による | |
| 粒度 | JIS A 5021の5.4による | JIS A 1102（骨材のふるい分け試験方法）による | |
| 粒形 | JIS A 5021の5.5による | JIS A 5021の7.9による | |
| 塩化物量 | JIS A 5021の5.6による | JIS A 5021の7.10による | |
| アルカリシリカ反応性 | JIS A 5021の5.3による | JIS A 1145（骨材のアルカリシリカ反応性試験方法（化学法）），JIS A 1146（骨材のアルカリシリカ反応性試験方法（モルタルバー法））または JIS A 5021附属書D(規定)「コンクリート用再生骨材Hのアルカリシリカ反応性試験方法（再生骨材迅速法）」による（なお,すべての原骨材がこれらの試験で無害と判定される場合は試験を省略できる） | ロットの最大値は，2週間で製造できる量 連続3回無害と判定された場合のロットの最大値は，1か月で製造できる量 再生粗骨材Hの場合,試験成績書等によってすべての原粗骨材のアルカリシリカ反応性が無害と判定された場合のロットの最大値は，3か月で製造できる量 再生細骨材Hの場合,試験成績書等によってすべての原粗骨材およびすべての原細骨材のアルカリシリカ反応性が無害と判定された場合のロットの最大値は，3か月で製造できる量 |

e．再生骨材Mの品質管理・検査は，表9.6による．

表9.6 再生骨材Mの品質管理・検査方法

| 項目 | 判定基準 | 試験・検査方法 | 時期・回数 |
|---|---|---|---|
| 不純物量 | JIS A 5022 附属書A（規定）「コンクリート用再生骨材M」のA.2.1による | JIS A 5022 附属書AのA.4.2およびA.4.3による | 種類ごとに購入者と製造業者で定めたロットあたり1回以上．ロットの最大値は，1500tまたは2週間で製造できる量のいずれか少ない量 |
| 絶乾密度 | JIS A 5022 附属書AのA.2.2による | JIS A 5022 附属書AのA.4.4による | |
| 吸水率 | | | |
| 微粒分量 | | JIS A 1103による | |
| 粒度 | JIS A 5022 附属書AのA.2.5による | JIS A 1102による | |
| 粒形 | JIS A 5022 附属書AのA.2.6による | JIS A 5022 附属書AのA.4.9による | |
| 塩化物量 | JIS A 5022 附属書AのA.2.7による | JIS A 5022 附属書AのA.4.10による | |
| アルカリシリカ反応性 | JIS A 5022 附属書AのA.2.3による | JIS A 1145，JIS A 1146またはJIS A 5021 附属書Dによる（なお，すべての原骨材がこれらの試験で無害と判定される場合は試験を省略できる） | 種類ごとに購入者と製造業者で定めたロットあたり1回以上．ロットの最大値は，1500tまたは2週間で製造できる量のいずれか少ない量．ただし，連続3回無害と判定された場合のロットの最大値は，1か月で製造できる量に，試験成績書等によってすべての原粗骨材およびすべての原細骨材のアルカリシリカ反応性が無害と判定された場合のロットの最大値は，3か月で製造できる量に緩和できる． |
| 凍結融解抵抗性 | JIS A 5022 附属書AのA.2.4による | JIS A 5022 附属書D（規定）「再生粗骨材Mの凍結融解試験方法」による | ロットの最大値は，500tまたは1週間で製造できる量のいずれか少ない量．ただし，特定された原コンクリートを用い，種類ごとに製造・保管され，かつ，特定された原コンクリートがAEコンクリートである場合のロットの最大値は，3か月で製造できる量に緩和できる． |

f．再生骨材Lの品質管理・検査は，表9.7による．

表9.7 再生骨材Lの品質管理・検査方法

| 項目 | 判定基準 | 試験・検査方法 | 時期・回数 |
|---|---|---|---|
| 不純物量 | JIS A 5023 附属書A（規定）「コンクリート用再生骨材L」のA.2.1による | JIS A 5023 附属書AのA.4.2およびA.4.3による | 受渡当事者間の協議によってロットの大きさを決定する．ただし，アルカリシリカ反応性の区分を"A"として扱う場合，ロットの最大値は，1500tまたは2週間で製造できる量のいずれか少ない量． |
| 吸水率 | JIS A 5023 附属書AのA.2.2による | JIS A 5023 附属書AのA.4.3による | |
| 微粒分量 | | JIS A 1103による | |
| 粒度 | JIS A 5023 附属書AのA.2.4による | JIS A 1102による | |
| 塩化物量 | JIS A 5023 附属書AのA.2.5による | JIS A 5023 附属書AのA.4.7による | |
| アルカリシリカ反応性 | JIS A 5023 附属書AのA.2.3による | JIS A 5023 附属書AのA.4.5による | アルカリシリカ反応性の区分を"A"として扱う場合，ロットの最大値は，1500tまたは2週間で製造できる量．ただし，以下の条件を満たす場合はロットの最大値を緩和できる．アルカリシリカ反応性試験で連続3回無害と判定された場合のロットの最大値は，1か月で製造できる量 試験成績書等によってすべての原粗骨材およびすべての原細骨材のアルカリシリカ反応性が無害と判定された場合のロットの最大値は，3か月で製造できる量 |

g．上記a～fの他に品質管理が必要な項目は，関係者間の協議によって定める．

a．再生骨材製造業者は，製造する再生骨材の種類に応じて，再生骨材Hの場合はJIS A 5021に，再生骨材Mの場合はJIS A 5022附属書Aに，再生骨材Lの場合はJIS A 5023附属書Aに規定されている各々の品質を満足するように，製品検査方法および製品保管方法を具体的に決定する必要がある．それらの方法には，各々のJISに規定されている内容および解説表9.4に示す内容を反映させ，これに基づいて適切に品質管理・検査を実施する．

b．再生骨材製造業者は，原コンクリートを受け入れる際の検査方法および保管方法を具体的に決定する．それらの方法には解説表9.5に示す事項を反映させ，これに基づいて適切に原コンクリートの管理を実施する．

9章 品質管理・検査

**解説表9.4 再生骨材の検査・保管方法として規定すべき内容（文献2）～4）をもとに作成）**

| 項目 | | 個別に反映させる事項 | 共通事項 |
|---|---|---|---|
| 再生骨材の種類 | | 再生細骨材および再生粗骨材の区別，粒度による区分，およびアルカリシリカ反応性の区分が明確となっていること． | ①品質の試験は，『公平であり妥当な試験データおよび結果を出す十分な能力を有する試験機関』[1]に依頼してもよい．<br>②受け入れた原骨材および原コンクリートが特定されない場合と特定される場合に応じて，次のように検査ロットの大きさを規定していること．<br>a）原骨材および原コンクリートの特定の有無にかかわらない事項<br>・絶乾密度，吸水率，すりへり減量，微粒分量，粗粒率，隣接するふるいに留まる量，粒形および塩化物量の検査ロットは，再生骨材Hの場合は，2週間で製造できる量を，再生骨材Mおよび再生骨材Lの場合は，1 500 tまたは2週間で製造できる量のうち少ない方を最大として定めていること．<br>・再生粗骨材Mの凍結融解抵抗性の検査ロットは，500 tまたは1週間で製造できる量のうち少ない方を最大として定めていること．<br>b）原骨材が特定される場合の事項<br>・アルカリシリカ反応性の検査ロットは，再生骨材Hの場合は，2週間で製造できる量を，再生骨材Mおよび再生骨材Lの場合は，1 500 tまたは2週間で製造できる量のうち少ない方を最大として定めていること．<br>・アルカリシリカ反応性試験が連続3回無害と判定された場合の検査ロットは，1か月で製造できる量を最大として定めていること．<br>・試験成績表等によってすべての原骨材[3]のアルカリシリカ反応性試験が無害と判定された場合の検査ロットは，3か月間で製造できる量を最大として定めていること．<br>c）原コンクリートが特定される場合の事項<br>・すべての原コンクリートがAEコンクリートである場合の再生粗骨材Mの凍結融解抵抗性の検査ロットは，3か月で製造できる量を最大として定めていること． |
| 製品の保管 | | 製品を適切な状態で保管するための製品保管方法について具体的に規定していること． | |
| 品質 | 不純物量 | JIS A 5021 附属書B（規定）「限度見本による再生骨材Hの不純物量試験方法」および同附属書C（規定）「コンクリート用再生骨材Hに含まれるアルミニウム片及び亜鉛片の有害量判定試験方法」により，不純物の限度見本作成方法，およびアルミニウム片及び亜鉛片の有害量判定試験方法を具体的に規定していること．[2] | |
| | 絶乾密度 | 再生骨材Hおよび再生骨材Mを製造する場合に規定していること． | |
| | 吸水率 | | |
| | すりへり減量 | 再生粗骨材Hを舗装版に用いる場合に規定していること． | |
| | 微粒分量 | ― | |
| | アルカリシリカ反応性 | アルカリシリカ反応性の区分がAの再生骨材を製造する場合に規定していること． | |
| | 粒度 | ― | |
| | 粗粒率 | 再生骨材Hおよび再生骨材Mを製造する場合に規定していること． | |
| | 隣接するふるいに留まる量 | 再生骨材Hおよび再生骨材Mを製造する場合に規定していること． | |
| | 粒形 | 再生骨材Hおよび再生骨材Mを製造する場合に規定していること． | |
| | 塩化物量 | 再生骨材H，再生骨材Mおよび再生骨材コンクリートL（塩分規制品）に用いる再生骨材Lを製造する場合に規定していること．<br>再生骨材コンクリートL（仕様発注品）に用いる再生骨材Lを製造する場合は，受渡し当事者間の協議により，必要に応じて規定していること． | |
| | 凍結融解抵抗性 | 再生骨材コンクリートM（耐凍害品）を製造する場合に規定していること． | |
| 報告 | | 再生骨材の種類ごとに試験成績書が整備されるように定めていること． | |

［注］（1）『公平であり妥当な試験データおよび結果を出す十分な能力を有する試験機関』とは，以下の機関が該当する．
　　① JIS Q 17025に適合することを，認定機関によって認定された試験機関
　　② JIS Q 17025のうち該当する部分に適合していることを試験機関自らが証明している試験機関であり，かつ，次のいずれかであること．
　　　ⅰ）中小企業近代化促進法（または中小企業近代化資金等助成法）に基づく構造改善計画等によって設立された共同試験場（以下，共同試験場という．）
　　　ⅱ）国公立の試験機関
　　　ⅲ）民法第34条によって設立を許可された機関
　　　ⅳ）その他，これらと同等以上の能力がある機関
　　（2）再生骨材Lを製造する場合は，アルミニウム片及び亜鉛片の有害量判定試験は行わない．
　　（3）再生粗骨材Hに適用する場合は，すべての原粗骨材のアルカリシリカ反応性が無害と判定されればよい．

**解説表 9.5** 原コンクリートの管理方法に規定すべき内容（文献 2）〜 4）をもとに作成）

| 項目 | | 個別に反映させる内容 | 共通事項 |
|---|---|---|---|
| 原骨材の特定 | | 原骨材を特定する場合は，JIS A 5021 附属書 A に従って，原骨材の特定方法を具体的に規定していること．なお，原骨材の特定は外部に依頼して行ってもよい． | 原骨材の特定および品質の試験は，『公平であり妥当な試験データおよび結果を出す十分な能力を有する試験機関』[1]に依頼してもよい． |
| 原コンクリートの特定 | | 原コンクリートを特定する場合は，JIS A 5022 附属書 A 5.1 e）の注に従って，原コンクリートの特定方法を具体的に規定していること．なお，原コンクリートの特定は外部に依頼して行ってもよい． | |
| 原コンクリートの状態 | | 十分に硬化していないものを排除する方法を具体的に規定していること． | |
| 原骨材の種類 | | 原コンクリート中の原骨材が軽量骨材である場合など，原骨材として不適切なものを排除する方法が具体的に規定されていること． | |
| 原コンクリートの保管 | | 原骨材および原コンクリートの特定の有無を明らかにして，区分して保管していること．また，他のコンクリート塊が混入しないように保管していること． | |
| 品質 | アルカリシリカ反応性 | 明らかにアルカリシリカ反応など骨材に起因する変状が生じている原コンクリートを排除する方法を具体的に規定していること． | |
| | 塩化物量 | 塩化物を多量に含んだ原コンクリートを排除する方法を具体的に規定していること． | |
| | 不純物量 | コンクリートの品質に悪影響を及ぼすアスファルトコンクリート塊，木片，プラスチック片などの不純物が多量に含まれる原コンクリートの排除方法を具体的に規定していること．また，不純物が混入しないように保管していること． | |

［注］（1） 解説表 9.4 の注(1)に同じ．

　ｃ．再生骨材製造業者は，再生骨材の製造工程における管理方法および検査方法を具体的に決定する．それらの方法には，不良品（不合格ロット）が出た場合の措置等を含め，解説表 9.6 に示す内容を反映させ，これに基づいて適切に再生骨材の製造管理を実施するとともにその記録を

**解説表 9.6** 再生骨材の製造工程の管理方法に規定すべき内容（文献 2）〜4）をもとに作成）

| 工程 | 管理項目 | 管理方法および検査方法 |
|---|---|---|
| 1次処理 | ①1次処理後のコンクリート塊の最大寸法<br>②不純物の種類と量<br>③貯蔵方法<br>④その他製造プロセス上管理を必要とするもの | 次工程に支障をきたさない最大寸法が定められ，その管理方法が規定されていること．<br>不純物の除去方法を規定し，適切に処分していること．<br>不純物の種類と量は，限度見本等で検査していること．<br>選別後の原コンクリートが混ざり合わないように，適切な貯蔵方法を規定していること． |
| 2次処理<br>（加熱処理，磨砕処理，分級等） | ①再生骨材の品質<br>②不純物の種類と量[1]<br>③貯蔵方法<br>④その他製造プロセス上管理を必要とするもの | 再生骨材 H を製造する場合は JIS A 5201 に定める品質を満足するように，再生骨材 M を製造する場合は JIS A 5022 に定める品質を満足するように，再生骨材 L を製造する場合は JIS A 5023 に定める品質を満足するように，2次処理方法が具体的に規定されていること．<br>不純物の除去方法を規定し，適切に処分していること．<br>不純物の種類と量は，限度見本等で検査していること．<br>再生骨材が混ざり合わないように，適切な貯蔵方法を規定していること． |
| 水洗処理[2] | ①水洗方法<br>②不純物の種類と量[1]<br>③その他製造プロセス上管理を必要とするもの | 廃水処理を含めた水洗方法を規定していること．<br>不純物の除去方法を規定し，適切に処分していること．<br>不純物の種類と量は，限度見本等で検査していること． |
| 混合処理[3] | ①再生骨材の粒度（隣接するふるいに留まる量）<br>②その他製造プロセス上管理を必要とするもの | 再生骨材 H を製造する場合は JIS A 5201 に定める粒度を満足するように，再生骨材 M を製造する場合は JIS A 5022 附属書 A に定める粒度を満足するように，再生骨材 L を製造する場合は JIS A 5023 附属書 A に定める粒度を満足するように，混合方法が具体的に規定されていること． |
| 貯蔵 | 貯蔵方法 | 不良品や複数の製品が混ざり合わないように，仕切り板等を設けて適切に貯蔵していること． |

[注] （1） 2次処理または水洗処理のいずれか一方で行っていればよい．
（2） 水洗処理工程がない場合は不要
（3） 混合処理工程がない場合は不要

残す．

また，再生骨材製造業者は，解説表 9.7 に掲げる主要な製造設備および検査設備について適切な管理方法（点検箇所，点検項目，点検周期，点検方法，判定基準，点検後の処理，設備台帳等）を社内規格で具体的に決定する．管理方法は解説表 9.7 に掲げる内容を満足するように定め，再生骨材製造業者はこれに基づいて適切に設備の管理を実施する．なお，管理方法は，当該工場が製造する製品の種類，製造方法，試験の外部への依頼の有無などに応じて，表中の検査設備のうち必要とするものについて定めればよい．

**解説表 9.7** 再生骨材の製造設備の管理方法に規定すべき内容(文献 2)～4)をもとに作成)

| 設備名 | 管理方法 | 共通事項 |
|---|---|---|
| 製造設備<br>①破砕機<br>②磨砕機<br>③選別機<br>④水洗設備<br>⑤製品貯蔵設備<br>⑥混合設備<br>⑦搬送設備<br>⑧水分調整設備[(1)]<br>⑨その他 | 再生骨材 H を製造する場合は，JIS A 5021 に規定された品質を確保するために必要な性能を有するものであること．<br>再生骨材 M を製造する場合は，JIS A 5022 附属書 A (規定)に規定された品質を確保するために必要な性能を有するものであること．特に，磨砕機は，機能および特性を考慮して使用していること． | 再生骨材 H を製造する場合は，JIS A 5021 に規定された品質を確保するために必要な性能および精度を保持するための点検・修理，点検・校正などの基準が定められていること．<br>再生骨材 M が製造される場合は，JIS A 5022 に規定された品質を確保するために必要な性能および精度を保持するための点検・修理，点検・校正などの基準が定められていること．<br>再生骨材 L が製造される場合は，JIS A 5023 に規定された品質を確保するために必要な性能および精度を保持するための点検・修理，点検・校正などの基準が定められていること．<br>消耗品は，該当 JIS に規定された品質を確保するのに必要な性能および精度を保持するための仕様，使用期間などが定められていること． |
| 検査設備<br>①不純物量試験設備<br>②絶乾密度および吸水率試験設備<br>③すりへり減量試験設備[(2)]<br>④微粒分量試験設備<br>⑤アルカリシリカ反応性試験設備[(3)]<br>⑥粒度試験設備<br>⑦粒形判定実積率試験設備<br>⑧塩化物量試験設備 | 再生骨材 H を製造する場合は，JIS A 5021 に規定された品質を試験・検査できる設備であること．<br>再生骨材 M を製造する場合は，JIS A 5022 附属書 A (規定)に規定された品質を試験・検査できる設備であること．<br>不純物量試験設備以外の設備については外注または関連工場(同一企業体の他の工場または試験研究所)への依頼ができるが，その場合は外注先の選定基準，外注(依頼)内容，外注(依頼)手続，試験結果の処置等を定める． | |

[注] (1) 再生骨材 M を製造する場合．プレウェッティングに必要な設備．
(2) 舗装版に出荷することがない場合には不要．
(3) アルカリシリカ反応性が無害でない再生骨材だけを製造する場合には不要．

　上記の c に関する管理事項のうち再生骨材の製造管理の一例として，偏心ローター方式の機械すりもみ処理の前処理における運転管理項目の例を解説表 9.8 に，機械すりもみ処理における運転管理項目の例を解説表 9.9 に，機械すりもみ処理設備の管理項目の例を解説表 9.10 に示す．前処理としては，不純物量の低減措置が講じられていること後工程の機械すりもみ処理に適した寸法であることなどが決められている．偏心ローター方式の機械すりもみ処理における運転管理項目では，処理装置の仕様，品質確保に適した処理条件に関する事項(前処理品供給状況，ローター回転数，電気量)，および試験頻度が決められている．また，設備の管理では，装置の仕様・構成に応じた管理項目と試験頻度が設定されている．

**解説表 9.8　前処理における運転管理項目の例**

| 管理項目 | 試験方法 | 試験頻度 | 判定基準 |
|---|---|---|---|
| 不純物 | 目視 | 随時 | 鉄筋，れんが，プラスチック等の大きな塊が破砕装置に入らないこと（手選別作業者を専任） |
| 破砕機内の汚れ | 目視 | 運転前 | 破砕機内部に油分，泥分などの付着がないこと |
| 破砕物の寸法 | ふるい分け | 全量 | 40 mm の格子を通過すること |
| 原コンクリート供給量 | 処理ホッパーの目視 | 随時 | 処理ホッパーからオーバーフローしないこと |

**解説表 9.9　機械すりもみ処理における運転管理項目の例（偏心ローター方式の場合）**

| 管理項目 | 試験方法 | 試験頻度 | 判定基準 |
|---|---|---|---|
| 始業前無負荷運転 | 計器の目視 | 機械作動前1回 | 消費電力が規定値以内（空運転時：20 kW 以下）であること |
| 前処理品供給状況 | フィーダー速度確認 | 随時 | 偏心ローター部に前処理骨材が適切な量（標準値：20～30 t/h）で供給されていること[1] |
| ローター回転数 | 回転数表示確認 | 随時 | 設定回転数（標準値：350～450 rpm）であること　負荷時回転数が（設定回転数－30 rpm）以上であること |
| 電気量 | 電気量記録計 | | 30 秒間の平均で 20 kW 以上かつ最大値 40 kW 以上 |

[注]（1）一定量を処理させ，排出に要した時間から判定する．

**解説表 9.10　製造設備の管理項目の例（偏心ローター方式の場合）**

| 項目 | 試験方法 | 試験頻度 | 判定基準 |
|---|---|---|---|
| 外観 | 目視 | 随時 | 各部位にひずみなどがないこと．また，油漏れなどがないこと |
| 装置動作時の状態 | 目視 | 始業時 | 無負荷運転を行い，異常振動や異常音などがないこと |
| ローター回転数 | 回転計 | 始業時 | 設定どおりに作動すること |
| 内・外筒部の摩耗 | 目視 | 製造した再生粗骨材の品質に異常が認められる時 | 内筒部および外筒部に，摩耗による凹みや損傷が認められないこと |
| ローター回転計 | 補正用回転計 | 製造した再生粗骨材の品質に異常が認められる時 | 回転計の取扱説明書による回転数表示の誤差が許容範囲内であること |
| 電力計 | 設定値補正 | 製造した再生粗骨材の品質に異常が認められる時 | 電力計の取扱説明書による電力表示の誤差が許容範囲内であること |
| フィーダーの供給速度 | 供給速度確認試験[1] | 製造した再生粗骨材の品質に異常が認められる時 | フィーダー装置の取扱説明書によるフィーダー速度が設定どおりであること |

[注]（1）一定量を排出させ，排出に要した時間から判定する．

d, e, f. 再生骨材 H, M, L の品質管理・検査項目は，それぞれ JIS A 5021, JIS A 5022, JIS A 5023 に従って品質管理を行う．各々の再生骨材の試験方法は，通常の骨材と異なる点や，再生骨材 H, M, L の間で異なる点があり，以下のようになっている．

(1) 不純物量

通常の骨材にはない試験項目である．再生骨材の場合は仕上材が付着していた部位や埋め込まれた金属片が残存することがあるため，不純物の種類およびその合計量の上限値が規定されている．なお，試験方法は再生骨材 H, M, L で同じであるが，再生骨材 L の不純物量の一部の上限値と合計量は，再生骨材 H および再生骨材 M よりも緩和されている．また，再生骨材 L では，アルミニウム片や亜鉛片の量の試験は規定されておらず試験は不要である．

(2) 絶乾密度および吸水率

絶乾密度および吸水率の試験において，2回の試験の平均値からの差が緩和されており，再生骨材 H の絶乾密度の場合で $0.02\,\mathrm{g/cm^3}$ 以下，再生骨材 M の絶乾密度の場合で $0.03\,\mathrm{g/cm^3}$ 以下，再生骨材 H および再生骨材 M の吸水率の場合で 0.2% 以下となっている．また，再生骨材 L の絶乾密度および吸水率は，試験の平均値からの差にかかわらず 3 回の試験結果の平均値を用いることとなっている．さらに再生細骨材 L の試験の際は，JIS A 1103（骨材の微粒分量試験方法）の 5 の試験方法によって洗った再生細骨材 L を試料とすることができるが，その旨を試験成績表の備考欄に記載する．また，試料の量を 450 g としてもよい．

(3) 微粒分量

微粒分量の試験方法は，通常の骨材と同じである．なお，その上限値は砕石が 3%，砕砂が 9% であるのに対し，再生粗骨材 H が 1.0%，再生細骨材 H が 7.0%，再生粗骨材 M が 2.0%，再生細骨材 M が 8.0%，再生粗骨材 L が 3.0%，再生細骨材 L が 10.0% となっている．

(4) 粒度，粒形判定実積率

粒度の試験方法は，通常の骨材と同じである．粒形判定実積率の試験方法も，通常の骨材と同じであるが，再生粗骨材 H の試料は，2005 の粒度に調整したものを，再生骨材 M の試料は，4005，2505 および 2005 の粒度のものはそのままでよいが，その他の粒度のものは 2505 または 2005 の粒度に調整したものを用いる．再生骨材 L の粒形判定実積率の試験は規定されておらず，試験は不要である．

(5) 塩化物量

塩化物量の試験方法のうち，測定操作は通常の骨材と同じである．ただし，試料の量は 1 000 g とし，塩化物量は付着ペースト中に固定化された塩化物の存在を加味して，その測定値を再生骨材 H の場合で 4/3 倍，再生骨材 M および再生骨材 L の場合で 4 倍することに注意する必要がある．

(6) アルカリシリカ反応性

再生骨材のアルカリシリカ反応性が区分 A（無害）であることを確認するためには，原骨材を特定したうえで，試験により無害であることを確認する必要がある．試験方法は JIS A 1145（骨材のアルカリシリカ反応性試験方法（化学法）），JIS A 1146（骨材のアルカリシリカ反応性試験

方法（モルタルバー法））または JIS A 5021 附属書 D（規定）「コンクリート用再生骨材 H のアルカリシリカ反応性試験方法（迅速法）」を用いる．JIS A 1145 による場合は，再生骨材に含まれるセメントペースト分を塩酸等によって溶解させ，水洗によって除去した後に試験を行う．JIS A 1146 による場合は，再生骨材に含まれるセメントペースト分は除去せず，そのまま試験に用いる．JIS A 5021 附属書 D の方法は，2011 年に JIS A 5021 が改正されたときにアルカリシリカ反応性のペシマム条件を加味して定められた方法であり，製造した再生骨材をそのまま用い，標準砂の混合率を変えて JIS A 1804（コンクリート生産工程管理用試験方法－骨材のアルカリシリカ反応性試験方法（迅速法））の迅速法の反応条件を準用して膨張率が規定の値以下であるかを調べる方法である．再生骨材を試験的に製造することが容易な場合はこの方法を用いることにより，JIS A 1145 の試験を行う場合に必要な再生骨材に含まれるセメントペースト分を塩酸等で除去する手間を省くことができるとか，JIS A 1146 の試験を行う場合に比較して試験に必要な期間を大幅に短縮できるといったメリットがある．

(7) 凍結融解抵抗性

凍害を受ける可能性のある部位に再生骨材コンクリート M を使用する場合に，再生粗骨材 M の凍結融解抵抗性を確認するために規定された試験方法が，JIS A 5022 附属書 D（規定）「再生粗骨材 M の凍結融解試験方法」である．温冷繰返しによる粗粒率の変化から凍結融解抵抗性を評価するものであり，通常の電気冷蔵庫，ポリプロピレン製またはポリエチレン製の食品用容器，ふるい，およびはかりがあれば実施できる簡便な試験方法である．

g．再生骨材コンクリートを購入する施工者は，工事監理者より再生骨材に対して追加的な品質管理項目を求められる場合がある．一例として，解説図 9.5 のように不純物量を容積で管理することを求められた事例がある．JIS 等で試験方法が定められていない項目については，実施の可否や試験費用等を含めて，施工者，工事監理者，ならびに必要に応じて再生骨材コンクリート製造業者および再生骨材製造業者と協議のうえ，試験方法と試験頻度を定める必要がある．

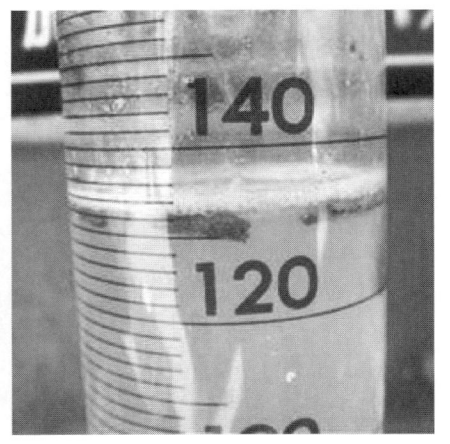

**解説図 9.5** 特別に追加された不純物量試験（容積量評価）の例
（工事監理者と協議し，再生粗骨材約 10 kg 中の不純物を水 100 ml に投入し体積増加量を評価）

## 9.5 再生骨材コンクリートの製造における品質管理および検査

a. 再生骨材コンクリートの製造における品質管理は，アルカリシリカ反応性に関するものを除き，JASS 5 の 6.4，11.3 d および 11.4 によるほか，以下の b〜f による．ただし，再生骨材コンクリート M を製造する場合は JASS 5 11.4 e，再生骨材コンクリート L を製造する場合は JASS 5 11.4 d および e は，適用しない．なお，コンクリートの種類，使用材料，調合管理強度，スランプ，空気量，水セメント比，単位水量およびコンクリート中の塩化物量の規定は，それぞれ本指針の 2 章〜4 章による．

b. アルカリシリカ反応性による区分が B の再生骨材を使用する場合の再生骨材コンクリートのアルカリシリカ反応の抑制対策は，次の(1)または(2)による．

(1) アルカリ総量およびセメントの種類の組合せによる方法

再生骨材 H や再生骨材 M をコンクリートに使用する場合において，総アルカリ量およびセメントの種類の組合せによりアルカリシリカ反応の抑制対策をとる場合は，計画調合および使用材料の試験成績書により，表 9.8 に示される条件に適合していることを確認する．

表 9.8 総アルカリ量およびセメントの種類の組合せによるアルカリシリカ反応の抑制対策

| 再生骨材コンクリートの種類 | 総アルカリ量の制限 | 使用セメントの制限 |
|---|---|---|
| 再生骨材コンクリート H | なし | 高炉セメント B 種またはフライアッシュセメント B 種 |
| | 3.0 kg/m³ 以下 | なし |
| 再生骨材コンクリート M | 3.0 kg/m³ 以下 | なし |
| | 3.5 kg/m³ 以下 | 高炉スラグが 40％以上混合された JIS R 5211（高炉セメント）に適合する高炉セメント B 種または C 種[1] <br> フライアッシュが 15％以上混合された JIS R 5213（フライアッシュセメント）に適合するフライアッシュセメント B 種または C 種[1] <br> JIS A 6206（コンクリート用高炉スラグ微粉末）に適合する高炉スラグ微粉末を 40％以上または JIS A 6201（コンクリート用フライアッシュ）に適合するフライアッシュを 15％以上混和材として混合したポルトランドセメントまたは普通エコセメントのいずれか |
| | 4.2 kg/m³ 以下 | 高炉スラグが 50％以上混合された JIS R 5211 に適合する高炉セメント B 種または C 種[1] <br> フライアッシュが 20％以上混合された JIS R 5213 に適合するフライアッシュセメント B 種または C 種[1] <br> JIS A 6206 に適合する高炉スラグ微粉末を 50％以上または JIS A 6201 に適合するフライアッシュを 20％以上混和材として混合したポルトランドセメントまたは普通エコセメントのいずれか |

[注] (1) 当該混和材の分量をセメントの試験成績表によって確認したうえで，当該混和材を添加して所定の分量とした場合には，それぞれの条件に適合するセメントとして使用し

てよい．

(2) 混和材量および単位セメント量の組合せによる方法

再生骨材コンクリートMを使用する場合において，混和材量および単位セメント量の組合せによりアルカリシリカ反応の抑制対策をとる場合は，計画調合および使用材料の試験成績書により，表9.9に示される条件に適合していることを確認する．

表9.9 混和材量および単位セメント量の組合せによるアルカリシリカ反応の抑制対策

| 再生骨材コンクリートの種類 | 使用セメントの制限 | | 単位セメント量の上限値 |
|---|---|---|---|
| 再生骨材コンクリートM1種 | 高炉セメント | スラグ分量（質量分率）40％以上[1] | 400 kg/m³ |
| | フライアッシュセメント | フライアッシュ分量（質量分率）15％以上[1] | |
| | 高炉セメント | スラグ分量（質量分率）50％以上[1] | 500 kg/m³ |
| | フライアッシュセメント | フライアッシュ分量（質量分率）20％以上[1] | |
| 再生骨材コンクリートM2種 | 高炉セメント | スラグ分量（質量分率）50％以上[1] | 350 kg/m³ |
| | フライアッシュセメント | フライアッシュ分量（質量分率）20％以上[1] | |

［注］（1）当該混和材の分量をセメントの試験成績表によって確認したうえで，当該混和材を添加して所定の分量とした場合には，それぞれの条件に適合するセメントとして使用してよい．

c．激しい凍結融解作用を受ける箇所に再生骨材コンクリートHおよび再生骨材コンクリートM（耐凍害品）を使用する場合は，JASS 5 26.3 dによる試験において，300サイクルにおける相対動弾性係数が85％以上であることを確認する．

d．再生骨材コンクリートMおよびLを製造する際にトラックミキサを使用する場合の品質管理は，表9.10による．

表9.10 トラックミキサを使用する場合の品質管理方法

| 項目 | 判定基準 | 試験・検査方法 | 時期・回数 |
|---|---|---|---|
| コンクリートの均質性 | コンクリートが均質に練り混ぜられていること | 目視 | 製造中・適宜 |
| | モルタルの単位容積質量の差が0.8％以下，かつ，コンクリート中の単位粗骨材容積の差が5％以下 | JIS A 1119（ミキサで練り混ぜたコンクリート中のモルタルの差及び粗骨材量の差の試験方法） | 製造前・1回以上 |

e．再生骨材コンクリートLを製造する際に連続式の固定ミキサを使用する場合の品質管理は，表9.11による．

**表9.11** 連続式の固定ミキサを使用する場合の品質管理方法

| 項目 | 判定基準 | 試験・検査方法 | 時期・回数 |
|---|---|---|---|
| コンクリートの均質性 | コンクリートが均質に練り混ぜられていること | 目視 | 製造中・適宜 |
| | 空気量の差が1％以下，スランプの差が3cm以下，コンクリート中のモルタルの単位容積質量の差が0.8％以下，コンクリート中の単位粗骨材量の差が5％以下，かつ圧縮強度の差が7.5％以下 | JIS A 5023 附属書F（規定）「連続式の固定ミキサの練混ぜ性能試験方法」 | 製造前・1回以上 |

f．再生骨材コンクリートMおよび再生骨材コンクリートLを製造する場合は，製造工程で再生骨材のプレウェッティングが行われていることを製造中随時確認する．

a．再生骨材コンクリート製造業者は，製品の種類に応じて，再生骨材コンクリートHの場合はJIS A 5308（レディーミクストコンクリート）およびJIS A 5021，再生骨材コンクリートMの場合はJIS A 5022，再生骨材コンクリートLの場合はJIS A 5023で規定している再生骨材コンクリートの品質，製品検査方法および製品保管方法を社内規格等で具体的に規定する必要がある．規定する内容には，JIS Q 1001の適合性評価（適合性評価－日本工業規格への適合性の認証－一般認証指針），JIS Q 1011の適合性評価（適合性評価－日本工業規格への適合性の認証－分野別認証指針（レディーミクストコンクリート））および解説表9.10～解説表9.14に掲げる内容を反映させ，これに基づいて再生骨材コンクリートの製造に伴う材料の受入れ管理，製造管理，および製造設備の管理を行う．なお，スラッジ水については，7.3に従って適切に管理する．

**解説表 9.10** 再生骨材コンクリート製造時の品質管理・検査方法に規定すべき内容（文献 5）～8）をもとに作成）

| 項目 | | 個別に反映させる事項 | 共通事項 |
|---|---|---|---|
| 再生骨材コンクリートの種類 | | 再生骨材コンクリート H, M, L の種類や, 呼び強度, 使用する粗骨材の最大寸法, 使用セメントの種類が明確となっていること. | 品質の試験は,「公平であり妥当な試験データおよび結果を出す十分な能力を有する試験機関」[(1)]に依頼してもよい. |
| 製品の保管 | | JIS 認証品と JIS 外品との区別, 再生骨材コンクリートと一般コンクリートとの区別が明確になるように管理する. | |
| 品質 | 強度 | 購入者が製造者と協議のうえ指定した事項の検査は, 受渡当事者間の協議によって規定する. | |
| | スランプ | | |
| | 空気量 | | |
| | 塩化物量 | | |
| 容積 | | 検査は, 1回/月以上の頻度で行う. この検査を工場または事業所の出荷時に行ってもよい. なお, 工場または事業所の出荷時に容積の検査を行う場合の単位容積質量は, 空気量のロスを見込んで補正する. | |
| 調合[(2)] | | ― | |
| 報告 | | 再生骨材の種類ごとに試験成績書が整備されるように定められていること. | |

[注] (1) 解説表 9.4 の注(1)に同じ.
　　 (2) 調合については, 次の事項を反映させる.
　　　　a) 再生骨材コンクリートの種類に応じて示方配合（計画調合）を規定する. また, 示方配合（計画調合）の変更および修正の条件・方法を規定する.
　　　　b) 調合設計の基礎となる資料によって調合設計基準を規定する. また, アルカリシリカ反応抑制対策の方法を明示し, アルカリシリカ反応抑制方法の基礎となる資料を備える.

**解説表 9.11** 再生骨材の受入検査方法に規定すべき内容（JIS Q 1011 の内容に付加すべき項目，（文献 5 ）〜 8 ）をもとに作成））

| 原材料名 | 受入検査項目 | 受入検査方法 |
|---|---|---|
| 再生骨材 | ・再生骨材 H の場合，JIS A 5021 に規定する品質<br><br>・再生骨材 M の場合，JIS A 5022 附属書 A に規定する品質<br><br>・再生骨材 L の場合，JIS A 5023 附属書 A に規定する品質 | 再生骨材の受入検査は次による．<br>a．再生骨材のコンクリート品質（圧縮強度，乾燥収縮，耐久性等）への影響を過去の実績データから判断し，コンクリートの要求性能を損なわないことを確認する．また，購入者から要求がある場合は，その試験データを提示する．<br>b．新たな再生骨材製造業者（納入業者を含む．）と購入契約を行うとき，および産地変更した場合には，工場，事業場または"公平であり妥当な試験のデータおよび結果を出す十分な能力をもつ試験機関"[(1)]の試験成績表[(2)]によって品質を確認する．<br>c．購入契約以後は，附属書付表によって品質を確認する． |

[注] （1） 解説表 9.4 の注（1）に同じ．
　　 （2） 再生骨材の製造業者（納入業者を含む．）が"公平であり妥当な試験のデータおよび結果を出す十分な能力をもつ試験機関"に依頼した試験成績表は，原本もしくは"公平であり妥当な試験のデータおよび結果を出す十分な能力をもつ試験機関"が原本と相違ない旨証明したもの（副本）だけとし，原本をコピーしただけのもの［再生骨材の製造業者（納入業者を含む）が原本と相違ない旨証明したものを含む．］は，認めない．なお，再生骨材を製造業者から直接購入せずに，納入業者から購入している場合，当該再生骨材が製造業者から再生骨材コンクリートの製造工場に納入されるまでの経路をあらかじめ把握し，再生骨材の種類などの変更の有無を速やかに確認する．また，納入業者が行うサンプリングは，再生骨材コンクリートの製造工場への納入経路における荷揚げ場所のほか，製品堆積場でもよい．

9章 品質管理・検査 —123—

**解説表 9.12** 再生骨材コンクリートの製造工程において規定すべき管理項目，試験・検査方法および頻度（JIS Q 1011 の内容に付加すべき項目，（文献 5）～8）をもとに作成））

| 工程名 | 管理・規定項目 | 試験・検査方法 | 頻度・規定内容 |
|---|---|---|---|
| 調合 | 再生細骨材の表面水率 | JIS A 1111（細骨材の表面水率試験方法），JIS A 1125（骨材の含水率試験方法及び含水率に基づく表面水率の試験方法），JIS A 1802（コンクリート生産工程管理用試験方法－遠心力による細骨材の表面水率試験方法）または連続測定が可能な簡易試験方法 | 1回/日以上 |
| | 再生粗骨材の表面水率 | JIS A 1803（コンクリート生産工程管理用試験方法－粗骨材の表面水率試験方法）または連続測定が可能な簡易試験方法 | 1回/週以上および必要の都度 他の骨材と混合する場合は1回/日以上 |
| | スラッジ固形分率 | JIS A 5308（レディーミクストコンクリート）附属書C（規定）「レディーミクストコンクリートの練混ぜに用いる水」 | 1回/日以上 |
| 材料計量 | 累加計量の取扱い | ― | 累加計量の可否および合否判定方法(1) |
| 練混ぜ | 練混ぜ方法 | トラックミキサまたは連続ミキサを使用する場合は，コンクリートの均質性を得るためのミキサ回転数および練混ぜ時間を定める | |
| | 練混ぜ時間 | | |
| | 練混ぜ量 | トラックミキサまたは連続ミキサを使用する場合は，およその量を確認する(2) | |
| | 容積 | | |
| | 試料採取方法 | トラックアジテータまたはトラックミキサから試料を採取する場合は，JIS A 1115（フレッシュコンクリートの試料・採取方法）による． | |
| | 強度 | 再生骨材コンクリートHの場合はJIS A 5308の9.2またはJIS A 1805（コンクリート生産工程管理用試験方法-温水養生法によるコンクリート強度の早期判定試験方法），再生骨材コンクリートMの場合はJIS A 5022の10.2，再生骨材コンクリートLの場合はJIS A 5023の10.2による | 代表的な調合について，再生骨材コンクリートHの場合は1回/日以上，再生骨材コンクリートMおよびLの場合は1回/週以上(3) |
| | スランプ | JIS A 1101（コンクリートのスランプ試験方法） | 1回/日以上 |
| | | 目視 | 全バッチ |
| | 空気量 | JIS A 1128（フレッシュコンクリートの空気量の圧力による試験方法），JIS A 1118（フレッシュコンクリートの空気量の容積による試験方法）またはJIS A 1116（フレッシュコンクリートの単位容積質量試験方法及び空気量の質量による試験方法（容積方法））のいずれか | 再生骨材コンクリートHの場合は2回/日以上，再生骨材コンクリートMおよびLの場合は協議による |
| | 塩化物含有量 | 再生骨材コンクリートHの場合はJIS A 5308の9.6，再生骨材コンクリートMの場合はJIS A 5202の10.5，再生骨材コンクリートLの場合はJIS A 5203の10.5 | 1回/日以上 |

[注] （1） 再生細骨材と一般再骨材，再生粗骨材と一般粗骨材，および再生細骨材と再生粗骨材は累加計量してもよい．ただし，再生細骨材と一般細骨材，および再生粗骨材と一般粗骨材を累加計量する場合は，"最初の材料の計量値"と"次に累加した材料との合計値"について，それぞれ合否の判定を行い，再生細骨材と再生粗骨材を累加計量する場合は，"再生細骨材の計量値"および"再生粗骨材の計量値"について，それぞれ合否の判定を行う．
（2） 固定式の連続ミキサの場合は，1分間の累積値についておおよその量を確認していること．
（3） 代表的な調合がない場合には，任意の調合について行う．呼び強度が異なるものを含む場合の管理は，強度比を用いて一元化してもよい．

**解説表9.13** 再生骨材コンクリートの製造設備の管理方法に規定すべき項目(文献5)～8)をもとに作成)

| 設備名 | 管理方法 |
|---|---|
| 1．製造設備<br>1）セメント貯蔵設備<br>2）骨材の貯蔵設備および運搬設備<br>3）プレウェッティング設備<br>4）混和材料貯蔵設備<br>5）バッチングプラント<br>　a）貯蔵ビン<br>　b）材料計量装置<br>　c）計量印字記録装置<br>　　（使用している場合）<br>6）スラッジ水の濃度調整設備<br>　　（使用している場合）<br>7）ミキサ<br>8）コンクリート運搬車 | 1．製造設備は，当該JISに規定された品質を確保するのに必要な性能をもったものとする．なお，各製造設備は，次の事項を満足するものとする．<br>1)，2)，4)，5)a）貯蔵設備および貯蔵ビンは，材料ごとに別々のものを備える．ただし，材料貯蔵設備から計量ホッパに直送できる形式の場合には，貯蔵ビンはなくてもよい．また，再生骨材の貯蔵設備の床は，コンクリートなどとし，適度なこう配を設けて排水の処置を講じたものとする．<br>3）プレウェッティング設備は，出荷前日までにプレウェッティングを終了でき，表面水率を安定するための方法が講じられたものとする．<br>5）b）材料計量装置分銅，電気式校正器などによって，6か月に1回以上各計量器の静荷重検査を行う．検査にあたって分銅以外の標準器を使用する場合には，その標準器は，国公立試験機関（計量法によって指定された試験機関を含む）の検査を24か月に1回以上受けているものを使用する．なお，トラックミキシング方式の練混ぜにおいて，荷卸し地点またはその近傍にバッチングプラントを設置して材料の計量を行う場合には，バッチングプラントの移転・設置の都度および6か月に1回以上計量器の静荷重検査を行っていること．<br>7）ミキサは，12か月に1回以上，JIS A 1119（ミキサで練り混ぜたコンクリート中のモルタルの差及び粗骨材量の差の試験方法）に基づく練混ぜ性能検査を行う．なお，トラックミキシングを行っている場合も，トラックミキサごとに同様の練混ぜ性能検査を行っていること．また，トラックミキサは，JIS A 8614（トラックミキサーの安全要求事項）に適合しなければならない．トラックミキシング方式を採用する場合には，1台の積込み量に応じた練混ぜ水量が，トラックミキサの独立したタンクに受け入れられるようになっていること．ただし，荷卸し地点において所要量の練混ぜ水を別途計量し，トラックミキサに投入できる設備が備えられている場合はそれによってよい．<br>8）コンクリート運搬車は，3年に1回以上性能検査を行う．ただし，トラックミキサにあっても運搬途中で練混ぜ水を加えて練り混ぜ，かくはんしながら運搬する場合には，同様の性能検査を行っていること． |
| 2．検査設備<br>1）骨材試験用器具<br>2）コンクリート試験用器具・機械<br>　a）試し練り試験器具<br>　b）供試体用型枠<br>　c）恒温養生水槽<br>　d）圧縮強度試験機<br>　e）スランプ測定器具<br>　f）空気量測定器具<br>　g）塩化物含有量測定器具または装置[2]<br>　h）容積測定装置・器具<br>　i）ミキサの練混ぜ性能試験用器具<br>3）スラッジ水の濃度測定器具・装置 | 2．検査設備は，当該JISに規定された品質を試験・検査できる設備とする．なお，コンクリート試験用器具・機械は，次の事項も満足するものとする．<br>2）g）購入者の承認を得た簡便な塩化物含有量測定器の場合は，その精度が"公平であり妥当な試験のデータおよび結果を出す十分な能力をもつ試験機関"[1]によって12か月に1回以上確認されていること． |

[注]（1）解説表9.4の注(1)に同じ．
　　（2）再生骨材コンクリートLについては，塩分規制品および仕様発注品で塩化物含有量の規定がある場合を除いて，必要ではない．

**解説表9.14　再生骨材の受入検査方法（文献5）～8）をもとに作成）**

| 骨材の種類 | JIS A 5021 | | JIS A 5022 附属書A（規定） | | JIS A 5023 附属書A（規定） | |
|---|---|---|---|---|---|---|
| | 再生粗骨材 H | 再生細骨材 H | 再生粗骨材 M | 再生細骨材 M | 再生粗骨材 L | 再生細骨材 L |
| 品質項目 | JIS品 | JIS品 | JIS品 | JIS品 | JIS品 | JIS品 |
| 種類，外観 | 入荷の都度-a | | | | | |
| JISマーク確認 | 入荷の都度-a | | | | | |
| 絶乾密度・吸水率 | 2W-b・c | 2W-b・c | 3-b・c | 3-b・c | 3-b・c | 3-b・c |
| 粒度<br>粗粒率 | 2W-b・c | 2W-b・c | 1-a | 1-a | 1-a | 1-a |
| 隣接するふるいに留まる量 | | 2W-b・c | — | — | — | — |
| 粒形判定実積率 | 2W-b・c | 2W-b・c | | | | |
| 微粒分量 | 2W-b・c<br>（舗装版適用時） | 2W-b・c | 3-b・c | 3-b・c | 3-b・c | 3-b・c |
| すりへり減量 | 2W-b・c | — | — | — | — | — |
| アルカリシリカ反応性<br>（区分Aの再生骨材を使用する場合に適用） | 3-b・c | 3-b・c | 3-b・c | 3-b・c | 3-b・c | 3-b・c |
| 塩化物量（NaClとして） | 2W-b・c | 2W-b・c | 3-b・c | 3-b・c | 1-b・c | 1-b・c |
| 不純物量 | 1-b・c | 1-b・c | 1-b・c | 1-b・c | 1-b・c | 1-b・c |

[注]　凡例
　　（試験頻度）　2W：1回以上/2週，1：1回以上/月，3：1回以上/3か月
　　（試験機関）　a：再生骨材コンクリートの製造工場，b：再生骨材コンクリートの製造工場または骨材製造業者が"公平であり妥当な試験のデータおよび結果を出す十分な能力をもつ試験機関"へ依頼した試験成績表，c：骨材製造業者の試験成績表

　b．再生骨材コンクリートMのアルカリシリカ反応の抑制対策のうち，コンクリート中のアルカリ総量を制限することによる場合は，JIS A 5022 附属書C（規定）「再生骨材コンクリートMのアルカリシリカ反応抑制対策の方法」のC.2～C.4に従い，使用するセメントの種類に応じてコンクリート中のアルカリ総量が基準値以下になるように管理する．アルカリシリカ反応抑制効果のある混合セメント等を使用し，かつ単位セメント量の上限値を規制することによる場合は，JIS A 5022 附属書CのC.5に従い，使用する混合セメントの種類に応じて，コンクリートの単位セメント量が規定値以下になるように調合設計を行い，管理する．再生骨材コンクリートLのアルカリシリカ反応抑制対策は，使用する再生骨材Lのアルカリシリカ反応性が無害であるものを用いることによる．

　c．激しい凍結融解作用を受ける箇所に再生骨材コンクリートHおよび再生骨材コンクリートM（耐凍害品）を使用する場合は，JASS 5の26.3 dに従い，JIS A 1148（コンクリートの

凍結融解試験方法）のA法による試験を行い，300サイクルにおける相対動弾性係数が85％以上であることを確認する．

d，e．再生骨材コンクリートMの練混ぜには，固定ミキサ以外に，トラックミキサを用いることができる．その際，トラックミキサは，所定スランプのコンクリートを練り混ぜたときに，各材料を十分に練り混ぜることができ，かつ均一な状態で排出できるものでなければならない．そのため，JIS A 1119（ミキサで練り混ぜたコンクリート中のモルタルの差及び粗骨材量の差の試験方法）によって試験した値が次の値以下になるようにドラムの回転数や練混ぜ時間を定める必要がある．なお，コンクリート試料の採取は，JIS A 1119の4（試料）による．

（1） コンクリート中のモルタルの単位容積質量差　0.8％
（2） コンクリート中の単位粗骨材量の差　5％

f．再生骨材Mおよび再生骨材Lは吸水率が大きいため，プレウェッティングが不十分な場合は，練上がり後のスランプの経時変化やポンプ圧送時のスランプの低下が起こりやすくなる恐れがあることから，再生骨材コンクリートの製造中に随時プレウェッティングの状況を確認する．

## 9.6　再生骨材コンクリートの受入れ・打込みにおける品質管理および検査

> a．再生骨材コンクリートの受入れ時の検査は，JASS 5 11.5による．ただし，再生骨材コンクリートLの強度，スランプおよび空気量は，工場出荷時に検査することができる．
> b．再生骨材を他の骨材と混合して使用している場合に，その混合割合を確認する必要がある場合は，再生骨材コンクリートの製造工場の製造管理記録により確認する．

a．再生骨材コンクリートの受入れ時は，一般コンクリートと同様に品質管理および検査を行えばよい．ただし，再生骨材コンクリートLの場合は，受入れ時の強度，スランプおよび空気量の検査を省略し，工場出荷時の製造管理記録により確認することで代用してもよい．また，再生骨材コンクリートLの圧縮強度の検査頻度は，その適用範囲や使用目的を考えると，JASS 5の11.5に規定されたとおりとするのは実際的ではなく，特記により適切に定めればよい．

b．粒度の調整や再生骨材コンクリートの品質のばらつきを抑えるために，再生骨材を他の骨材と混合して使用する場合がある．その混合割合を必要に応じて確認する必要がある場合は，再生骨材コンクリートの製造工場の計量時の印字記録などにより確認を行う．

解説表 9.15　再生骨材コンクリートの受入検査（文献 9）をもとに作成）

| 項目 | 判定基準 | 試験・検査方法 | 時期・回数 |
|---|---|---|---|
| 骨材の種類<br>コンクリートの種類<br>呼び強度<br>指定スランプ<br>粗骨材の最大寸法<br>セメントの種類 | 発注時の指定事項に適合すること | 納入書による確認 | 受入れ時，運搬車ごと |
| 単位水量 | 単位水量 185 kg/m³ 以下であること<br>発注時の指定事項に適合すること | 納入書またはコンクリートの製造管理記録による確認 | 納入時，運搬車ごと |
| アルカリ量[1] | 再生骨材コンクリート H の場合は JIS A 5308 による<br>再生骨材コンクリート M の場合は JIS A 5022 附属書 C による | 材料の試験成績書，およびコンクリート調合計画書またはコンクリートの製造管理記録による確認 | 納入時，運搬車ごと |
| 運搬時間<br>納入容積 | 発注時の指定事項に適合すること | 納入書による確認 | 受入れ時，運搬車ごと |
| ワーカビリティーおよびフレッシュコンクリートの状態 | ワーカビリティーがよいこと<br>品質が安定していること | 目視 | 受入れ時，運搬車ごと，打込み時随時 |
| コンクリートの温度 | 発注時の指定事項に適合すること | JIS A 1156（フレッシュコンクリートの温度測定方法） | 圧縮強度試験用供試体採取時，構造体コンクリートの強度試験用供試体採取時および打込み中品質変化が認められた場合 |
| スランプ | | JIS A 1101 | |
| 空気量[3] | | JIS A 1116<br>JIS A 1118<br>JIS A 1128 | |
| 圧縮強度 | 再生骨材コンクリート H の場合は JIS A 5308 による<br>再生骨材コンクリート M の場合は JIS A 5202 による | JIS A 1108<br>供試体の養生方法は標準養生[2]とし，材齢は 28 日とする． | 1 回の試験は，打込み工区ごと，打込み日ごと，かつ 150 m³ またはその端数ごとに 3 個の供試体を用いて行う[4]．3 回の試験で 1 検査ロットを構成する．上記によらない場合は特記による． |
| 塩化物量[3] | | 再生骨材コンクリート H の場合<br>　JIS A 1144（フレッシュコンクリート中の水の塩化物イオン濃度試験方法）<br>　JASS 5 T-502（フレッシュコンクリート中の塩化物量の簡易試験方法）<br>再生骨材コンクリート M の場合<br>　JIS A 5022 の 10.5 | 打込み当初および 150 m³ に 1 回以上 |

［注］（1）アルカリ量の試験・検査は，アルカリシリカ反応性が区分 B の再生骨材を使用する場合で，コンクリート中のアルカリ総量を基準値以下とする対策を用いる場合に適用する．
（2）供試体成形後，翌日までは常温で，光および風が直接当たらない箇所で乾燥しないように養生して保存する．
（3）再生骨材コンクリート L（標準品）においては試験は行なわない．
（4）再生骨材コンクリート L においては原則として特記による．

## 9.7 その他の品質管理・検査

> その他の品質管理・検査は JASS 5 11節および26.8 b による．ただし，再生骨材コンクリートLについては，構造部材に求められる項目(ヤング係数，乾燥収縮率，かぶり厚さ，構造体コンクリート強度，耐凍害性)の品質管理および検査は，省略できる．

　本章の規定にない再生骨材コンクリートの品質管理・検査については，一般コンクリートと異なる品質管理・検査を行う必要は特にないと考えらるため，JASS 5 の11節および26.8 b に定められた方法を用いることとした．該当する品質管理・検査の項目は以下のとおりである．

　（1）　コンクリートの使用材料のうち，セメント，骨材，練混ぜ水および混和材料の試験および検査
　（2）　コンクリートのヤング係数の試験
　（3）　コンクリートの乾燥収縮率の試験
　（4）　コンクリートの耐凍害性の試験
　（5）　コンクリート打込み時の品質管理
　（6）　コンクリート養生中の品質管理
　（7）　型枠工事における品質管理・検査
　（8）　鉄筋工事における品質管理・検査
　（9）　構造体コンクリートの仕上がりの検査
　（10）　構造体コンクリートのかぶり厚さの検査
　（11）　構造体コンクリート強度の検査

　ただし，再生骨材コンクリートLは，11章のような特別な配慮を行わない限り，構造部材に適用できないため，構造部材に求められる品質管理検査の項目は，省略することができる．上記の品質管理および検査項目のうち，構造部材に求められる項目は，（2）～（4）および(10)，(11)が該当するため，再生骨材コンクリートLを使用する場合は，これらの項目については品質管理および検査を省略できることとした．

---

#### 参考文献

1) 日本コンクリート工学協会：平成16年度経済産業省委託 建設廃棄物コンクリート塊の再資源化物に関する標準化調査研究 成果報告書，2005.3
2) 日本コンクリート工学協会：コンクリート用再生骨材Hの日本工業規格への適合性の認証のあり方，JCI-S-004
3) 日本コンクリート工学協会：コンクリート用再生骨材Mの日本工業規格への適合性の認証のあり方，JCI-S-005
4) 日本コンクリート工学協会：コンクリート用再生骨材Lの日本工業規格への適合性の認証のあり方，JCI-S-006
5) 日本コンクリート工学協会：再生骨材コンクリートMの日本工業規格への適合性の認証のあり方，JCI-S-007

6) 日本コンクリート工学協会：再生骨材コンクリートLの日本工業規格への適合性の認証のあり方，JCI-S-008
7) JIS Q 1001 適合性評価－日本工業規格への適合性への検証－一般認証指針
8) JIS Q 1011 適合性評価－日本工業規格への適合性への検証－分野別認証指針（レディミクストコンクリート）
9) 日本建築学会：建築工事標準仕様書JASS 5鉄筋コンクリート工事，2009

# 10章　乾燥の影響を受ける構造部材に用いる再生骨材コンクリートM

## 10.1　総　　則

> 本章は，鉄筋コンクリート部材に用いる再生骨材コンクリートM（特殊配慮品）に適用する．ただし，使用する再生骨材コンクリートM（特殊配慮品）の種類は，再生骨材コンクリートM1種とする．

　再生骨材コンクリートMは，一般コンクリートに比べて乾燥収縮が大きくなることから，本指針ではその適用範囲を基本的には乾燥の影響を受けない部材に限定した．しかしながら，資源循環の観点に立てば再生骨材コンクリートの適用範囲の拡大は意義のあることである．また，コンクリートは材料を限定したり，単位水量や水セメント比を低減することで，品質改善が可能な材料である．そこで本章では，使用材料や調合に工夫を加えることで，乾燥の影響を受ける構造部材に用いることができる再生骨材コンクリートMを再生骨材コンクリートM（特殊配慮品）として，調合設計・製造・施工・品質管理の方法を示すこととした．

　本章は，再生骨材コンクリートM（特殊配慮品）を解説表2.2に示した乾燥の影響を受ける構造部材に用いる場合に適用する．

　国内において再生骨材コンクリートMを乾燥の影響を受ける構造部材に用いた例は少なく，実績として再生粗骨材Mを平屋建て集会所に用いた例が報告されている程度である[1]．再生骨材コンクリートMの特徴として，一般コンクリートや再生骨材コンクリートHと比べて乾燥収縮が大きくなる傾向があり，乾燥の影響を受ける構造部材に再生骨材コンクリートMを用いる場合には，前章までの規定に加えて，硬化後の再生骨材コンクリートMに対して乾燥収縮に関する検討が必要となる．また，再生細骨材Mを実際の建物の乾燥の影響を受ける構造部材に適用した実績はみられないこと，再生細骨材Mを使用することによる乾燥収縮性状への影響に対する検討が十分でないことを考慮して，本章では再生骨材コンクリートM2種の使用は時期尚早として認めないこととした．

## 10.2　品　　質

> a．再生骨材コンクリートM（特殊配慮品）の品質のうち，設計基準強度，圧縮強度，気乾単位容積質量，ワーカビリティーおよびスランプ，ヤング係数ならびにその他耐久性に関する規定は3章による．

b．再生骨材コンクリート M（特殊配慮品）の耐久設計基準強度は，信頼できる資料または試験によって，表 10.1 を標準とする．なお，計画供用期間の級の長期には用いない．

表 10.1　再生骨材コンクリート M（特殊配慮品）の耐久設計基準強度（N/mm²）

| 計画供用機間の級 | 再生骨材コンクリート M（特殊配慮品） |
|---|---|
| 短期 | 21 |
| 標準 | 27 |
| 長期 | － |

c．再生骨材コンクリート M（特殊配慮品）の乾燥収縮率は，乾燥の影響を受ける構造部材への使用にあたって問題がないことを，事前に信頼できる資料または試験によって確認する．

d．再生骨材コンクリート M（特殊配慮品）の最小かぶり厚さと設計かぶり厚さはそれぞれ表 10.2 と表 10.3 に示す値以上とする．

表 10.2　最小かぶり厚さ（単位：mm）

| 部材の種類 | | 短期 | 標準 | |
|---|---|---|---|---|
| | | 屋内・屋外 | 屋内 | 屋外 |
| 構造部材 | 柱・梁・耐力壁 | 30 | 30 | 40 |
| | 床スラブ・屋根スラブ | 20 | 20 | 30 |
| 非構造部材 | 構造部材と同等の耐久性を要求する部材 | 20 | 20 | 30 |
| 直接土に接する柱・梁・壁・床および布基礎の立上り部 | | 40 | | |
| 基礎 | | 60 | | |

表 10.3　設計かぶり厚さ（単位：mm）

| 部材の種類 | | 短期 | 標準 | |
|---|---|---|---|---|
| | | 屋内・屋外 | 屋内 | 屋外 |
| 構造部材 | 柱・梁・耐力壁 | 40 | 40 | 50 |
| | 床スラブ・屋根スラブ | 30 | 30 | 40 |
| 非構造部材 | 構造部材と同等の耐久性を要求する部材 | 30 | 30 | 40 |
| 直接土に接する柱・梁・壁・床および布基礎の立上り部 | | 50 | | |
| 基礎 | | 70 | | |

a．再生骨材コンクリート M（特殊配慮品）の満たすべき品質のうち，乾燥収縮率以外の品質，すなわち，設計基準強度，圧縮強度，気乾単位容積質量，ワーカビリティーおよびスランプ，ヤング係数ならびにその他耐久性については乾燥の影響を受ける受けないに限らず同じと考え，同

等の規定とした．ここで，乾燥の影響を受ける構造部材は，例えば外気に接するような建築物の上部躯体が該当し，建築物の立地によっては乾燥に加えて凍結融解作用の影響を受けることが想定されるため，この場合は 3.9 e による耐凍害性が必要になる．

b．再生骨材コンクリート M（特殊配慮品）の耐久設計基準強度については，3.3 解説で示したように室内試験室における促進中性化試験の結果に基づけば，同一圧縮強度では，再生骨材コンクリート H と再生骨材コンクリート M とではほぼ同等の中性化抵抗性を有していると考えられる．しかし，乾燥の影響を受ける構造部材に再生骨材コンクリート M を用いた事例は少なく，屋外暴露実験等の例もほとんどない現状では，実大構造物レベルでの耐久性に関する確認が十分ではないことを考慮して，耐久設計上は 3.3 での耐久設計基準強度の規定にプラス 3 N/mm² の割増しを行い，表 10.1 のように定めた．

c．再生骨材コンクリートの乾燥収縮率は，3.7 b 解説で示したように再生骨材の品質が劣るほど，すなわち再生骨材の吸水率が大きいほど一般に大きくなる傾向があるが，その程度は原コンクリート（原骨材）の種類や再生骨材コンクリートの調合によっても異なっている．解説図 10.1 は，付 4 で紹介した同一の原コンクリートから製造した再生粗骨材 H と再生粗骨材 M を用いた再生骨材コンクリート H および M を上部躯体に適用した例での，それぞれの再生骨材コンクリートの乾燥収縮率を示す．解説図 10.1 から，この事例では再生骨材コンクリート M であっても再生骨材コンクリート H と同等の乾燥収縮率にすることが可能であった．

目標とする乾燥収縮率として，本会「鉄筋コンクリート造建築物の収縮ひび割れ制御設計・施工指針（案）・同解説」では，設計値として $8 \times 10^{-4}$ 以下が挙げられている．このため，乾燥の影響を受ける構造部材に用いる場合の再生骨材コンクリート M（特殊配慮品）の乾燥収縮率の目標値を $8 \times 10^{-4}$ 以下とすることが考えられる．

再生骨材コンクリート M（特殊配慮品）の乾燥収縮率を $8 \times 10^{-4}$ 以下に抑える方法であるが，解説図 10.1 で紹介した再生骨材コンクリート M の調合では，混和材料としては高性能 AE 減水剤のみを用いている．よって，例えば混和材料に収縮低減剤や膨張材を使用するなどにより，$8 \times 10^{-4}$ 以下の目標値内に収めることは十分可能である．解説図 10.2 は，再生粗骨材 L を用いたコン

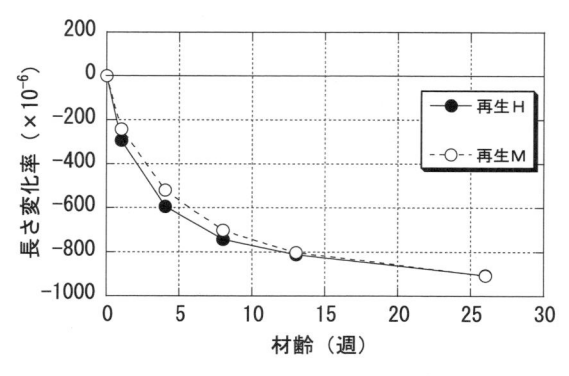

**解説図 10.1　再生粗骨材コンクリート H と M の乾燥収縮率（文献 1 をもとに作成）**

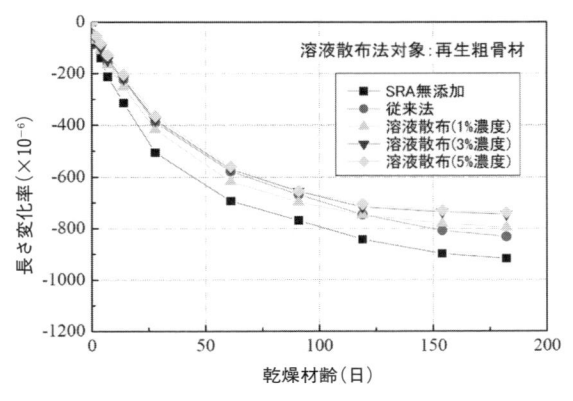

**解説図 10.2** 収縮低減剤を用いて再生粗骨材コンクリート L の乾燥収縮率を抑えた例[2]

クリートを対象に，収縮低減剤（SRA）を用いることによる乾燥収縮率の変化を示したものである[2]．この実験では，収縮低減剤の希釈用液に再生粗骨材 L を浸漬させるという従来とは異なった方法（解説図凡例中の"溶液散布"を示す）を試しているが，この方法により乾燥収縮率は $8 \times 10^{-4}$ 以下に抑えられている．

　d．乾燥の影響を受ける構造部材に再生骨材コンクリート M（特殊配慮品）を用いる場合の鉄筋のかぶり厚さについては，主に中性化促進試験等の室内試験結果に基づく 3.3 b 解説での考察を準用し，再生骨材 M 程度の骨材品質であれば一般コンクリートと同等の中性化抵抗性や塩化物イオン浸透性を有しているとして，表 10.2 のように最小かぶり厚さを定めている．また，最小かぶり厚さをもとにして，一般的な施工割増の 10 mm を加えた設計かぶり厚さを表 10.3 のように定めた．

## 10.3　使 用 材 料

> a．再生骨材コンクリート M（特殊配慮品）の使用材料は 4 章による．ただし，使用する再生骨材は再生粗骨材 M のみとし，再生細骨材 M は使用しない．
> b．再生粗骨材 M は特定された原コンクリートから製造されたものとする．

　本章における再生骨材コンクリート M（特殊配慮品）の再生骨材以外の使用材料については本章では特に規定を設けず，4 章によることとした．使用する再生骨材 M の原コンクリートが不特定の場合，10.2 c で規定する再生骨材コンクリート M（特殊配慮品）の乾燥収縮率を満足させるためには，品質検査のロット管理上，試験頻度が多くなり，結果として品質管理が困難になることが想定されるため，本章で取り扱う再生粗骨材 M は特定された原コンクリートから製造されたものとした．なお，再生粗骨材 H と再生粗骨材 M を混合して使用する場合は，混合前の再生粗骨材 H についても特定された原コンクリートから製造されたものとする．

## 10.4 再生粗骨材 M の製造

> 再生粗骨材 M の製造は 5 章による．

　本章における再生粗骨材 M の製造は，10.3 b で規定したように原コンクリートは特定されたものに限定することとして，5 章によることとした．なお，前述のように再生骨材コンクリート M（特殊配慮品）の乾燥収縮率には，原骨材の種類や再生骨材の吸水率が大きく影響していると考えられる．したがって，原骨材の種類を考慮して原コンクリートを選別するとか，再生骨材の製造に際して吸水率をなるべく小さく設定するなどの処置が必要となる場合があるので留意が必要である．

## 10.5 調　　合

> 再生骨材コンクリート M（特殊配慮品）の調合は 6 章による．ただし，10.2 で設定した乾燥収縮率を満足できるように調合を定める．

　本章における再生骨材コンクリート M（特殊配慮品）の調合は 6 章によることとした．10.2 c で規定した乾燥収縮率以下にするためには，調合において単位水量の低減，一般骨材との混合，および収縮低減剤や膨張材といった混和材料の使用などが考えられる．

　単位水量は，本指針では JASS 5 5.6 を準用して 185 kg/m³ 以下と規定しているが，6.6 の解説にならい単位水量の上限値は 180 kg/m³ とし，高性能 AE 減水剤などの混和剤の使用も考慮してなるべく小さく設定することが望ましい．

　一般骨材との混合の目的は，骨材の吸水率を相対的に低く抑えることにある．ただし，原骨材が砂利である再生粗骨材 M を一般骨材の砕石と混合した場合，再生粗骨材 M の品質によっては，砂利起源であることによる粒形の効果により低く抑えられていた単位水量が逆に大きくなることも考えられるので注意が必要である．

　乾燥収縮の低減のために混和材料として収縮低減剤や膨張材を使用する場合は，これら混和材料を使用することによる再生骨材コンクリートのフレッシュ時の性能や耐凍害性能への影響，養生条件に関する制約などを事前に確認する必要がある．詳細は JASS 5 4.5 を参照されたい．

## 10.6 発注・製造・受入れ・運搬・打込みおよび締固め

> a．再生骨材コンクリート M（特殊配慮品）の発注，製造および受入れは 7 章による．ただし，製造はレディーミクストコンクリート工場で行うこととする．
> b．再生骨材コンクリート M（特殊配慮品）の運搬，打込みおよび締固めは 8 章による．

a，b．本章における再生骨材コンクリートM（特殊配慮品）の発注，製造，受入れ，運搬，打込みおよび締固めについては，通常の再生骨材コンクリートMの取扱いと変わらないので，それぞれ7章と8章によることとした．ただし，本章における再生骨材コンクリートMの製造においては，品質管理が十分に行われることが求められることから，一般コンクリートや再生骨材コンクリートHと同様の製造方法でなければならない．したがって，製造はレディーミクストコンクリート工場で行うこととした．

## 10.7 養　　　生

> 再生骨材コンクリートM（特殊配慮品）の養生は，構造体コンクリートの所要の品質が得られるよう，適切な養生方法および養生期間を定めて行う．

　乾燥の影響を受ける構造部材は，例えば外気に接するような建築物の上部躯体などであり，様々な劣化外力を受ける部材である．再生骨材コンクリートM（特殊配慮品）が硬化後に期待された強度や耐久性能を発揮するためには，適切な養生を行う必要がある．前述したように再生骨材コンクリートMは，材料としての特徴として一般コンクリートや再生骨材コンクリートHよりも乾燥や凍結融解作用に対する抵抗性が小さく，ひび割れ等の劣化が生じやすい傾向があるので，不十分な養生に起因するコンクリート表面の微細ひび割れなどの発生は耐久性上好ましくない．このため，本章では，再生骨材コンクリートM（特殊配慮品）の養生については，構造体コンクリートの所要の品質が得られるよう，適切な養生方法および養生期間を定めて行うこととした．

　再生骨材コンクリートMについては，せき板の存置期間や初期養生が構造体コンクリートの品質に及ぼす影響について検討された事例はないため，現時点ではJASS 5 8節を参考に適切に定める必要がある．

## 10.8　品質管理・検査

> 再生骨材コンクリートM（特殊配慮品）の乾燥収縮率の品質管理および検査はJASS 5 11.4による．その他の品質管理・検査は9章による．

　本章における再生骨材コンクリートM（特殊配慮品）の乾燥収縮率に関する品質管理および検査は，JASS 5 11.4によることとし，その他の品質管理および検査については9章によることとした．なお，再生骨材コンクリートM（特殊配慮品）の乾燥収縮率を単位水量の低減によって調整する場合は，製造時の単位水量を確認する必要がある．ただし，JIS A 5022（再生骨材Mを用いたコンクリート）では，製造時の単位水量の印字を義務付けていないため，印字記録からは単位水量を確認することができないことに注意する必要がある．

**参 考 文 献**

1) 新谷　彰・依田和久・小野寺利之・川西泰一郎：2種類の再生粗骨材コンクリートによる現場適用事例，コンクリート工学年次論文報告集，Vol.28, No.1, pp.1463-1468, 日本コンクリート工学協会，2006.7
2) 福田道也・小田部裕一・原田修輔：再生骨材コンクリートの乾燥収縮低減に関する合理的手法の検討，コンクリート工学年次論文報告集，Vol.29, No.2, pp.403-408, 日本コンクリート工学協会，2007

# 11章　鉄筋コンクリート部材に用いる再生骨材コンクリートL

## 11.1　総　　　則

> 本章は，再生骨材コンクリートL(特殊配慮品)を鉄筋コンクリート部材に用いる場合に適用する．
> ただし，使用する再生骨材コンクリートL(特殊配慮品)は特定型とする．

　廃棄物起源の再生資源が抱える共通の問題は，安定供給と品質の変動である．コンクリート塊において，前者は，再生路盤材としての利用等，既に安定供給が可能なシステムが構築されており，課題としてはほぼ解決済みといえる．一方，後者は，原コンクリートに使用されている原骨材，付着ペースト，打込み後の経過年数，当該コンクリートが置かれた環境条件による劣化等により品質が変動するほか，解体時の不純物の混入等に起因して品質が変動する．
　コンクリート塊が路盤材を中心とした用途に限定されていた従前では，これらの品質の変動は許容できる範囲内であった．しかし，より要求される品質が厳しいコンクリート用骨材，とりわけ構造用コンクリートへの適用を考えた場合，低品質を理由にその使用を断念する，または過度に規制することは，循環型社会の推進の趣旨にそぐわない．
　再生骨材コンクリートLは，一般コンクリートに比べて耐久性に劣ることから，基本的にその適用範囲を無筋コンクリートに限定している．しかしながら，10章と同様の考えから資源循環の観点に立って，本指針では，普通骨材との混合使用するなど，調合に工夫を加えることで，鉄筋コンクリート部材に用いることができる再生骨材コンクリートLを再生骨材コンクリートL(特殊配慮品)として，調合設計・製造・施工・品質管理の方法を示すこととした．
　本章は，再生骨材コンクリートL(特殊配慮品)を鉄筋コンクリート部材に用いる場合に適用する．なお，再生骨材コンクリートL(特殊配慮品)は，普通骨材との混合使用を前提としており，骨材の混合使用に関しては，11.3に規定する方法によって用いる．
　JASS 5では，JIS A 5021(コンクリート用再生骨材H)，JIS A 5022(再生骨材Mを用いたコンクリート)およびJIS A 5023(再生骨材Lを用いたコンクリート)の規格化に伴い，再生骨材コンクリートの節として28節が設けられたが，再生骨材Lの構造用コンクリートへの適用は除外されている．しかしながら，本章で対象とする再生骨材Lは，原コンクリートの特性を11.3.bにより明らかにすること，再生骨材の混合割合や，耐久性をあらかじめ確認することなどを条件に，普通骨材と混合して適用することとしている．このため，ここで示す再生骨材コンクリートL(特殊配慮品)は特定型に限定される．なお，再生骨材コンクリートL(特殊配慮品)の製造・運搬・打込み・締固め・養生については，本質的には一般コンクリートと変わるところはない．したがって，本指針に示されていないところは，本会の標準仕様書や指針を適用する．

再生骨材Hを普通骨材と混合した骨材は，再生骨材Hとして取り扱い，再生骨材Mを普通骨材または再生骨材Hと混合した骨材は，再生骨材Mとして取り扱うことが4章に示されている．また，JASS 5 28.4によれば，JIS A 5021およびJIS A 5022附属書A(規定)「コンクリート用再生骨材M」に適合しない再生骨材を他の骨材と混合した骨材は，各々の規格に適合しない再生骨材として取り扱うことも示されている．本章でも，このような考え方に従うものとし，本章で扱う再生骨材コンクリートL(特殊配慮品)については，再生骨材Lの混合割合(置換率)が小さい場合についても，本章に適合しなければならない．なお，再生骨材Lの置換率が小さくなると，再生骨材コンクリートL(特殊配慮品)の品質は向上するので，本章への適合は容易となる．

解説表11.1に海外における解体コンクリートの利用状況[1]を示す．これによると，各国ともに路盤材への利用実績は多数みられるが，建築用コンクリートには，オランダ，イギリスの2か国で利用が確認されているのみであり，いずれも普通骨材と再生骨材とを混合使用する方法が採用されている．

**解説表11.1 海外における解体コンクリートの利用状況[1]**

| 国　名 | 利用状況 | |
| --- | --- | --- |
| | 路盤材等としての利用 | 再生骨材としての利用 |
| アメリカ | ・道路路盤材として利用 | ・コンクリート舗装用再生骨材として試験的に利用 |
| オランダ | ・道路路盤材および埋立材として利用 | ・コンクリート舗装用再生骨材として利用（道路路盤材等を含めて発生量の90%以上）<br>・「ZandKreekダム工事」等の公共工事において構造用コンクリート用再生骨材として利用（普通骨材の20%以下を再生骨材に置換）<br>・住宅建設「Deftse Zoon」(3階建，272戸)用再生骨材として利用 |
| イギリス | ・道路路盤材および埋戻し材として利用（解体材の40%） | ・コンクリート舗装用再生骨材として利用<br>・国の外郭団体 (Building Research Establishment)が，自己の建屋工事に再生骨材を使用（普通骨材の20%を再生骨材に置換） |
| ドイツ | ・道路路盤材，裏込め材等として利用 | ・ドイツ高速道17 km区間のコンクリート舗装用再生骨材として利用<br>・舗装ブロック用再生骨材として利用 |
| デンマーク | ・道路路盤材として利用 | ・構造コンクリート用再生骨材としての利用例は10例程度 |
| ベルギー | ・道路路盤材として利用 | ・コンクリート舗装，堤防等公共工事に用いる再生骨材として利用 |
| スペイン | ・道路路盤材，埋立材，海岸線のロックフィル式防波堤石材として利用 | ・オリンピック用市道，コンクリート舗装用再生骨材として利用 |
| フランス | ・道路路盤材および埋立材として利用 | ・コンクリート舗装用再生骨材として利用 |

## 11.2 品　　質

a．再生骨材コンクリートL（特殊配慮品）は，所要の圧縮強度，気乾単位容積質量，ワーカビリティー，スランプ，ヤング係数および耐久性を有するものとする．

b．再生骨材コンクリートL（特殊配慮品）の設計基準強度は，18，21，24，27 および 30 N/mm² とする．

c．再生骨材コンクリートL（特殊配慮品）を用いる建築物の計画供用期間の級は，短期および標準とする．再生骨材コンクリートL（特殊配慮品）の耐久設計基準強度は，表 11.1 を標準とし，信頼できる資料または実験によって確認する．

表 11.1　再生骨材コンクリートL（特殊配慮品）の耐久設計基準強度（N/mm²）

| 計画供用期間の級 | 再生骨材コンクリートL（特殊配慮品） |
|---|---|
| 短期 | 18 |
| 標準 | 24 |

d．再生骨材コンクリートL（特殊配慮品）のヤング係数は，3.7 a による．

e．再生骨材コンクリートL（特殊配慮品）の乾燥収縮率は，乾燥を受けない部材への使用にあたって問題がないことを確認する．

f．再生骨材コンクリートL（特殊配慮品）の最小かぶり厚さおよび設計かぶり厚さは，それぞれ表 11.2 および表 11.3 に示す値以上とする．

表 11.2　最小かぶり厚さ（単位：mm）

| 部材の種類 | | 短期 | 標準 | |
|---|---|---|---|---|
| | | 屋内・屋外 | 屋内 | 屋外[1] |
| 構造部材 | 柱・梁・耐力壁 | 30 | 30 | 40 |
| | 床スラブ・屋根スラブ | 20 | 20 | 30 |
| 非構造部材 | 構造部材と同等の耐久性を要求する部材 | 20 | 20 | 30 |
| 直接土に接する柱・梁・床および布基礎の立上り部 | | 40 | | |
| 基礎 | | 60 | | |

［注］（1）計画供用期間の級が標準で，耐久性上有効な仕上げを施す場合は，屋外側では最小かぶり厚さを 10 mm 減じることができる．

**表 11.3　設計かぶり厚さ（単位：mm）**

| 部材の種類 | | 短期 | 標準 | |
|---|---|---|---|---|
| | | 屋内・屋外 | 屋内 | 屋外[1] |
| 構造部材 | 柱・梁・耐力壁 | 40 | 40 | 50 |
| | 床スラブ・屋根スラブ | 30 | 30 | 40 |
| 非構造部材 | 構造部材と同等の耐久性を要求する部材 | 30 | 30 | 40 |
| 直接土に接する柱・梁・床および布基礎の立上り部 | | 50 | | |
| 基礎 | | 70 | | |

[注]（1）計画供用期間の級が標準で，耐久性上有効な仕上げを施す場合は，屋外側では最小かぶり厚さを 10 mm 減じることができる．

g．再生骨材コンクリートL（特殊配慮品）の耐凍害性は，試験により確認する．

h．その他の耐久性に関する規定については 3.9 による．

a．鉄筋コンクリート部材に用いる再生骨材コンクリートL（特殊配慮品）の満たすべき品質として，圧縮強度，気乾単位容積質量，ワーカビリティー，スランプ，ヤング係数および耐久性を規定した．

（1）ワーカビリティーおよびスランプ：フレッシュの状態の再生骨材コンクリートL（特殊配慮品）が満たすべき規定であり，荷卸し時の受入検査において確認する．具体的には，3.6 による．

（2）圧縮強度：再生骨材コンクリートL（特殊配慮品）の設計基準強度および耐久設計強度は b および c をもとに設定する．

（3）ヤング係数：3章で記載した再生骨材コンクリートLは，構造体への適用を認めていないが，本章の再生骨材コンクリートL（特殊配慮品）は構造体へ適用するため，ヤング係数を規定した．具体的には，d による．本来，構造体コンクリートが満たすべき規定であるが，使用するコンクリートの試し練り時の試験などで確認すればよい．

（4）耐久性：3章で記載した再生骨材コンクリートLは，構造体への適用を認めていないため，耐久性を規定していないが，本章の再生骨材コンクリートL（特殊配慮品）は，構造体へ適用するため，耐久性を規定した．再生骨材コンクリートL（特殊配慮品）に必要とされる耐久性は，種々の劣化外力に対してひび割れが生じにくいこと，中性化に対する抵抗性があること，鉄筋の腐食に対して防せい性があること，凍結融解作用に対する抵抗性があること，アルカリシリカ反応が生じないことなどが挙げられる．具体的にはe，f，g，hによる．

b．再生骨材Lには，ペーストが多く含まれている．このため，再生骨材コンクリートL（特殊配慮品）の圧縮強度は，ペーストの付着量の増加に伴い低下することが確認されている[2]．また，3.3 において，再生骨材コンクリートMの設計基準強度の上限値を 30 N/mm² と規定している．したがって，再生骨材Lを普通骨材と混合使用して用いる場合においてもこの値を参考とし，再

生骨材コンクリートL（特殊配慮品）の設計基準強度の上限値は 30 N/mm² とした．

c．解説表 11.2 は，実際の構造物に適用した再生骨材コンクリートLなど（ただし，再生細骨材は再生細骨材Lに適合しない品質）の長期性状の確認を目的に，構造物近傍に屋外暴露した状態で設置したモニタリング試験体の概要である[2]．なお，比較用として，一般コンクリートを用いた試験体についても試験を実施している．C 地点および K 地点の試験体では，再生骨材の置換率の増加に伴う強度低下を考慮して，水セメント比を低減させている．一方，Y 地点では，水セメント比を一定としている．

解説図 11.1 および解説図 11.2 は，解説表 11.2 のモニタリング試験体から採取したコア供試体の中性化深さおよび全塩化物イオン量の測定結果を示したものである．解説図 11.1 中に中性化速度係数を示すが，Y 地点では，一般コンクリートの 0.37 mm√週 に対して，再生粗骨材の置換率が 30% で 0.25 mm√週，50% では 0.27 mm√週となっており置換率の影響はみられない．一方，他の地点では再生骨材コンクリートも一般コンクリートも 0.06 mm√週 以下であり，明確な差異はみられない．全塩化物イオン量の測定結果では，いずれの試験体も海岸隣接地域に屋外暴露さ

**解説表 11.2　コンクリートの概要[2]**

| 地点 | 試験体記号等 | コンクリート概要 ||||||
|---|---|---|---|---|---|---|---|
| | | 種類 | 置換率(%) | W/C(%) | 設計基準強度(N/mm²) | 再生骨材の主要物性値 | セメントの種類 |
| C | CN | 一般コンクリート | − | 57.3 | 24 | 再生粗骨材<br>吸水率：6.6%,<br>微粒分量：0.3% | N |
| | CRG 30 | 再生粗骨材コンクリート | 30 | 49.4 | | | |
| | 適用構造物 | CRG 30 同等．国土交通大臣認定 MCON-0171 に基づき建築物に約 200 m³ 適用．海岸隣接地域の火力発電所構内に建設． ||||||
| Y | YN | 一般コンクリート | − | 53.0 | 24 | 再生粗骨材<br>吸水率：6.2%,<br>微粒分量：2.1% | N |
| | YRG 30 | 再生粗骨材コンクリート | 30 | | | | |
| | YRG 50* | 再生粗骨材コンクリート | 50 | | | | |
| | 適用構造物 | YRG 30 同等．国土交通大臣認定 MCON-0979 に基づき建築物に約 1 000 m³ 適用．海岸隣接地域の火力発電所構内に建設．<br>※ただし，YRG 30 以外の再生骨材コンクリートを含む ||||||
| K | KN | 一般コンクリート | − | 50.5 | 30 | 再生粗骨材<br>吸水率：7.0%,<br>微粒分量：1.8%<br>再生細骨材<br>吸水率：14.7%,<br>微粒分量：7.6% | N |
| | KRG 50 | 再生粗骨材コンクリート | 50 | 43.0 | | | |
| | KRGS 30* | 再生骨材コンクリート | 再生粗骨材 30%,<br>再生細骨材 30% | 40.0 | | | |
| | 適用構造物 | KRG 50 同等．国土交通大臣認定 MCON-0979 に準拠し，基礎構造物（建築基準法に該当しない）に約 600 m³ 適用．海岸隣接地域の火力発電所構内に建設． ||||||

［注］ *は将来の適用を考慮してモニタリング試験体を設置

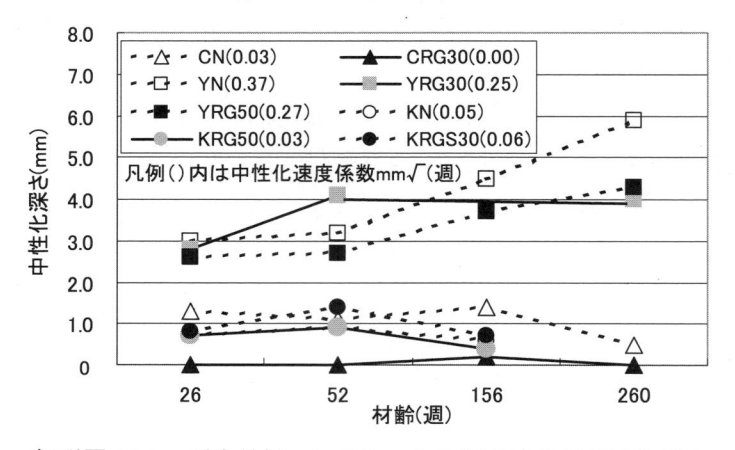

**解説図 11.1** 再生骨材コンクリート L 等の中性化試験結果[2]

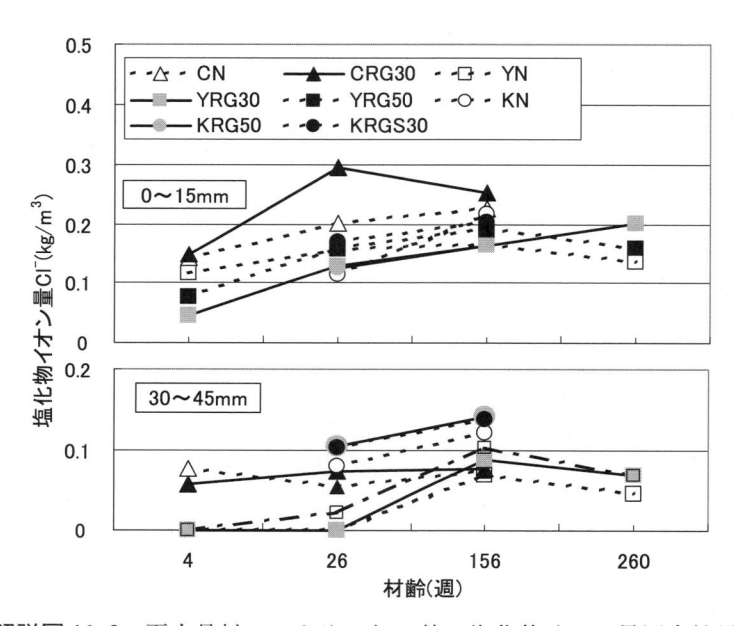

**解説図 11.2** 再生骨材コンクリート L 等の塩化物イオン量測定結果[2]

れた状態ではあるものの，すべて 0.30 kg/m³以下であり，腐食限界塩化物イオン濃度（1.2 kg/m³）を大きく下回る結果となった．また，通常の設計かぶり厚さ 40～50 mm の深さにおいては，すべての試料において 0.15 kg/m³以下となり，経年に伴う増加傾向は，ほぼ一般コンクリートと同等で，再生骨材の置換率の影響はみられない．

以上のように，再生骨材 L を 11.3 c に示すような混合割合（置換率）以下で用いた場合は，中性化抵抗性および塩化物イオンの浸透性に対して置換率の影響は認められないことから，再生骨材コンクリート L（特殊配慮品）の耐久設計基準強度は，一般コンクリートにおける耐久設計基準

強度と同じとしてよいと考えられる．

d．3.5 では，再生骨材コンクリート L の気乾単位容積質量は 2.20 t/m³ を標準としている．本章では，再生骨材を普通骨材と混合使用して用いることから，仮に再生粗骨材 L を 50％使用する場合では，普通粗骨材の単位容積質量を 2.30 t/m³ とすると，再生骨材コンクリート L（特殊配慮品）の単位容積質量は，おおよそ 2.25 t/m³ となる．このように再生骨材コンクリート L（特殊配慮品）の単位容積質量は，実際の調合に合わせて算出するものとする．

解説図 11.3 は，解説表 11.2 に示したコア供試体[2]および K 地点の標準養生の試験体[3]における圧縮強度とヤング係数の関係を示したものである．これによると，水セメント比を一定とし，再生粗骨材の置換率を 50％とした YRG 50 でみると，（3.1）式において単位容積質量（$\gamma$）を 2.25～2.30 t/m³ とした場合の推定範囲となっており，再生骨材コンクリート L（特殊配慮品）のヤング係数は（3.1）式で適切に評価できることがわかる．

e．吸水率の高い再生骨材 L を用いたコンクリートの乾燥収縮率を $8 \times 10^{-4}$ 以下にするのは容易ではない．ただし，混合使用する普通骨材に乾燥収縮率の小さい砕石を用いる，または収縮低減剤を用いるなどの対策技術がある．解説図 11.4 は，解説表 11.2 のうち，K 地点における各種コンクリートの乾燥収縮試験結果を示したものである[3]．ここでは，混合使用する砕石に石灰岩系砕石（吸水率：0.34％）を用いている．再生粗骨材 L を用いたコンクリートでは，材齢 182 日で一般コンクリートに対して $2 \times 10^{-4}$ 程度大きくなってはいるが，KRGS 30 においても $6.4 \times 10^{-4}$ 程度であり，目標品質の $8 \times 10^{-4}$ を満足している．

f．鉄筋コンクリート部材に再生骨材コンクリート L（特殊配慮品）を用いる場合の最小かぶり厚さは，使用する再生骨材コンクリートの中性化や塩化物イオンの浸透に対する抵抗性など，特

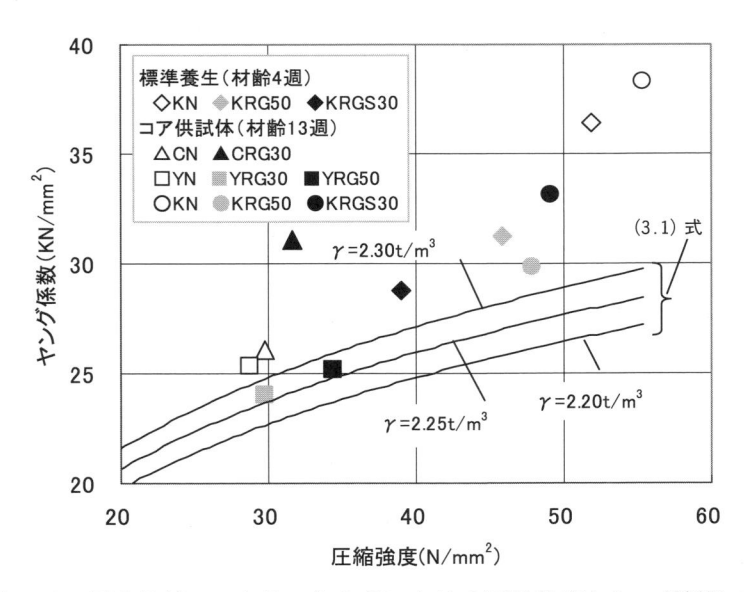

**解説図 11.3** 再生骨材コンクリート L 等における圧縮強度とヤング係数の関係＊
　　　　　※　文献 2），3）をもとに作成

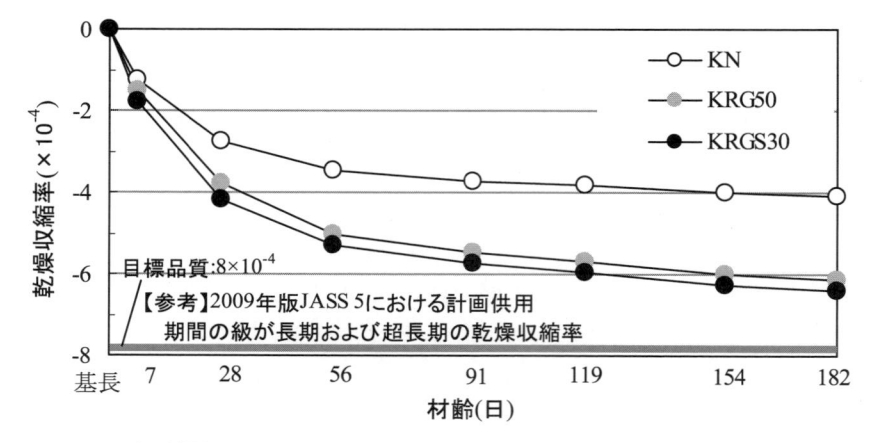

**解説図 11.4** 再生骨材コンクリート L 等の乾燥収縮率[3]

に構造物が要求する耐久性能を考慮して設定することとした．なお，表 11.2 に示される構造物では，JASS 5 3.11 に規定される最小かぶり厚さが採用されている．JASS 5 における最小かぶり厚さは，計画供用期間が標準・長期の場合，法令上のかぶり厚さ（建築基準法施行令第 79 条）に対して屋外側については耐久性確保の観点から 10 mm 増した値としている．再生骨材コンクリートの塩化物イオン浸透性は再生骨材の品質の影響を受けない，すなわち再生骨材および砕石を問わず粗骨材の品質の影響を受けないとの報告[4]があることから，海水の作用を受ける環境下で再生骨材コンクリート（特殊配慮品）を用いる場合は，一般コンクリートと同様に扱ってよいと考えられる．設計かぶり厚さは，最小かぶり厚さに対して，施工精度に応じた割増を加えた値以上とし，通常施工精度に応じた割増は，一般的に用いられている 10 mm を採用した．

　g．再生骨材コンクリート L（特殊配慮品）の耐凍害性は，現時点では，信頼できる資料が少ないため，試験で得られる結果から評価することとした．一般的に，再生粗骨材の吸水率が大きいほど，耐久性の確保は難しくなる[5]．再生骨材コンクリート M（耐凍害品）を凍結融解作用を受ける部位に使用する場合の空気量は，$5.5 \pm 1.5\%$ であることから，再生骨材コンクリート L（特殊配慮品）については，5.5% 以上を標準とするのが望ましい．

　解説図 11.5 は，解説表 11.2 のうち，K 地点における各種コンクリートの凍結融解試験結果を示したものである[3]．これによると，試験体作製時のフレッシュコンクリートにおいて 5.0% 以上の空気量があれば，再生粗骨材 L（ただし，再生細骨材は L に適合しない品質）を用いた場合でも 300 サイクル時の相対動弾性係数は 90% を超えており，十分な耐凍害性が確保されている．

　h．再生骨材コンクリート中の塩化物イオン量は，コンクリートの製造に使用する材料に含まれる塩化物イオン量と調合から算定することができる．特に，再生骨材から供給される塩化物イオン量については，原コンクリート中の塩化物イオン量を試験により確認する必要がある．

　再生骨材コンクリート L（特殊配慮品）のアルカリシリカ反応抑制対策は，再生骨材 L のアルカリシリカ反応性が区分 A のものを使用するか，再生骨材コンクリートのアルカリ総量を上限値超以下に抑えたうえで混合セメント等を用いることによる．アルカリ総量の上限値および混合セ

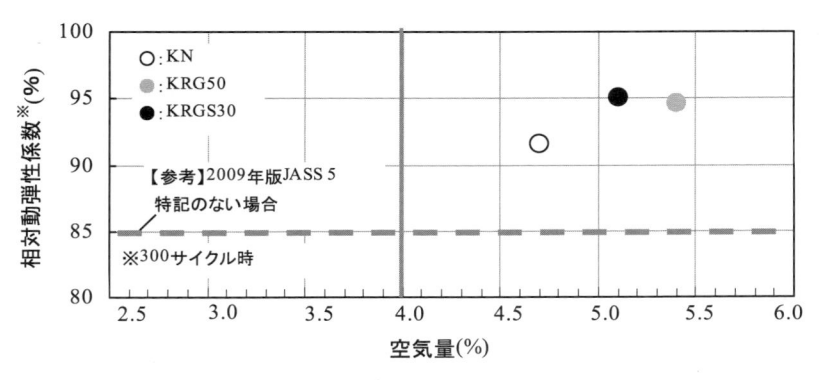

**解説図 11.5** 再生骨材コンクリート L 等の空気量と 300 サイクル時相対動弾性係数の関係[3]

メント等の規定は解説 11.4 b による．解説図 11.6 は，JIS A 5023 の解説図 2 に示された高炉スラグ微粉末による再生骨材コンクリート L のアルカリシリカ反応抑制効果の確認試験結果である．この実験では JCI AAR 3（コンクリートのアルカリシリカ反応性試験方法）が用いられている．原骨材は，JIS A 1804（コンクリート生産工程管理用試験方法－骨材のアルカリシリカ反応性試験方法（迅速法））において 0.9% 膨張しており，極めてまれな高いアルカリシリカ反応性を有している．また，原コンクリート中のアルカリ量も 6.0 kg/m³ と我が国において報告された最大値が用いられた．この結果をみると，高炉スラグ微粉末量の置換率が 50% ではアルカリ量が 4.25 kg/m³ 程度でも有害な膨張量の判定基準 0.1% に達していない．一方，高炉スラグ微粉末量の置換率が 40% でもアルカリ量が 3.5 kg/m³ 程度を超えなければ有害な膨張量の判定基準 0.1% に達していない．この結果からアルカリシリカ反応抑制対策として，アルカリ総量を 3.5 kg/m³ に抑制し，かつ高炉スラグ混入率 40%，またはフライアッシュ混入率 15% とする方法が有効であるとされている．再生骨材に起因するアルカリシリカ反応は，原骨材の反応性に大きく影響される．このため，再生骨材に用いる構造物や部材を解体前に観察し，アルカリシリカ反応によるひび割れが生じていないことを確認するとともに，試験成績書等により，原骨材が無害であることを確認する．原骨材が無害であることを確認できない場合には，試験により確認する．ただし，所定量以上のフライアッシュを混和材として用いるなどの抑制対策を施す場合には，反応性を有する骨材を使用しても有害な膨張を示さないことから[5]，試験等を省略できることとした．

再生骨材コンクリート L（特殊配慮品）のその他の劣化外力に対する耐久性に対する措置は，一般コンクリートとまったく同様であることから，3.9 に準じることとした．

セメントの種類は，解説表 11.3 に示すように，適用しようとする構造物に要求される諸性能に応じて選定する．

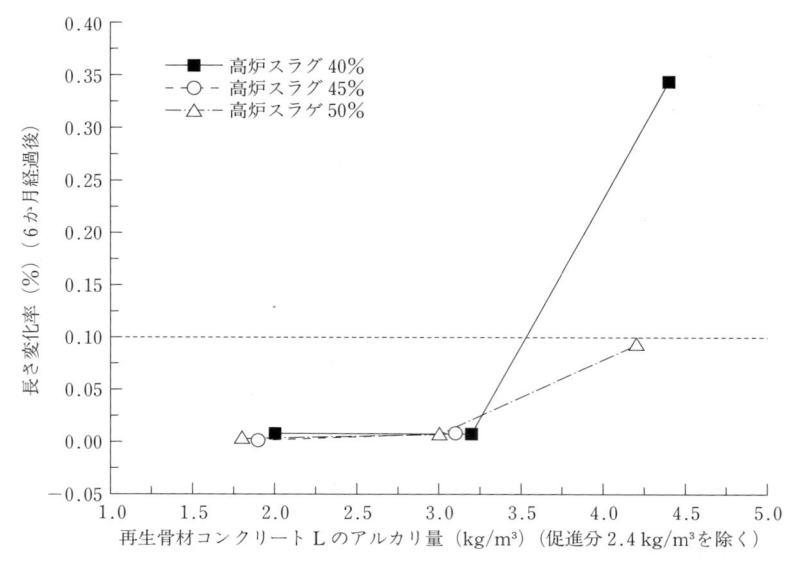

**解説図 11.6** 再生骨材コンクリート L のアルカリ量と長さ変化率の関係
（JIS A 5023 解説図 2）

**解説表 11.3** 建築物に要求される諸性能に応じたセメント種別の選定の例

| 要求性能＼種別 | 普通ポルトランドセメント | 低熱ポルトランドセメント | 高炉セメントB種 | 普通セメントにフライアッシュ添加 |
|---|---|---|---|---|
| 水和熱による温度ひび割れ対策 | ― | ○ | ― | ― |
| 中性化による耐久性の性能 | ○ | ○ | ― | ― |
| アルカリシリカ反応抑制対策* | ― | ― | ○ | ○ |

［注］ ＊ 使用骨材のアルカリシリカ反応性が無害でない，もしくは，アルカリシリカ反応性試験を省略した場合．同時にアルカリ総量も上限値を設けている．詳細は 11.4 b 解説を参照．

## 11.3 使用材料

a．再生骨材 L の品質は，4章による．ただし，再生骨材 L の不純物量の上限値は表 11.4 によるとともに，アルミニウム片および亜鉛片の量は，JIS A 5021 附属書 C（規定）「コンクリート用再生骨材 H に含まれるアルミニウム片及び亜鉛片の有害量判定試験方法」を準用して試験を行い，気体発生量が 5 mL 以下でならなければならない．

表11.4 鉄筋コンクリート部材に用いる再生骨材Lの不純物量の上限値

| 分類 | 不純物の内容 | 上限値[1] (%) |
|---|---|---|
| A | タイル，れんが，陶磁器類，アスファルトコンクリート塊 | 1.0 |
| B | ガラス片 | 0.5 |
| C | 石こうおよび石こうボード片 | 0.1 |
| D | C以外の無機系ボード片 | 0.5 |
| E | プラスチック片 | 0.2 [2] |
| F | 木片，竹片，布切れ，紙くずおよびアスファルト塊 | 0.1 |
| G | アルミニウム，亜鉛以外の金属片 | 1.0 |
|  | 不純物量の合計（上記A～Gの不純物量の合計） | 2.0 |

［注］（1）上限値は質量比で表し，各分類における不純物の内容の合計に対する値を示している．
　　（2）プラスチックの種類によっては，軟化点が低く，高温になるとコンクリートの品質に悪影響を及ぼすことがあるので，コンクリートに蒸気養生やオートクレーブ養生を施す場合には，プラスチック片の上限値を0.1%とするのがよい．

b．再生骨材Lは，次の条件を満足する特定された原コンクリートから製造されたものを用いる．
　（1）圧縮強度が18 N/mm²以上を有すること．
　（2）全塩化物イオン量が0.30 kg/m³以下であること．
　（3）アルカリシリカ反応を生じていないこと．

c．再生骨材Lは普通骨材と混合して用いることとし，混合割合（置換率）は表11.5に示す値以下とする．

表11.5 再生骨材Lの置換率

| 種類 | 置換率の上限値（%） | | |
|---|---|---|---|
|  | 単独 |  | 併用 |
| 再生粗骨材L | 50 | ― | 30 |
| 再生細骨材L | ― | 30 | 15 |

d．その他の再生骨材コンクリートL（特殊配慮品）の使用材料は4章による．

a．再生骨材の品質に影響を及ぼす因子として不純物の混入量がある．4章において，再生骨材H，MおよびLの不純物の上限値が示されているが，本章で扱う再生骨材Lは，鉄筋コンクリート部材に用いることから，再生骨材H，Mの規定に準じることとした．

b．原コンクリートの圧縮強度については，一般的な構造用コンクリートの設計基準強度の下限値であると考えられる18 N/mm²以上の強度であることを確認することとした．

再生骨材の塩化物量は，再生骨材製造時において付着ペーストが除去されるなどの影響により，原コンクリートから採取されたコアの試験値より低減することが考えられる．また，再生骨材の置換率を抑制することにより，再生骨材コンクリート中の塩化物量の低減も可能であるが，安全側の配慮として，原コンクリートの全塩化物量は，一般コンクリートの総量規制値である 0.30 kg/m³ 以下を判断の目安として設定した．また，原コンクリートで明らかにアルカリシリカ反応を生じているようなきっ甲状のひび割れや原コンクリートの破断面に反応リムが認められるものは用いない．

　ｃ．再生骨材は，再生骨材の製造に供される原コンクリートに使用されている原骨材とその周りのペーストで構成されている．多くの場合，原骨材は，現在使用されている骨材と品質の面においてほとんど変わるところがない．また，再生骨材の品質は，付着ペーストの混入量にほぼ比例して低下する[5]．したがって，再生骨材を用いたコンクリートでは，多方面にわたる品質低下が予測されるが，本章では，11.4 に示すように，要求品質を満足するために再生骨材の混合割合（置換率）を変えて調合を設定する手法（相対品質値法）に基づく材料設計により，品質低下の度合いを制御することとしている．この手法に基づき，所要の品質を確保できる置換率で再生粗骨材 L を用いることとする．

　置換率の上限値は，表 11.5 に示すように，既往の研究結果[7),8),9)]や適用実績[2),3)]などから，再生粗骨材 L および再生細骨材 L を単独で使用する場合は，それぞれ 50％以下および 30％以下とし，両者を併用する場合は，再生粗骨材 L よりも再生細骨材 L の方がコンクリートの品質に及ぼす影響が大きいことを考慮したうえで，再生粗骨材の置換率 50％に相当する品質が得られる置換率を算定し，再生粗骨材 L は 30％以下，再生細骨材 L は 15％以下と規定した．

　ｄ．再生骨材コンクリート L（特殊配慮品）の使用材料において，一般コンクリートと変わるところは再生骨材の種類のみであり，これについては調合で配慮するため，セメント，練混ぜ水および混和材は一般コンクリートと変わるものではない．

## 11.4　調　　合

> ａ．再生骨材コンクリート L（特殊配慮品）の調合は，11.2 に定められる品質を満足するように，試し練りによって定める．ただし，再生骨材 L の混合割合（置換率）は 11.3 ｃを上限とする．
> ｂ．アルカリシリカ反応性の区分 B の再生骨材 L を 11.3 に示す混合割合（置換率）で用いる場合は，アルカリシリカ反応について十分な対策を講じる．

　ａ．再生骨材 L を普通骨材と混合して用いる再生骨材コンクリート L（特殊配慮品）では，相対品質値法に基づき，所要の性能を満足するコンクリートの計画調合を決定する[8),9)]．

　再生骨材コンクリート L（特殊配慮品）の計画調合を決定するまでの流れを解説図 11.7 に示す．具体的な手順は，水セメント比および再生骨材 L の混合割合（置換率）を水準として，圧縮強度，乾燥収縮および促進中性化などの各種性能試験を実施し，骨材の相対吸水率を評価軸として各種

## 11章 鉄筋コンクリート部材に用いる再生骨材コンクリートL

```
調合での与条件
① W/Cの上限値
② 設計基準強度の範囲
③ 再生骨材Lの混合割合（置換率）
④ 目標スランプ，目標空気量
       ↓
再生骨材Lの混合割合（置換率）の影響確認
       ↓
相対吸水率と各種性能との関係式算定
       ↓
所要品質が得られる範囲の
再生骨材Lの置換率，W/C算出
       ↓
試し練り ←─────┐
       ↓            │
コンクリートの       │
所要品質を満足する ──No──→ 再生骨材Lの置換率，
       ↓Yes                    W/Cの見直し
計画調合の決定
```

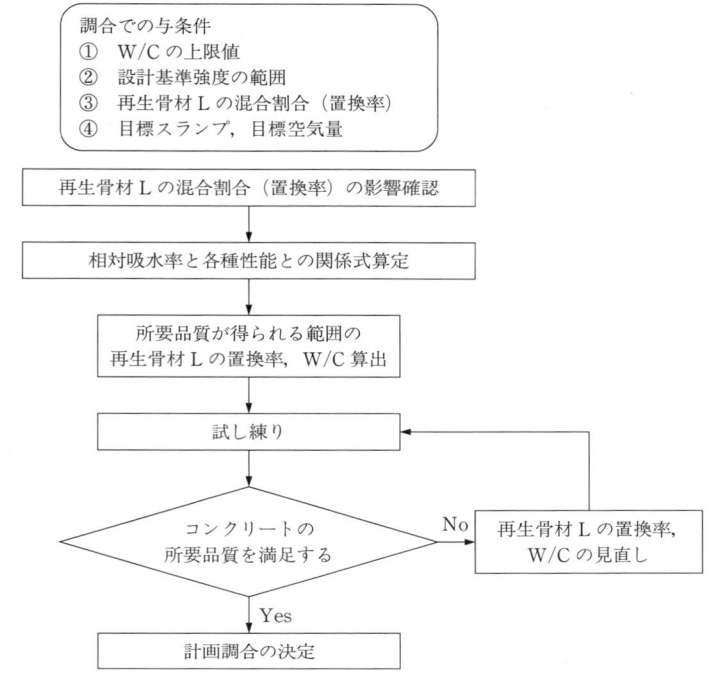

**解説図11.7** 再生骨材コンクリートL（特殊配慮品）の調合設計の手順

性能との関係を求める．この両者の関係式から，所要の品質が得られる範囲の再生骨材Lの置換率および水セメント比を求める．その後，試し練りにより，細骨材率，混和剤添加率などを調整する．なお，所要の品質を満足しない場合は，再生骨材Lの置換率あるいは水セメント比を見直し，再度，試し練りにより各種性能を確認する．

骨材の相対吸水率は使用する各種骨材の代表的な物性値である吸水率とそれらの混合割合から（解11.1）式により算出される．まず，相対吸水率と乾燥収縮，中性化などの耐久性試験結果との相関を求め，その関係式から要求品質としてのしきい値（品質上の基準）に対応する相対吸水率を求める．次に，相対吸水率と圧縮強度の試験値との関係から，所要の圧縮強度が得られる水セメント比の上限値を求めることにより，要求品質を満足するコンクリートが得られる．

$$Q_t = \frac{Q_vG \times a + Q_rG \times b + Q_vN \times c + Q_rN \times d}{a+b+c+d} \tag{解11.1}$$

ここで， $Q_t$：骨材の相対吸水率（％）
$Q_vG$：普通粗骨材の吸水率（％）
$Q_vN$：普通細骨材の吸水率（％）
$Q_rG$：再生粗骨材の吸水率（％）
$Q_rN$：再生細骨材の吸水率（％）
$a, b, c, d$：各骨材の絶対容積（L/m³）

検討事例を解説図11.8に示す．ここでは，先に水セメント比を50％と決定し，続いて乾燥収縮

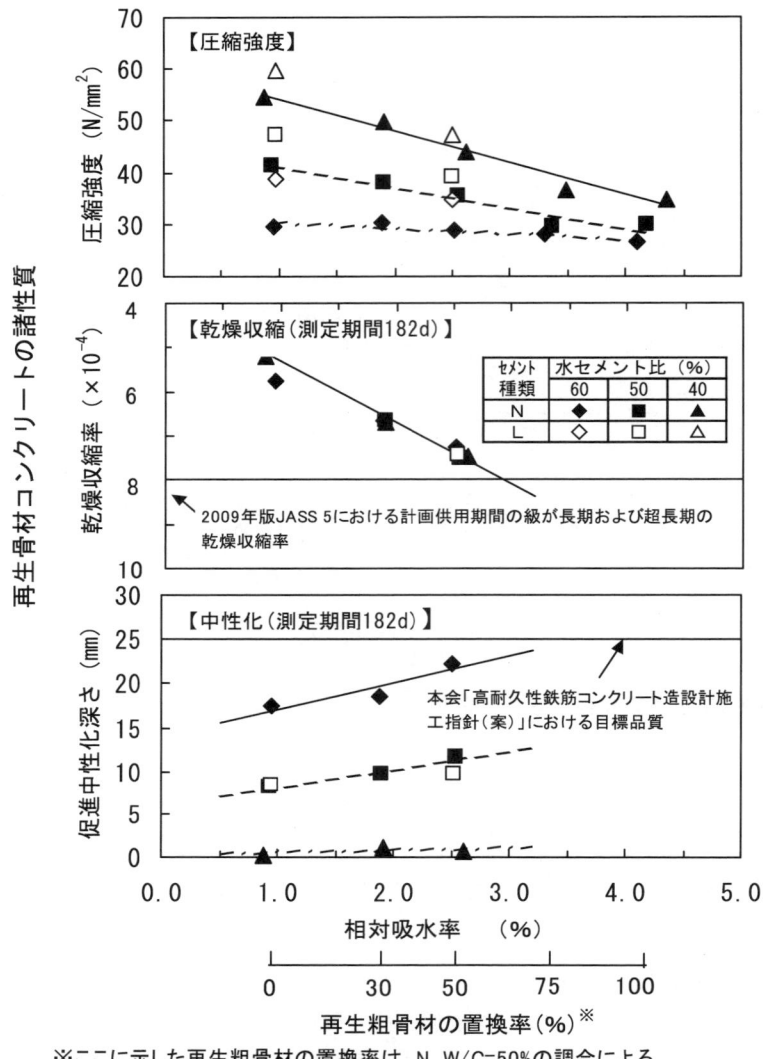

―150― 再生骨材を用いるコンクリートの設計・製造・施工指針（案）

解説図 11.8 相対吸水率と再生骨材コンクリートの諸性質との関係※
※ 文献9）を加工して作成した．

率および促進中性化深さの試験結果から，相対吸水率でおおよそ2.5％がしきい値として求められる．このしきい値は再生粗骨材の置換率で50％に相当する．

　コンクリートの品質に影響を及ぼす骨材物性値としては，再生骨材コンクリートL（特殊配慮品）の設計基準強度を 30 N/mm² 以下と規定したため，再生骨材の特徴，すなわち付着ペーストの混入の影響を明確に示す物性の一つである吸水率（あるいは絶乾密度）を用いることができる．再生骨材コンクリートは，同じ水セメント比の一般コンクリートに比べ，一般に圧縮強度は低下する傾向にある[9]．また，レディーミクストコンクリート工場では，通常，再生骨材コンクリートは製造しておらず，再生骨材コンクリートの圧縮強度とセメント水比との関係式は有していない．

そのため，レディーミクストコンクリート工場で有している一般コンクリートの関係式を参考に水セメント比を設定することとなる．その際に，一般コンクリートに比べて再生骨材コンクリートでは，同じ水セメント比で圧縮強度が低下することが多いことを考慮し，通常より幾分小さめに水セメント比を設定する．なお，再生骨材コンクリートL（特殊配慮品）は，再生骨材Lと普通骨材とを混合使用する以外は，3～9章の再生骨材コンクリートLと変わるところはない．このため，調合に関する規定は，6章に準じて定める．

b．鉄筋コンクリート部材に用いる再生骨材コンクリートL(特殊配慮品)のアルカリシリカ反応性については，原骨材が無害である場合には問題ないと判断できる．しかしながら，解体されるコンクリート構造物は一般に古いため，無害であることの確認が困難なものも多い．アルカリシリカ反応の抑制対策は，使用する再生骨材Lがアルカリシリカ反応に関して無害であるものを用いる方法と，解説表11.4に示すように，コンクリートのアルカリ総量を制限したうえでアルカリシリカ反応抑制効果のある混合セメントおよび混和材を使用する方法がある．アルカリシリカ反応抑制効果のある混合セメントおよび混和材を使用することによりアルカリシリカ反応の抑制対策をとる場合は，JIS A 5022附属書C（規定）「再生骨材コンクリートMのアルカリシリカ反応抑制対策の方法」に準じてコンクリートの単位セメント量を基準値以下にする調合設計を行い管理する．

**解説表 11.4** 混合セメントおよび混和材の使用によるアルカリシリカ反応の抑制対策

| アルカリ総量 | 使用セメントおよび混和材の制限 |
|---|---|
| 3.5 kg/m³以下 | 高炉スラグが40%以上混合されたJIS R 5211（高炉セメント）に適合する高炉セメントB種またはC種* <br> フライアッシュが15%以上混合されたJIS R 5213（フライアッシュセメント）に適合するフライアッシュセメントB種またはC種* <br> 普通ポルトランドセメントまたは普通エコセメントを用いる場合においては，その40%以上をJIS A 6206（コンクリート用高炉スラグ微粉末）に適合する高炉スラグ微粉末で，またはその15%以上をJIS A 6201（コンクリート用フライアッシュ）に適合するフライアッシュで置換したもの |

JIS A 5022解説5.10に示されている以下の考え方に基づき，(解11.2)式により再生骨材コンクリートL（特殊配慮品）のアルカリ総量を試算した結果を解説表11.5に示す．なお，試算による付着ペースト率は，JIS A 5022解説図4より，95%信頼限界の上限値とし，再生粗骨材の吸水率7%に対して25%，再生細骨材の吸水率13%に対して50%と仮定した．

$$Rt = ORc \times Rc \times Vr \times Pra/Prb + Rc\max \times CRc \tag{解11.2}$$

ここに， $Rt$：コンクリート中のアルカリ総量（kg/m³）

$ORc$：原コンクリート中の単位セメント量（kg/m³）：300～400 kg/m³と仮定

$Rc$：セメントの総アルカリ量（%）：0.95%

$Vr$：再生骨材の体積割合（%）：70%

$Pra$：試算による付着ペースト率（％）

$Prb$：理論上の付着ペースト率（％）

ここで，理論上の付着ペースト率は，原コンクリートの調合により，

$$Prb=(W+C)/(W+C+G+S)$$

として求めた．

$$W=C\times 0.4$$

ここに，　$W$：結合水（kg/m³）

$C$：単位セメント量（kg/m³）

$G$：単位粗骨材量（kg/m³）

$S$：単位細骨材量（kg/m³）

$Rc$max：再生骨材コンクリート中の単位セメント量（kg/m³）：最大 450 kg/m³

$CRc$：再生骨材コンクリートに使用するセメントの総アルカリ量（％）

高炉セメント B 種：0.5％，普通ポルトランドセメント：0.6％

解説表 11.5 より，アルカリ総量の最大値が 3.5 kg/m³ を超えるのは，再生粗骨材 L と再生細骨材 L を併用する場合で，かつ普通ポルトランドセメントを使用した場合のみである．高炉セメント B 種をした場合は 3.5 kg/m³ 以下となる．したがって，使用セメントに制限を設けることにより，アルカリ総量の規定値を満足させることができる．すなわち，解説表 11.4 の条件を満足していれば，アルカリ総量は 3.5 kg/m³ を超えることはない．

**解説表 11.5　再生骨材コンクリート L（特殊配慮品）のアルカリ総量の試算結果**

| 原コンクリート | | 再生骨材の置換率（％） | | セメント種類※ | 単位セメント量（kg/m³） | アルカリ総量の最大値（kg/m³） |
|---|---|---|---|---|---|---|
| 呼び強度 | スランプ | 再生粗骨材 L | 再生細骨材 L | | | |
| 21～36 W/C= 44.0％～ 58.0％ | 5 cm 18 cm 21 cm | 50 | — | N | 450 | 3.19 |
| | | | | BB | | 2.74 |
| | | — | 30 | N | | 2.98 |
| | | | | BB | | 2.53 |
| | | 30 | 15 | N | | 3.87 |
| | | | | BB | | 3.42 |

［注］　※　N：普通ポルトランドセメント　　BB：高炉セメント B 種

## 11.5　発注・製造および受入れ

a．再生骨材コンクリート L（特殊配慮品）の製造工場は，現場までの運搬時間，製造設備，品質管理状態などを考慮して，設計・施工上の要求条件を満足するコンクリートの製造が可能な工場の中から選定する．

> b．再生骨材コンクリートL(特殊配慮品)の発注は，適用部位に応じた所要の条件を考慮して行う．
> 　製造は7章による．ただし，連続式の固定ミキサは用いてはならない．
> c．再生骨材コンクリートL(特殊配慮品)の骨材の混合割合の確認方法は9.6による．
> d．再生骨材コンクリートL(特殊配慮品)の受入れは，JASS 5 6.5による．ただし，受入れ時の
> 　品質管理・検査は，11.7による．

　a．再生骨材コンクリートL(特殊配慮品)の製造工場は，運搬時間や製造設備，品質管理の状態を調べたうえで選定する．再生骨材コンクリートL(特殊配慮品)は，再生骨材に多くのセメントペーストが含まれている影響で，骨材の品質および製造前の処理によりスランプの低下の変動が生じる可能性があるため，スランプの低下の抑制に関する製造上の配慮がなされ，技術資料が整備されている工場を選定する．また，再生骨材Lの品質管理を的確に行うことができる工場を選定する．該当する工場の要件は，7.2 b解説による．

　b．再生骨材コンクリートL(特殊配慮品)の発注は，適用部位に応じて，調合など所要の条件を定めて発注する．ミキサは，バッチ式の固定ミキサまたはトラックミキサとする．本章で扱う再生骨材コンクリートL(特殊配慮品)は，7章と異なり，鉄筋コンクリート部材に使用することから，製造するコンクリートの品質のばらつきが大きくなる連続式の固定ミキサを用いてはならないこととした．一般的に連続式ミキサは，容積のバランスで計量を行っているため，原理的に材料供給状態の変動がそのまま調合に影響する可能性がある．特に，再生骨材Lの場合は，付着ペースト量が多いことから密度の変動も大きくなる．一方，トラックミキサを使用する場合，施工者は，JIS A 5022附属書B(規定)「再生骨材コンクリートMの製造方法」に適合した「トラックミキサ」を有するJIS A 5022の認証を取得した事業所を選定する．なお，トラックミキサは運搬を兼ねることができる．

　c．再生骨材コンクリートL(特殊配慮品)の品質は再生骨材Lの置換率の増加に伴って低下することから，置換率の検査が重要となる．検査はレディーミクストコンクリート工場における再生粗骨材L，普通粗骨材，再生細骨材Lおよび普通細骨材の計量記録によって行う．検査の頻度は，他の検査と同様に，再生骨材コンクリートL(特殊配慮品)150 m³に対し1回とする．直接的な手段によって確かめる方法としては，再生粗骨材Lについては，重量法や洗い出し選別法による確認の方法があるが[10]，原骨材の種類によっては目視確認が困難な場合や試験結果にばらつきが大きいなどの問題があり実用化されていない．また，再生細骨材Lの置換率を直接的に確認する方法については，現状で確立された方法はない．

　d．施工者は，所定の品質の再生骨材コンクリートL(特殊配慮品)を計画どおりに受け入れるために，レディーミクストコンクリート工場またはトラックミキサを管理する製造業者と，納入量，打込み開始時刻などの必要事項の打合せを綿密に行い，連絡・確認を的確に行うこととする．詳細はJASS 5 6.5による．その後11.7によって品質管理・検査を実施し，品質が合格していることを確認して受け入れる．

## 11.6 運搬・打込み・締固めおよび養生

> a．再生骨材コンクリートL（特殊配慮品）の運搬・打込みおよび締固めは8章による．
> b．再生骨材コンクリートL（特殊配慮品）の養生は，構造体コンクリートで所要の品質が得られるよう，適切な養生方法および養生期間を定めて行う．

a．再生骨材コンクリートL（特殊配慮品）の工事現場内における運搬・打込みおよび締固めは，一般のコンクリートと大きな違いはないため，8章に準じることとした．

b．再生骨材コンクリートL（特殊配慮品）が硬化後に期待された強度や耐久性能を構造体コンクリートにおいて発揮するためには適切な養生を行う必要がある．一般的に吸水率の大きい再生骨材Lを用いるコンクリートは，乾燥収縮や凍結融解作用に対する抵抗性が小さく，ひび割れなどの劣化が生じやすい傾向があるが，不十分な養生に起因するコンクリート表面のひび割れなどの劣化の発生は耐久性上好ましくない．

したがって，本章で扱う再生骨材コンクリートL（特殊配慮品）の養生について構造体コンクリートにおいて所要の品質が得られることを確認をしたうえで，適切な養生方法および養生期間を定めることが必要である．

## 11.7 品質管理・検査

> a．品質管理組織は9.2による．
> b．再生骨材Lの品質管理・検査は9.4による．
> c．再生骨材Lの不純物量の判定は表11.6による．

表11.6 再生骨材Lの不純物量の判定

| 判定基準 | 試験・検査方法 | 時期・回数 |
|---|---|---|
| JIS A 5021の5.1による | JIS A 5021附属書B（規定）「限度見本による再生骨材Hの不純物量試験方法」による．アルミニウム片および亜鉛片の量の試験は同附属書C（規定）「コンクリート用再生骨材Hに含まれるアルミニウム片及び亜鉛片の有害量判定試験方法」による． | 購入者と製造者で定めたロットあたり1回以上．ロットの最大値は，2週間で製造できる量 |

> d．再生骨材コンクリートL（特殊配慮品）の製造における品質管理は9.5による．ただし，アルカリシリカ反応性の区分Bの再生骨材Lを使用する場合は，適切な対策を講じる．
> e．再生骨材コンクリートL（特殊配慮品）の受入れ・打込みにおける品質管理および検査は，JASS 5 11.5による．

f．再生骨材コンクリートL（特殊配慮品）のその他の品質管理・検査はJASS 5 11節による．

　a，b．9.2に示したように，再生骨材Lの品質管理・検査が再生骨材製造工場およびレディーミクストコンクリート工場で適切に実施され，施工者がレディーミクストコンクリート工場に対して的確に指示・協議を行えば，再生骨材コンクリートの品質管理を行うことができる．例えば，レディーミクストコンクリート工場が再生骨材コンクリートの種類に応じたJIS認証を取得している場合には，通常の品質管理組織と同様な体制で品質管理・検査を実施できる．したがって，本章における再生骨材コンクリートL（特殊配慮品）の品質管理および検査については，9.4によることとした．

　c．本章で扱う再生骨合Lの不純物量については，11.3で示したように，再生骨材Hおよび再生骨材Mの規定に準拠し，表11.6により判定することとした．

　d．アルカリシリカ反応性が区分Bの再生骨材Lを用いる場合，再生骨材コンクリート（特殊配慮品）のアルカリ総量は3.5 kg/m³以下に押さえたうえで，表11.6に従って，高炉セメントB種やフライアッシュセメントB種などの混合セメント，高炉スラグ微粉末やフライアッシュの混和材の使用などの対策を行う．

　e，f．再生骨材コンクリートL（特殊配慮品）の受入れ・打込みにおける品質管理および検査は，JASS 5 11節による．その他の品質管理・検査で本章の規定にない事項については，JASS 5 11節に準拠して品質管理・検査を行う．なお，本章で規定のない試験項目としては以下の事項がある．

（1）　コンクリートの使用材料のうち，セメント，骨材，練混ぜ水および混和材料の試験および検査
（2）　コンクリートのヤング係数の試験
（3）　コンクリートの乾燥収縮率の試験
（4）　コンクリート打込み時の品質管理
（5）　コンクリート養生中の品質管理
（6）　型枠工事における品質管理・検査
（7）　鉄筋工事における品質管理・検査
（8）　構造体コンクリートの仕上がりの検査
（9）　構造体コンクリートのかぶり厚さの検査
（10）　構造体コンクリート強度の検査

---

参　考　文　献

1)　土木学会：電力施設解体コンクリートを用いた再生骨材コンクリートの設計施工指針（案）資料編V．再生骨材コンクリートの利用規準に関する海外の動向，コンクリートライブラリー120，2005.6
2)　村　雄一・道正泰弘：大規模電力建物における再生骨材および再生コンクリートの利用（その51．実構造物に適用したコンクリートの長期性状），日本建築学会大会学術講演梗概集A-1，pp.225-226，2013.8

3) 舘　秀基・溝口信夫・岡本英明・道正泰弘：骨材置換による再生骨材コンクリートの実構造物への適用，コンクリート工学年次論文集，Vol. 32　No. 1，pp.1463-1468，2010
4) 原　法生・大即信明・宮里心一・Yodsudjai WANCHAI：再生骨材を使用したコンクリートの界面性状とコンクリート特性の評価，セメント・コンクリート論文集　Vol. 53，pp.543-550，1999
5) 長瀧重義ほか：日本学術振興会未来開拓学術研究推進事業　ライフサイクルを考慮した建設材料の新しいリサイクル方法の開発（平成 8・9・10 年度実績報告書），pp.55-68，1999
6) 溝口信夫・舘　秀基・金子雄一・道正泰弘：再生骨材コンクリートのアルカリシリカ反応に対するフライアッシュによる抑制効果，コンクリート工学年次論文集，Vol. 33　No. 1，pp.1553-1558，2011
7) 例えば，道正泰弘ほか：再生細骨材を用いたコンクリートの構造用コンクリートへの適用－原モルタルの性質が再生細骨材および再生コンクリートの品質に及ぼす影響，日本建築学会構造系論文集　第 502 号，pp.15-22，1997.12
8) 菊池雅史ほか：再生骨材の品質が再生コンクリートの品質に及ぼす影響，日本建築学会構造系論文集　第 474 号，pp.11-20，1995.8
9) 道正泰弘ほか：建築構造物の解体に伴い発生するコンクリート塊のリサイクルシステム－骨材置換法による再生粗骨材コンクリートの品質管理手法，日本建築学会技術報告集，第 21 号，pp.15-20，2005.6
10) 中込　昭ほか：大規模電力建物における再生骨材および再生コンクリートの利用（その 15．再生粗骨材混入率試験方法の考案），日本建築学会大会学術講演梗概集 A-1，pp.751-752，1998.9

付　　録

# 付1．JIS 認証および大臣認定を取得した再生骨材およぴ再生骨材コンクリート

## 1．JIS 認証を取得した再生骨材および再生骨材コンクリート

　JIS A 5021（コンクリート用再生骨材 H），JIS A 5022（再生骨材コンクリート M を用いたコンクリート）および JIS A 5023（再生骨材コンクリート L を用いたコンクリート）の認証を取得している事業社の所在地等を付表1.1に示す．約5年間で，全国8事業社が JIS 認証を受けている．再生骨材 H および再生骨材 M の製造には特徴的なプロセスが導入されており，再生骨材 L の製造には既存事業として実施してきた再生路盤材製造のための装置を利用している場合が多い．

付表1.1　JIS 認証事業社の一覧（2013年10月現在）

| 事業社名 | 所在地 | JIS A | 取得年月日 | 番号 | 認証取得機関 |
|---|---|---|---|---|---|
| 成友興業株式会社城南島工場 | 東京都大田区城南島 | 5021 | 2010.11.29（粗，細） | JQ 03 10 012 | 日本品質保証機構 |
| 有限会社大東土木下郡高塚事業所 | 千葉県木更津市下郡高塚 | 5021 | 2012.2.6（粗，細） | TC 03 11 013 | 建材試験センター |
| 篠崎建材合資会社 | 神奈川県愛甲郡愛川町 | 5021 | 2013.5.30（粗） | JQ 03 13 003 | 日本品質保証機構 |
| 株式会社京星 | 大阪府枚方市大字尊延寺 | 5022 | 2010.2.3 | GB 05 09 013 | 日本建築総合試験所 |
| 樋口産業株式会社 | 福岡県福岡市早良区有田 | 5023 | 2009.9.16 | GB 08 09 003 | 日本建築総合試験所 |
| 埼玉総業株式会社 | 埼玉県さいたま市見沼区卸町 | 5023 | 2009.10.13 | TC 03 09 013 | 建材試験センター |
| 株式会社コント | 京都府宇治市槙島町 | 5023 | 2010.3.10 | GB 05 09 014 | 日本建築総合試験所 |
| 立石建設株式会社葛西工場 | 東京都江戸川区臨海町 | 5023 | 2012.4.9 | TC 03 11 019 | 建材試験センター |

## 2．再生骨材の製造プロセスの一例

　付表1.1に示す再生骨材および再生骨材コンクリートの JIS 認証事業社の中から，再生骨材の製造プロセスおよび再生骨材コンクリートの種類とその概要を記述する．
（1）　成友興業株式会社
　コンクリート塊を受け入れて，破砕後，加熱・すりもみ方式による高度処理を行い，再生粗骨

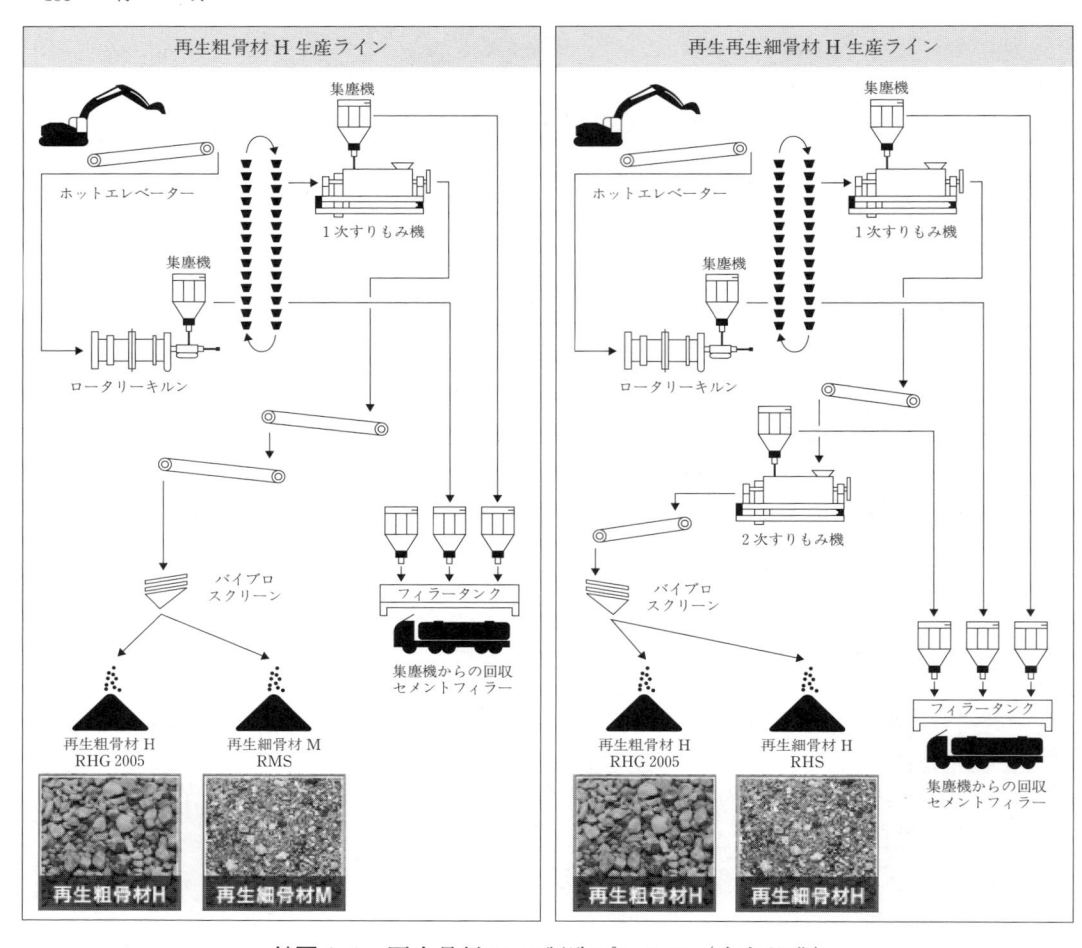

付図1.1 再生骨材Hの製造プロセス（成友興業）

材Hと再生細骨材Hを製造する．ロータリーキルンによる約300℃の加熱処理によりペーストをぜい弱化して，1回のすりもみ処理（磨砕）で再生粗骨材Hと再生細骨材Mを製造することができる．再生細骨材Hを製造する場合には，2回すりもみ処理を行う．すりもみ処理で副産する微粉（セメントフィラー）は，施設内の汚泥処理施設で水分調整材として再利用している．また，当該工場では，路盤材用の再生骨材も製造しており，コンクリート塊の品質や需要に応じて，路盤材用とコンクリート用の再生骨材の製造量を調整している．

（2） 株式会社京星

再生骨材の製造プロセスは，ジョークラッシャとロッドミルを用いて破砕・磨砕処理を行い，湿式比重選別機を用いて再生粗骨材の密度を制御するとともに，木くず等の不純物を除去する．ここでの特徴は，磨砕処理した再生骨材を湿式比重選別機に投入して，目標とする密度によって選別している点にあり，その結果として再生骨材の密度変動が少ない．

再生骨材コンクリートMの種類としては，粗骨材だけに再生骨材Mを使用する再生骨材コンクリートM1種と細骨材・粗骨材とも再生骨材Mを使用する再生骨材コンクリートM2種の2

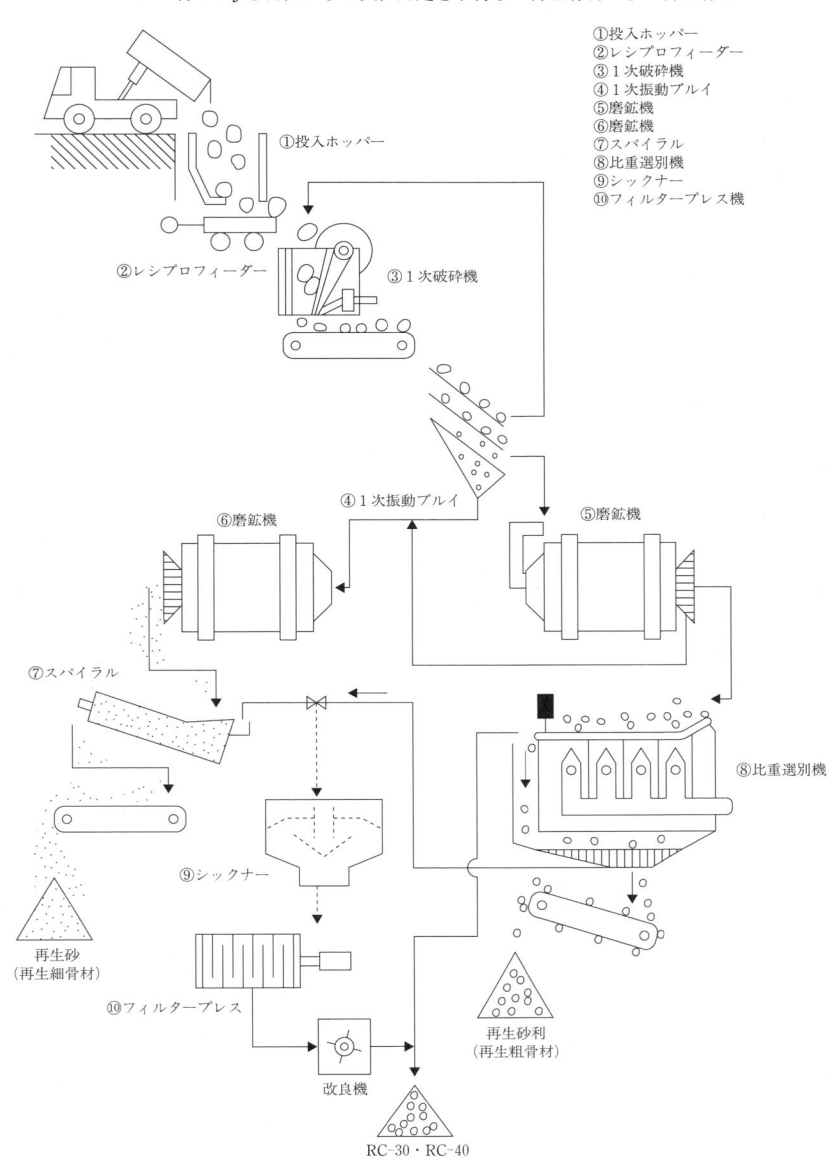

付1．JIS認証および大臣認定を取得した再生骨材および再生骨材コンクリート　—159—

①投入ホッパー
②レシプロフィーダー
③１次破砕機
④１次振動ブルイ
⑤磨鉱機
⑥磨鉱機
⑦スパイラル
⑧比重選別機
⑨シックナー
⑩フィルタープレス機

**付図 1.2　再生骨材 M の製造プロセス（京星）**

**付表 1.2　再生骨材コンクリート M の種類（京星）**

| 製品の種類 | 粗骨材の最大寸法(mm) | スランプ(cm) | 呼び強度 ||||| 空気量(%) | 塩分含有量 |
|---|---|---|---|---|---|---|---|---|---|
| | | | 18 | 21 | 24 | 27 | 30 | | |
| 再生 M 1 種および | 20 | 8, 10, 12, 15, 18 | ○ | ○ | ○ | ○ | ○ | 4.5 | 0.30 kg/m³ 以下 |
| 再生 M 2 種 | 20 | 21 | − | ○ | ○ | ○ | − | | |

種類について JIS 認証を取得しているが，通常，細骨材には一般骨材と再生骨材を併用している．

（3） 樋口産業株式会社

当該事業社は，既存事業で製造してきた路盤材用の再生骨材を分級して再生骨材 L 2005 を製造している．この再生粗骨材 L を使用して，再生骨材コンクリート L 1 種を製造する．JIS 認証を取得している再生骨材コンクリートの種類を付表 1.3 に示す．標準品および塩分規制品は呼び強度 18 であるが，仕様発注品は呼び強度 24 まで出荷することができる．

付表 1.3 再生骨材コンクリート L の種類（樋口産業）

| 製品の種類 | 粗骨材の最大寸法(mm) | スランプ(cm) | 呼び強度 | | | 空気量(%) | 塩分含有量 |
|---|---|---|---|---|---|---|---|
| | | | 18 | 21 | 24 | | |
| 標準品 | 20 | 10, 18 | ○ | — | — | — | — |
| 塩分規制品 | 20 | 10, 18 | ○ | — | — | — | 0.3 kg/m³以下．購入者の承諾を得た場合は 0.6 kg/m³以下． |
| 仕様発注品 | 20 | 8, 10, 12, 15, 18 | ○ | ○ | ○ | 4.5 | 購入者と協議 |
| | | 21 | — | ○ | ○ | 4.5 | |

## 3. 大臣認定を取得した再生骨材コンクリート

国土交通大臣の認定を取得した再生骨材コンクリートの概要を付表1.4に示す．

**付表1.4 再生骨材コンクリートの大臣認定の例とその概要**

| | 企業名 | 再生骨材コンクリートの種類 | 概要 |
|---|---|---|---|
| 一般認証 | 株式会社竹中工務店<br>岩本建材工業株式会社<br>吉田建材株式会社<br>上陽レミコン株式会社 | 再生粗骨材コンクリートH（3件） | 3工場で大臣認定取得．再生粗骨材Hを中間処理場で製造し，レディーミクストコンクリート工場に搬送して再生骨材コンクリートを製造・打設する．$Fc$ 33 N/mm$^2$でオフィス・商業用途の複合ビル2件の床版に適用 |
| | 株式会社大林組 | コンクリート用再生骨材H | 現場で打ち込まず残ったコンクリートや戻りコンクリートを原料にした再生骨材コンクリートHの供給体制を東京都内に構築 |
| | 株式会社京星 | 再生骨材コンクリートM | 16～27 N/mm$^2$の強度範囲の再生骨材コンクリートに適合 |
| | 東亜建設工業株式会社他 | 再生骨材コンクリートM | 場所打ち杭・基礎構造物を対象とした再生骨材コンクリートの供給体制の構築 |
| | 株式会社奥村組他 | 再生骨材コンクリートM<br>再生骨材コンクリートL | 再生骨材の製造プラントは2社．出荷は4工場から行い，埼玉南部，主な東京23区，川崎市および横浜市の首都圏広域に供給可能 |
| | 五洋建設株式会社他 | 再生骨材コンクリートM | 細骨材と粗骨材の両方に再生骨材Mを使用して，杭・地下構造躯体に適用 |
| | 前田建設工業株式会社 | 再生骨材コンクリートM | 再生粗骨材Mと一般骨材と混合して使用し，再生粗骨材コンクリートを製造 |
| | 東京電力株式会社<br>住友大阪セメント株式会社<br>横浜エスオーシー株式会社 | 骨材置換法による再生粗骨材コンクリート | 火力発電所の解体コンクリートを同施設の廃棄物焼却炉建物に活用<br>火力事務本館の解体コンクリートを構内変圧器置場（建築基準法対象外）に活用 |
| | 東京電力株式会社<br>東電設計株式会社<br>東電工業株式会社<br>住友大阪セメント株式会社 | 骨材置換法による再生粗骨材コンクリート | 14工場（東京都9，千葉県2，神奈川県3）での大臣認定取得 |
| | 東京電力株式会社<br>東電設計株式会社<br>東電工業株式会社<br>住友大阪セメント株式会社 | 骨材置換法による再生骨材コンクリート | 16工場（東京都9，千葉県2，神奈川県5）での大臣認定取得<br>火力発電所2号系列1軸に活用（付5参照） |

| | | | |
|---|---|---|---|
| 個別認証 | 清水建設株式会社 | 再生骨材コンクリートH<br>（5件） | 再生細骨材と再生粗骨材を製造し，オフィスビルや倉庫等の杭，基礎，上部躯体に適用（$Fc\ 21\sim27\ \text{N/mm}^2$）．再生骨材および再生骨材コンクリートの製造を通常のように現場外で行うケースに加え，現場内でクローズドリサイクルを実施 |
| | 株式会社竹中工務店 | 再生粗骨材コンクリートH<br>（4件） | 再生粗骨材を中間処理場で製造し，レディーミクストコンクリート工場に搬送して再生骨材コンクリートを製造・打設．$Fc\ 27\ \text{N/mm}^2$で集合住宅やオフィスビルの杭，基礎，床版に適用 |
| | 東京電力株式会社<br>前田建設工業株式会社<br>千葉宇部コンクリート工業株式会社 | 骨材置換法による<br>再生粗骨材コンクリート | 火力発電所の解体コンクリートを同敷地内の地域共生施設建物に活用 |
| | 株式会社浅沼組<br>宮松エスオーシー株式会社 | 再生骨材コンクリートM | 基礎および地中梁に$Fc\ 30\ \text{N/mm}^2$の再生骨材コンクリートM1種を適用 |
| | 独立行政法人都市再生機構<br>鹿島建設株式会社<br>宍戸コンクリート工業株式会社 | 再生骨材コンクリートH<br>再生骨材コンクリートM | 建替え工事で発生したコンクリート塊を使用して，平屋1階床以上の上部躯体に再生粗骨材コンクリートを適用 |

# 付2．クローズド型のコンクリート再資源化技術の適用事例

## 1．はじめに

解体コンクリートの再利用率は，2000年度以降，96％以上の極めて高い水準にあるが，その大半は道路用の路盤材への利用である．路盤材の需要は縮減傾向にあり，地域的なアンバランスも存在するため，高度経済成長期以降に建設された構造物の更新による解体コンクリートの発生量の増大が見込まれる中，路盤材への利用だけで対応することは困難と考えられる．

ここでは，品質を維持したコンクリート用骨材の再生と解体コンクリートの100％再利用を目標としたクローズド型のコンクリート再資源化技術（以下，コンクリート資源循環システムという）の概要と，実構造物へ適用事例[1),2)]について紹介する．

## 2．技術概要

付図2.1は，コンクリート資源循環システムの概要を示すものである．本システムは，事前調査によって，骨材を再生した際に必要な品質が得られることを確認した解体コンクリートからHクラスの再生細・粗骨材および微粉末を製造し，再生細・粗骨材は構造用コンクリート骨材として，微粉末はセメント原料または地盤改良材として，新規構造物の建設工事に利用するもので，解体コンクリートを100％再利用するだけでなく，構造用コンクリート骨材の循環利用を図ることをコンセプトにしている．調査，解体・破砕，分離・再生，ならびに微粉末および骨材の再利用という個々の要素を総合して1つのシステムとして構築し，実際の運用を可能にした点が大きな特徴である．

再生骨材の製造には，加熱すりもみ法[3)]を採用している．加熱すりもみ法は，コンクリート塊を約300℃に加熱してセメント水和物を脱水・ぜい弱化した後，すりもみ処理するもので，セメン

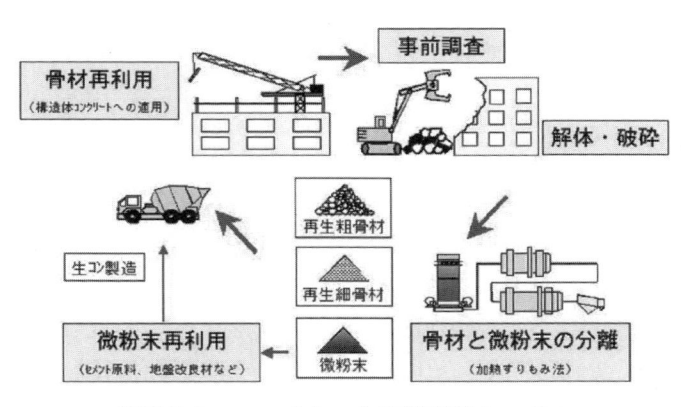

付図2.1　コンクリート資源循環システム

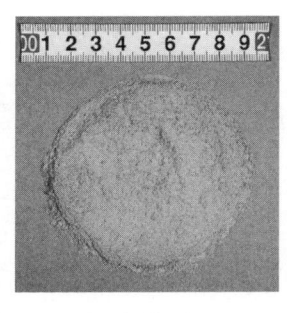

付図2.2 再生粗骨材（左），再生細骨材（中），微粉末（右）

ト分を選択的に除去し，再生細骨材Hおよび再生粗骨材Hを効率的に製造できる技術である．加熱すりもみ法によって得られた再生粗骨材H，再生細骨材Hおよび微粉末を付図2.2に示す．

## 3．適 用 事 例

実施工への適用事例として，昭和45年に建設された倉庫の建替工事において，現場内に再生骨材製造プラントとレディーミクストコンクリート製造プラント（生コンプラント）を設置して行った事例について紹介する[4]．施工現場における2つのプラントの設置状況を付図2.3に示す．

付図2.3 施工現場におけるプラントの設置状況

### （1） 事 前 調 査

工事に先立って，対象とする建物のコンクリートが構造用コンクリート骨材のリサイクルに適するかを確認するための調査を実施した．建物からコンクリートコアを採取し，室内の設備で加熱すりもみを行った後，5％の塩酸で付着ペーストを除去して原骨材を取り出した．調査内容を付表2.1に，詳細調査結果を付表2.2に示す．

原骨材の吸水率は粗骨材1.29％，細骨材2.14％，絶乾密度は粗骨材2.63 g/cm³，細骨材2.57 g/cm³ であり，JIS A 5308（レディーミクストコンクリート）附属書A（規定）「レディーミクストコンクリート用骨材」を満足した．また，アルカリシリカ反応性はいずれの骨材も無害であっ

付2．クローズド型のコンクリート再資源化技術の適用事例 —165—

**付表2.1　調査内容**

| 項目 | | 内容 |
|---|---|---|
| 書類調査 | | 建設時の記録（図面，コンクリートの種類，使用骨材に関する情報など），補修・改修履歴 |
| 外観調査 | | 劣化の有無（塩害，アルカリシリカ反応の可能性） |
| 詳細検査 | コンクリート | 塩化物量，圧縮強度，単位容積質量 |
| | 骨材 | 密度・吸水率，アルカリシリカ反応性 |

**付表2.2　詳細調査内容**

| コア強度 ($N/mm^2$) | 塩化物量 ($kg/m^3$) | 種別 | 絶乾密度 ($g/cm^3$) | 吸水率 (%) | 粗粒率 | アルカリシリカ反応性 |
|---|---|---|---|---|---|---|
| 24.7 | 検出限界以下 | 川砂利 | 2.63 | 1.29 | 6.69 | JIS A 1145 無害 ($Sc：47$, $Rc：79$) |
| | | 川砂 | 2.57 | 2.14 | 2.89 | JIS A 1804 無害 (長さ変化率：0.045%) |
| 品質基準 | 0.3以下 | 粗骨材 | 2.5以上 | 3.0以下 | / | 無害であること |
| | | 細骨材 | | 3.5以下 | | |

た．塩化物量も認められないことから，当該コンクリートから製造された再生骨材は必要な性能を有すると判断した．

(2)　解体・破砕

　解体は圧砕機を用いた転倒工法で行い，小割して鉄筋を除去した後，大型の移動式破砕機でコンクリート塊を破砕し，振動スクリーンを用いて40 mmオーバー材とアンダー材に分離した．また，オーバー材はさらに小型の移動式破砕機で破砕し，すべてをおおむね40 mm以下とした．

　再生骨材の原料となるコンクリート塊の粒度分布は，路盤材として使うRC 40の粒度範囲のほぼ上限の粒度構成であり，5 mm以下の粒子が重量で40%程度含まれていた．また，含水率は平均で約11%，標準偏差は1.9%であった．

(3)　再生骨材の製造

　再生骨材の絶乾密度の検査結果を付図2.4と付図2.5に示す．再生粗骨材の平均は2.59 g/cm³，再生細骨材の平均は2.53 g/cm³であり，初期の試運転期間を除き，再生骨材の絶乾密度は管理値（絶乾密度2.45 g/cm³以上）を満足した．また，精密検査の結果も付表2.3に示す品質評価項目をすべて満足していた．なお，製造期間全体の回収率（絶乾のコンクリート塊処理量に対する再生骨材生産量の割合）は，再生粗骨材が約35%，再生細骨材が約21%，トータルで約56%という回収率であり，パイロットプラントでの実績[5]と比較すると低い結果であった．

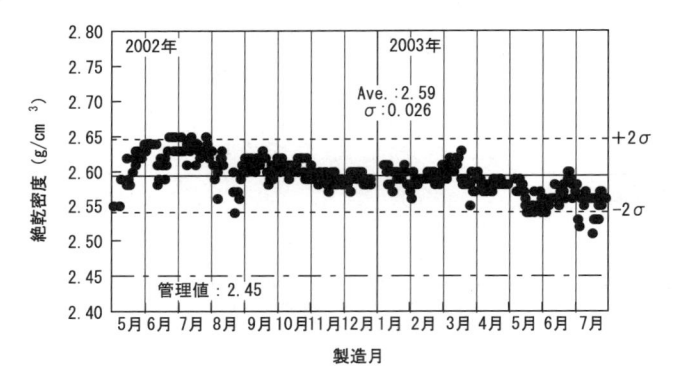

付図2.4　再生粗骨材の検査結果

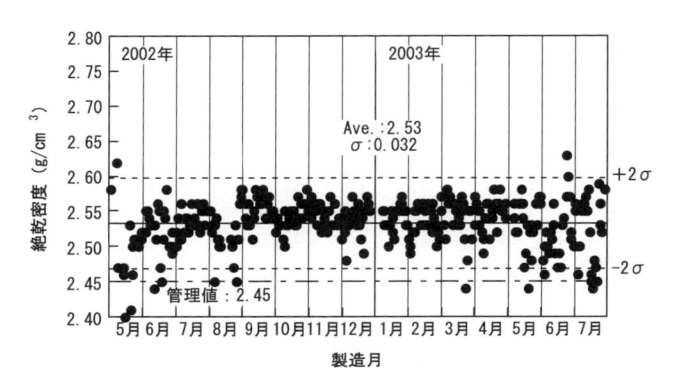

付図2.5　再生細骨材の検査結果

付表2.3　再生骨材の精密検査結果

| | 項目 | 2002年5，6月 | 2002年11月 | 2003年5月 | 基準値 |
|---|---|---|---|---|---|
| 粗骨材 | 微粒分量 | 0.19% | 0.33% | 0.28% | 1.0%以下 |
| | アルカリシリカ反応性（mmol/l） | 無害<br>$Rc$：89，$Sc$：43 | 無害<br>$Rc$：113，$Sc$：37 | 無害<br>$Rc$：142，$Sc$：29 | 無害<br>$Rc>Sc$ |
| | 安定性 | 4.0% | 1.6% | 2.6% | 12%以下 |
| | 1.95浮遊不純物量 | 0.5% | 0.3% | 0.1% | 1.0%以下 |
| | 粒形判定実積率 | 66.5% | 64.1% | 66.0% | 55%以上 |
| 細骨材 | 塩化物量 | 0.002% | 0.001% | 0.002% | 0.04%以下 |
| | 微粒分量 | 1.80% | 2.36% | 0.76% | 7.0%以下 |
| | アルカリシリカ反応性（mmol/l） | 無害<br>$Rc$：154，$Sc$：30 | 無害<br>$Rc$：202，$Sc$：16 | 無害<br>$Rc$：202，$Sc$：18 | 無害<br>$Rc>Sc$ |
| | 安定性 | 1.40% | 0.60% | 0.90% | 10%以下 |
| | 1.95浮遊不純物量 | 0.30% | 0.40% | 0.00% | 1.0%以下 |
| | 粒形判定実積率 | 68.7% | 59.9% | 62.8% | 53%以上 |

## （4） 再生骨材コンクリートの製造および施工

上部躯体に用いたコンクリートの調合設計条件を付表2.4に，標準調合を付表2.5に示す．再生細・粗骨材によるRR，再生細骨材Hと普通粗骨材によるRN，普通細骨材と再生粗骨材HによるNR，普通骨材コンクリートNNの4種類を製造した．再生骨材コンクリートは，再生粗骨材Hについては粒形が丸いこと，再生細骨材Hについては粒度が幾分大きいことから，普通コンクリートに比較して単位水量あるいはAE減水剤の添加率が少ない調合となった．

再生骨材コンクリートHはRR，RNおよびNRを合わせ，約12 500 m³を製造した．スランプ，空気量および圧縮強度の検査結果を付図2.6に示す．スランプは平均で19.1 cm，空気量は平均で4.2%であり，いずれも管理値を満足するものであった．また，圧縮強度（標準養生，材齢28日）の変動係数は5.4〜8.4%であり，すべての供試体で呼び強度を上回った．また，6か月の乾燥収縮率は，付図2.7に示すようにRR＞NR＞RN＞NN（いずれも呼び強度30）の順となり，コンクリートの種類によって差を生じたものの，最も乾燥収縮率が大きいRRでも0.07%程度と良好な結果であった．

なお，コンクリートの製造から打込み終了までの時間が，現場内に生コンプラントがあるため30分で済むというメリットもあり，全体に品質のよいコンクリートを打ち込むことができた．

付表 2.4　調合設計条件

| 設計基準強度 | 温度補正値 | 単位水量 | スランプ | 空気量 |
|---|---|---|---|---|
| 24 N/mm² | 0，3，6 N/mm² | 175 kg/m³以下 | 18±2.5 cm | 4.5±1.5% |

付表 2.5　調合表

| 種類 | 呼び強度 | 水セメント比 $W/C$（%） | 単位量（kg/m³） | | | | AE減水剤 （$C×$%） |
|---|---|---|---|---|---|---|---|
| | | | セメント | 水 | 細骨材 | 粗骨材 | |
| RR | 27 | 51.7 | 323 | 167 | 792 | 1 011 | 0.250 |
| | 30 | 48.4 | 347 | 168 | 769 | 1 011 | 0.250 |
| | 33 | 45.5 | 374 | 170 | 743 | 1 011 | 0.250 |
| RN | 27 | 54.4 | 320 | 174 | 829 | 972 | 0.250 |
| | 30 | 50.4 | 345 | 174 | 808 | 972 | 0.250 |
| | 33 | 47.0 | 372 | 175 | 783 | 972 | 0.250 |
| NR | 27 | 51.7 | 323 | 167 | 722 | 1 080 | 0.250 |
| | 30 | 48.4 | 347 | 168 | 699 | 1 080 | 0.250 |
| | 33 | 45.5 | 374 | 170 | 673 | 1 080 | 0.250 |
| NN | 27 | 54.4 | 320 | 174 | 810 | 988 | 0.250 |
| | 30 | 50.4 | 345 | 174 | 789 | 988 | 0.375 |
| | 33 | 47.0 | 372 | 175 | 764 | 988 | 0.375 |

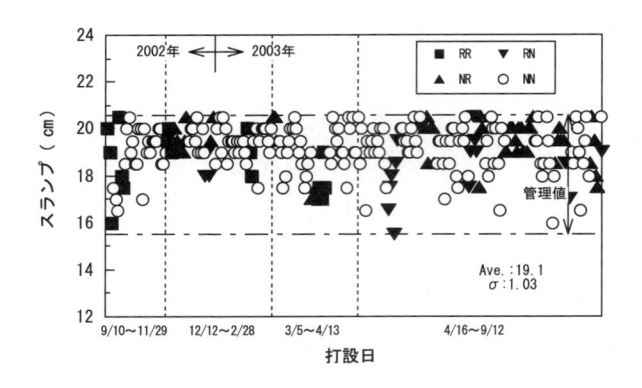

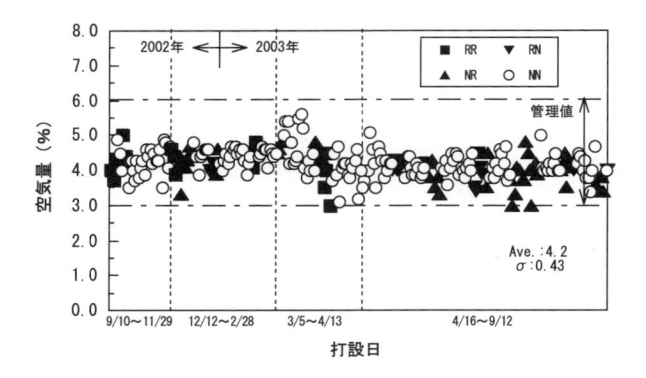

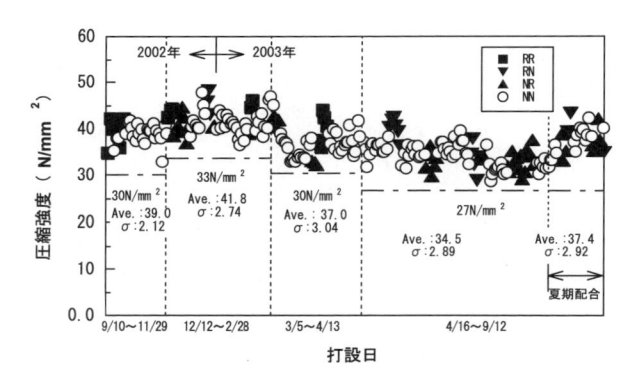

付図 2.6 スランプ（上），空気量（中）および圧縮強度（下）の検査結果

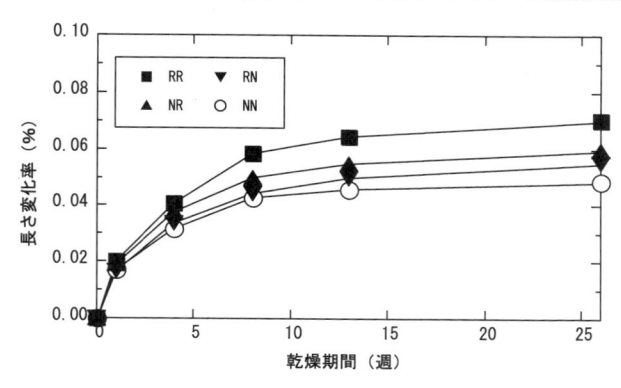

付図2.7 乾燥収縮率

(5) 微粉末の利用

加熱すりもみ法によって得られた微粉末は水分吸着性が高く，若干の水硬性を有するといった有用な性質を有しているため，地盤改良用にセメントの一部と置換して再利用できる[6]．本件では，当該現場だけでなく，社内の他現場にも微粉末を運び，地盤改良用に「自ら利用」した．現場での適用状況を付図2.8〜付図2.9に示す．なお，微粉末の再水和メカニズムに関しては既往の文献[7]に示されている．

付図2.8 浅層改良への適用状況

付図2.9 深層改良への適用状況

(6) 環境負荷の評価

再生骨材Hを得るための工程はエネルギーを多く使い，地球環境には優しくないとの意見もあるが，微粉末をセメント代替として有効利用することで，セメント量を削減できればトータルの$CO_2$排出量は削減すると考えられる．

付図2.10は，解体によって発生したコンクリート塊を再資源化施設へ輸送して路盤材を製造する従来のケースと，オンサイト型コンクリート資源循環システムを適用するケースに関して，環境負荷評価（LCA）を行った結果である．インベントリ分析を実施したのはP1（路盤材利用），

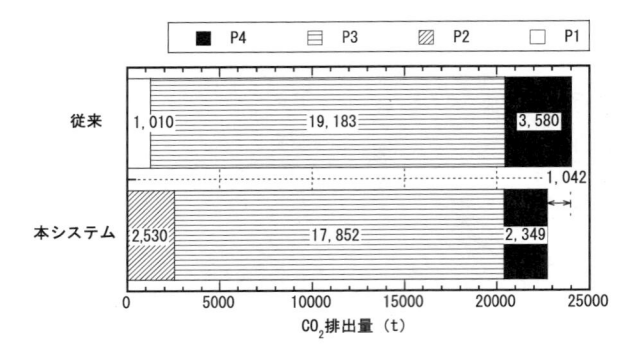

付図2.10 $CO_2$排出量の比較[8]

P2(骨材製造),P3(レディーミクストコンクリート製造)およびP4(地盤改良)の各ステージであり,ステージごとに$CO_2$排出量を算定し,加算した[8].

再生骨材製造の$CO_2$排出量は71.2 kg-$CO_2$/tであり,路盤材製造の環境負荷の5倍以上となった.しかしながら,輸送量や固化材の減少によってP3(レディーミクストコンクリート製造)およびP4(地盤改良)において$CO_2$排出量が減少したため,P2(再生骨材製造)による$CO_2$排出量の増分を加えても,再資源化施設へ輸送して処理する従来のケースより約1 000 t-$CO_2$の排出量が減少し,LCAの観点からもコンクリート資源循環システムの適用は有効であることが確認できた.

## 参考文献

1) 黒田泰弘ほか:コンクリート資源循環システムの開発・実用化(その1~3),日本建築学会大会梗概集,pp.729-734,2000.09
2) 黒田泰弘・橋田 浩・山崎庸行・宮地義明:構造用再生骨材コンクリートによる現場内リサイクル,日本建築学会大会学術講演梗概集,pp.61-64,2004.08
3) 古賀康男ほか:原子力発電所解体コンクリートからの骨材の分離技術,放射性廃棄物研究16,No.2,pp.17-25,1996
4) 黒田泰弘・橋田 浩・宮地義明:再生骨材コンクリート12 500 m³を建築躯体に本格採用<東京団地倉庫(株)平和島倉庫A-1棟建替工事>,セメント・コンクリート No.685,pp.8-18,セメント協会,2004
5) 島 裕和・鴻巣一巳・橋本光一・古賀康男:加熱すりもみ法によるコンクリート塊からの高品質骨材回収技術の開発,コンクリート工学年次論文報告集 Vol.22-2,pp.1093-1098,日本コンクリート工学協会,2000
6) 内山 伸・桂 豊・黒田泰弘:加熱すりもみ処理した解体コンクリート微粉の固化特性,土木学会第57回年次学術講演会,III-037,pp.73-74,土木学会,2002
7) 黒田泰弘・竹本喜昭・内山 伸:再生骨材に伴い発生する副産微粉末の再水和メカニズムに関する研究,Cement Science and Concrete Technology,No.58,pp.533-540,2004
8) 黒田泰弘ほか:オンサイト型コンクリート資源循環システム,清水建設研究報告第79号,pp.1-10,2004

# 付3．偏心ローター式装置で製造された再生骨材Hを用いたコンクリートの施工事例

## 1．概　要

本事例は，本会「鉄筋コンクリート造建築物の環境配慮施工指針(案)・同解説」における「付2．高品質再生骨材コンクリートの適用事例」[1]，および「再生粗骨材コンクリートのプロジェクトへの適用－新千里桜ヶ丘住宅建替計画の事例－」[2]を本指針で参考となるように再構成したものである．

本事例では，集合住宅の建替え工事で発生したコンクリート塊から，付図3.1に示す偏心ロータ式機械すりもみ装置により再生粗骨材を製造し，構造用コンクリートの粗骨材として利用した．付図3.2の解体中の建築物は，12棟からなる鉄筋コンクリート造4階建ての集合住宅であり，1967年に竣工したものであった．解体コンクリート量は，14 400 tであり，このうち11 500 tが再生骨材の原料として用いられ，3 800 tの再生粗骨材を製造した．製造した再生粗骨材を用いたコンクリートは，杭および基礎に用いられ，合計4 159 m³が使用された．

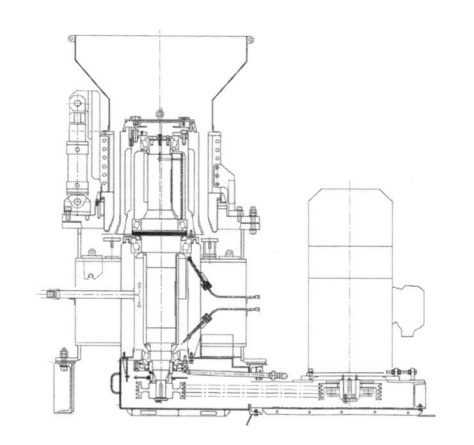

付図3.1　偏心ロータ式装置の主要部断面　　　付図3.2　解体中の旧集合住宅

## 2．再生粗骨材および再生骨材コンクリートの品質管理

現在のJIS A 5021（コンクリート用再生骨材H）およびJIS A 5308（レディーミクストコンクリート）では，再生骨材Hおよび再生骨材コンクリートHの品質管理に関する基準が示されているが，本事例はJISの制定・改定前であったために国土交通大臣による認定を受けて再生骨材コンクリートが適用された．認定を受けた（付表1.4の個別認証2例目）再生骨材コンクリートの品質管理の流れを付図3.3に示す．なお，本事例での再生骨材の品質は，再生骨材Hの規格値

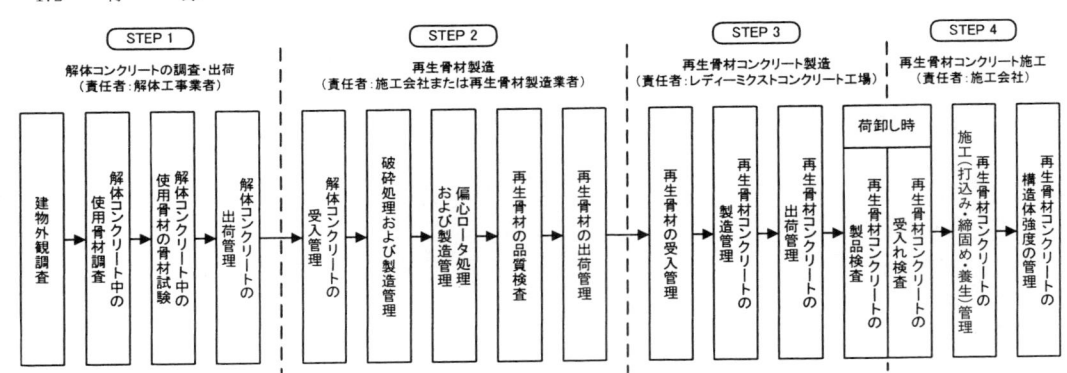

付図 3.3 再生骨材と再生骨材コンクリートの品質管理全体のフロー

を満足しており，ここでは再生骨材 H と表記する．

## 2.1 再生粗骨材の品質管理（Step 1 〜 2）

（1） 原骨材に関する品質管理方法

アルカリシリカ反応性については，解体建物ごとにコアボーリングを行って原骨材の特定が行われ，塩酸に浸漬して取り出した骨材を JIS A 1145（骨材のアルカリシリカ反応性試験方法（化学法））により試験を行って無害と判定されたものが使用された．確保すべき再生骨材の品質の判定基準は，後述の付表 3.1 に示すが，有効桁の四捨五入を考慮すると，絶乾密度で 2.45 g/cm³ および吸水率で 3.04％となる．付図 3.4 に原骨材の品質と再生骨材の品質の関係を示すが，これらの基準値は，原骨材ではそれぞれ絶乾密度で 2.52 g/cm³ および吸水率で 2.5％に相当する．原骨材の品質管理の基準値としては，これらの値に品質のばらつきが加味され，原骨材の絶乾密度で 2.54 g/cm³ 以上，吸水率で 2.3％以下と設定され，解体建物から採取されるコンクリート塊の使用の可否が判定された．

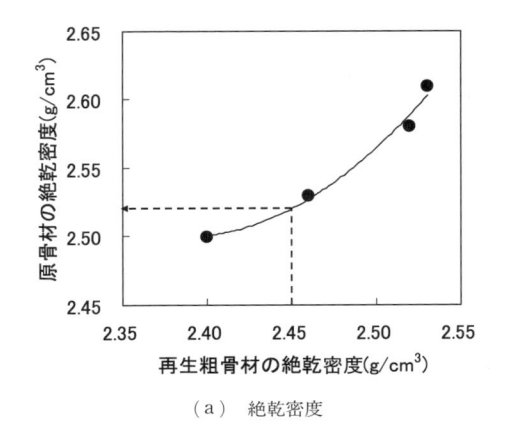

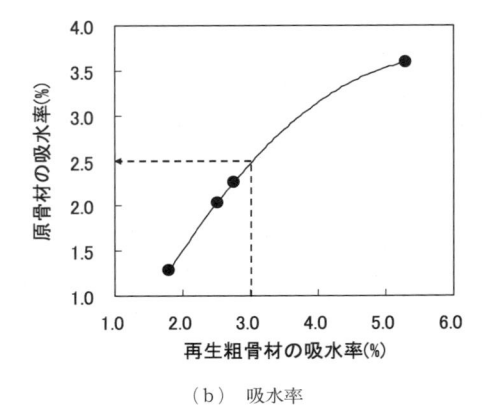

（a） 絶乾密度　　　　　　（b） 吸水率

付図 3.4 原骨材と再生粗骨材の絶乾密度・吸水率の関係

（2） 再生粗骨材の品質検査および出荷

　偏心ロータの運転は所定の条件で行われ，振動ふるいや水洗施設で細粒分を除去した後にサンプリングされ，付表3.1の項目について品質検査が行われた．検査項目には再生粗骨材固有の項目として不純物量の試験が加えられた．JIS A 5021 では，不純物の試験方法として限度見本による方法が採用されているが，本工事では少量の混入量で有害となる木くずや紙くず，プラスチックなどを不純物量の管理対象とし，JIS A 1141（密度 1.95 g/cm³ の液体に浮く粒子の試験方法）が試験方法として採用された．検査ロットは，1週間で製造できる量を目安に 300 t が最大とされた．生コン工場への出荷時には，コンクリート塊の発生場所，数量および品質検査結果を記入した出荷検査表が添付された．

**付表 3.1　再生粗骨材の品質検査項目と試験方法**

| 検査項目 | 試験方法 | 試験頻度 | 判定基準 |
| --- | --- | --- | --- |
| 絶乾密度 | JIS A 1110（粗骨材の密度及び吸水率試験方法） | 1日1回以上，かつ骨材製造量 300 t につき1回以上 | 2.5 g/cm³ 以上 |
| 吸水率 | | | 3.0% 以下 |
| 粒形判定実積率 | JIS A 1104（骨材の単位容積質量及び実積率試験方法） | | 55% 以上 |
| ふるい分け試験 | JIS A 1102（骨材のふるい分け試験方法） | | JASS 5 による |
| 微粒分量 | JIS A 1103（骨材の微粒分量試験方法） | | 1.0% 以下 |
| 不純物量<br>（1.95 g/cm³ 重液浮遊量） | JIS A 1141 | | 1.0% 以下 |
| アルカリシリカ反応性 | 塩酸によりモルタル分を除去後，JIS A 1145 に準拠 | 解体工事ごと，かつ骨材製造量 2 000 t につき1回以上 | 無害であること |

## 2.2　再生骨材コンクリートの品質管理（Step 3～4）

（1）　再生骨材の受入検査

　再生骨材の受入検査は，再生骨材の出荷検査表で行われた．また，アルカリシリカ反応性については，使用予定の調合のうち，骨材混合比率およびセメント種類ごとに，最もセメント量の多い調合のコンクリートに対して，全国生コンクリート工業組合連合会 ZKT-206（コンクリートのアルカリシリカ反応性試験迅速方法）により，無害であることが確認された．

（2）　再生骨材コンクリートの製造および出荷検査

　再生骨材コンクリートの製造および出荷検査に関しては，一般コンクリートと同様に行われた．

## 3. 原骨材の品質管理結果

再生粗骨材の製造に際して，各棟の外観調査，採取したコアの観察〔付図3.5〕，コアのセメント水和物を塩酸で溶解して得られた原骨材〔付図3.6〕の密度および吸水率の確認，ならびにアルカリシリカ反応性試験（化学法）が実施された．付表3.2に示すように，含まれていた数種類の原骨材すべてが十分な品質を有しており，アルカリシリカ反応性は無害であることが確認された．

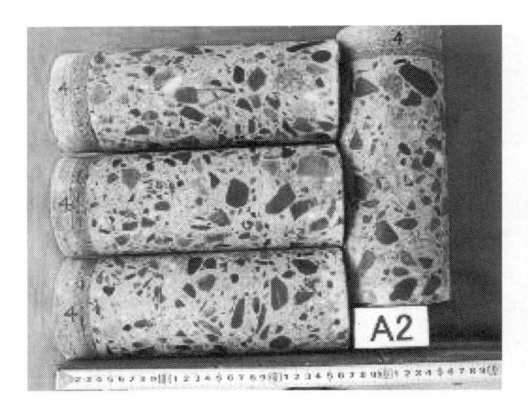

付図3.5 採取したコアの例

付図3.6 取り出した原骨材の例

付表3.2 原骨材の試験結果

| 棟番号 | 推定出荷工場[1] | 絶乾密度 $(g/cm^3)$ | 吸水率 (%) | アルカリシリカ反応性[2] |
|---|---|---|---|---|
| A 7 | A | 2.60 | 0.90 | 無害 |
| A 9 | | 2.58 | 1.12 | Rc 127 mmol/L　Sc 23 mmol/L |
| A 1 | B | 2.62 | 0.87 | 砕石：無害 |
| A 3 | | 2.62 | 0.83 | Rc 132 mmol/L　Sc 22 mmol/L |
| A 4 | | 2.62 | 0.79 | 砂利：無害 |
| A 5 | | 2.61 | 0.86 | Rc 135 mmol/L　Sc 30 mmol/L |
| A 11 | | 2.60 | 1.05 | |
| A 12 | | 2.62 | 0.89 | |
| A 2 | C | 2.61 | 0.79 | 無害 |
| A 6 | | 2.57 | 1.20 | Rc 127 mmol/L　Sc 26 mmol/L |
| A 8 | | 2.58 | 1.00 | |
| A 10 | | 2.58 | 1.16 | |

注（1） 採取したコアおよび取り出した原骨材から建設当時に出荷が可能であった工場を推定
　（2） 推定出荷工場の原骨材ごとに試験を実施

## 4. 再生粗骨材の製造と品質管理結果

### 4.1 偏心ローター式装置による再生粗骨材製造技術の概要

原料として適合性が確認されたコンクリート塊は，中間処理場に集積され，1次破砕した後に，偏心ローター式装置によりすりもみ処理が行われた．付図3.1に示す装置内では，高速で偏心回転する内筒部と外筒部の間を上部から下部へと通過中のコンクリート塊がすりもみ作用を受け，粗骨材とモルタル分に分離される．装置下部から排出される骨材を5mmのふるいで分級することにより，再生粗骨材を製造することができる．再生粗骨材の製造フローを付図3.7に，製造した再生粗骨材を付図3.8に示す．

### 4.2 再生粗骨材の品質管理結果

製造した再生粗骨材は2～3日に1回の頻度でサンプリングされ，品質検査が実施された．品質検査結果のうち，絶乾密度，吸水率，不純物量および粗粒率の試験結果をそれぞれ付図3.9～3.12に示す．絶乾密度および吸水率は，JIS A 5021の再生骨材Hの基準を満足した．コンクリート表面の仕上材や打ち込まれた仮設材料に起因すると考えられる不純物量は一般財団法人・日本建築センターの建築構造用再生骨材の認定基準である1%以下であり，コンクリートの

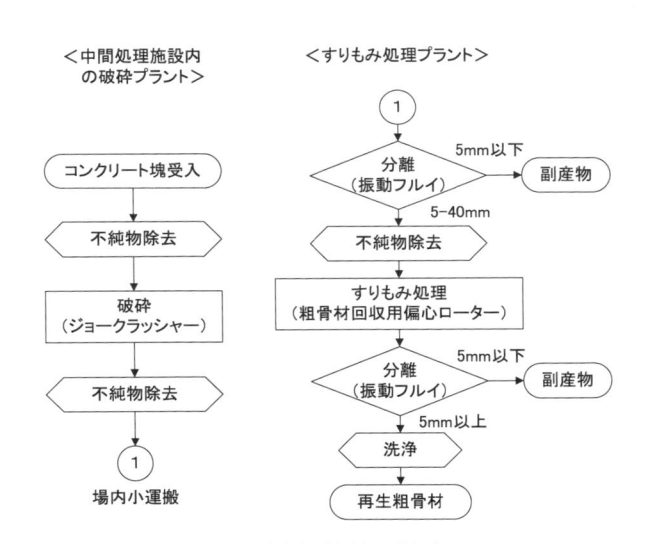

付図3.7　再生粗骨材の製造フロー

付図3.8　製造した再生粗骨材

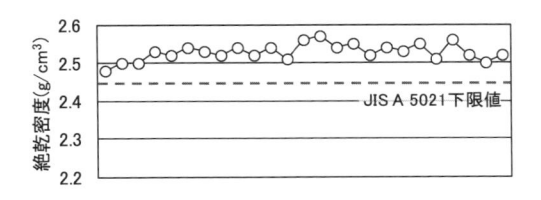

付図3.9　再生粗骨材の品質検査結果（絶乾密度）

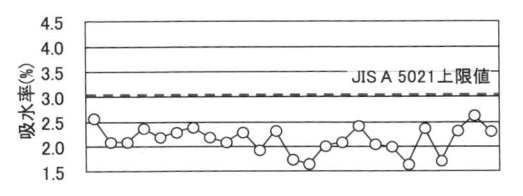

付図3.10　再生粗骨材の品質検査結果（吸水率）

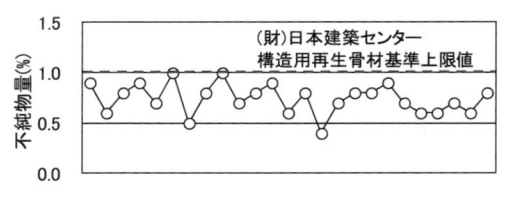

付図 3.11 再生粗骨材の品質検査結果（不純物量）

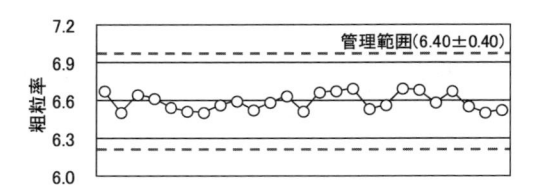

付図 3.12 再生粗骨材の品質検査結果（粗粒率）

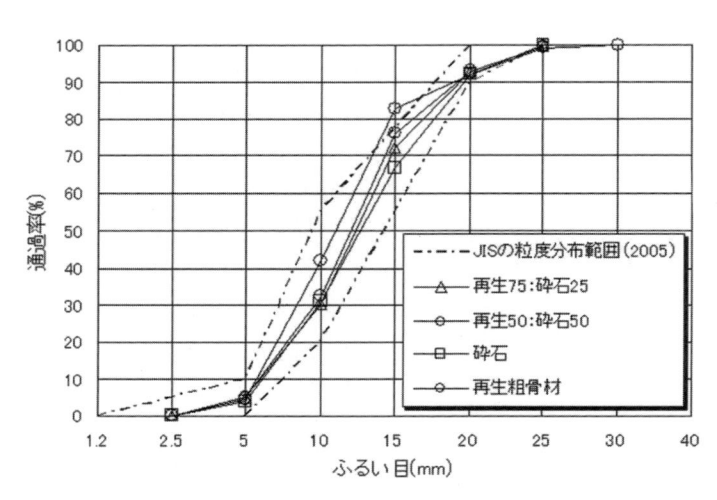

付図 3.13 砕石混合比を変化させたときの粒度分布

品質への影響はないと考えられる程度であった．再生粗骨材の粒度のばらつきがやや大きいため，受け入れるレディーミクストコンクリート工場と協議のうえ，粗粒率の受入れ基準を $6.60\pm0.40$ に設定した．なお，再生骨材コンクリートに使用する際には，粒度調整を目的として砕石と混合して使用した．付図 3.13 に混合比率を変化させた場合の粒度分布を示す．本工事では，砕石を 25〜50% の割合で混合した．

## 5．再生骨材コンクリートの調合

### 5.1 試し練りの概要

再生骨材コンクリートの製造に先立ち，調合を検討するために出荷予定の3つのレディーミクストコンクリート工場で試し練りが実施された．試し練りは，セメント水比と管理材齢における圧縮強度との関係を求めるための室内試験と，実際の設備で製造したコンクリートについてフレッシュコンクリートの経時変化の確認および強度補正を行うための実機試験が行われた．

### 5.2 室内試験

室内試験の計画調合における実験因子と水準を付表 3.3 に示す．実験因子として，使用予定のセメント種類，目標スランプ，指定強度 21〜36 N/mm² の範囲に相当する水セメント比，および

付表3.3　試し練り（室内試験）の実験因子と水準

| 因子 | 水準 |
| --- | --- |
| セメントの種類 | 普通，高炉B種 |
| 水結合材比 | 40%，50%，60% |
| スランプ | 15 cm，18 cm |
| 砕石/粗骨材の比率 | 0%，20%，50%，100% |

付表3.4　試し練りの使用材料

| 種別 | 記号 | 種類・産地 | 主な物理的性質 |
| --- | --- | --- | --- |
| セメント | C（N） | 普通ポルトランドセメント | 密度 3.16 g/cm³ |
|  | C（BB） | 高炉セメントB種 | 密度 3.02 g/cm³ |
| 粗骨材 | G1 | 砕石2015 | 表乾密度 2.68 g/cm³，吸水率 0.80%，粗粒率 7.07 |
|  | G2 | 砕石1505 | 表乾密度 2.67 g/cm³，吸水率 0.84%，粗粒率 6.24 |
|  | G3 | 再生粗骨材 | 表乾密度 2.55 g/cm³，吸水率 2.10% |
| 細骨材 | S1 | 海砂 | 表乾密度 2.51 g/cm³，吸水率 2.01%，粗粒率 2.68 |
|  | S2 | 山砂 | 表乾密度 2.56 g/cm³，吸水率 2.04%，粗粒率 2.76 |
| 水 | W | 水道水 | — |
| 混和剤 | AE | AE減水剤 | 密度 1.08 g/cm³ |
|  | SP | 高性能AE減水剤 | 密度 1.06 g/cm³ |

　再生粗骨材の粒度のばらつきを抑えるための再生粗骨材に対する砕石混合比率を設定した．一例として，ある工場における使用材料および計画調合をそれぞれ付表3.4および付表3.5に示す．練混ぜには容量50Lの強制2軸練りミキサーが使用され，1バッチあたりの練り量は35Lとされた．フレッシュコンクリートの試験結果を付表3.6に示す．各調合とも所定の計画値を満足するコンクリートが得られた．

　標準水中養生を行った試験体のうち，代表的なものとして高炉セメントB種を用いた試験体の圧縮強度試験結果を付図3.14～3.16に示す．この工場においては，砕石の混合比率，スランプの違い，および混和剤の違い（AE減水剤と高性能AE減水剤）によって，圧縮強度に大きな差はなかった．付図3.17にセメント水比と材齢4週の圧縮強度との関係を示す．水セメント比40～60%の範囲で，セメント水比と材齢4週の圧縮強度とは高い相関を示した．

## 5.3　実機試験

　実機試験は，本工事で使用頻度が高いと考えられる付表3.5の調合No.2とNo.18について実施され，フレッシュ性状の経時変化と，圧縮強度が調べられた．練混ぜには実機の強制2軸ミキサーが使用され，1バッチあたりの練り量を2.25 m³とし，アジテータ車に2バッチ分が積み込ま

付表 3.5　試し練り（室内試験）の調合

| 調合 No. | セメントの種類 | 目標値 スランプ | 目標値 空気量 | 混和剤の種類 | 砕石混入率 | $W/C$ (%) | かさ容積 (m³/m³) | $s/a$ (%) | 単位量 (kg/m³) W | C | G1 | G2 | G3 | S1 | S2 |
|---|---|---|---|---|---|---|---|---|---|---|---|---|---|---|---|
| 1 | 高炉B種 | 15 cm | 4.5% | AE | 0 % | 60 | 0.610 | 45.0 | 180 | 300 | — | — | 949 | 545 | 233 |
| 2 | | | | | 0 % | 50 | 0.620 | 42.4 | 180 | 360 | — | — | 964 | 498 | 214 |
| 3 | | | | | | 40 | 0.630 | 38.7 | 180 | 450 | — | — | 979 | 417 | 179 |
| 4 | | | | | 25% | 60 | 0.610 | 45.0 | 180 | 300 | 249 | — | 711 | 545 | 233 |
| 5 | | | | | | 50 | 0.620 | 42.4 | 180 | 360 | 253 | — | 723 | 498 | 214 |
| 6 | | | | | | 40 | 0.630 | 38.7 | 180 | 450 | 257 | — | 734 | 434 | 186 |
| 7 | | | | | 50% | 60 | 0.610 | 45.0 | 180 | 300 | 349 | 149 | 474 | 545 | 233 |
| 8 | | | | | | 50 | 0.620 | 42.4 | 180 | 360 | 355 | 152 | 482 | 498 | 214 |
| 9 | | | | | | 40 | 0.630 | 38.7 | 180 | 450 | 361 | 155 | 490 | 434 | 186 |
| 10 | | | | | 100% | 50 | 0.620 | 42.4 | 180 | 360 | 608 | 405 | — | 498 | 214 |
| 11 | | 18 cm | | SP | 0 % | 60 | 0.580 | 47.0 | 185 | 308 | — | — | 903 | 563 | 241 |
| 12 | | | | | | 50 | 0.590 | 44.4 | 185 | 370 | — | — | 918 | 515 | 221 |
| 13 | | | | | | 40 | 0.600 | 40.7 | 185 | 462 | — | — | 933 | 450 | 193 |
| 14 | | | | | | 60 | 0.580 | 47.6 | 180 | 300 | — | — | 903 | 577 | 247 |
| 15 | | | | | | 50 | 0.590 | 45.1 | 180 | 360 | — | — | 918 | 531 | 227 |
| 16 | | | | | | 40 | 0.600 | 41.5 | 180 | 450 | — | — | 933 | 466 | 200 |
| 17 | 普通 | 18 cm | 4.5% | SP | 0 % | 60 | 0.580 | 47.9 | 180 | 300 | — | — | 903 | 585 | 250 |
| 18 | | | | | | 50 | 0.590 | 45.5 | 180 | 360 | — | — | 918 | 540 | 231 |
| 19 | | | | | | 40 | 0.600 | 42.2 | 180 | 450 | — | — | 933 | 479 | 205 |
| 20 | | | | | 25% | 60 | 0.580 | 48.0 | 180 | 300 | 237 | — | 677 | 585 | 250 |
| 21 | | | | | | 50 | 0.590 | 45.5 | 180 | 360 | 241 | — | 590 | 540 | 231 |
| 22 | | | | | | 40 | 0.600 | 42.2 | 180 | 450 | 245 | — | 700 | 479 | 205 |
| 23 | | | | | 50% | 60 | 0.580 | 47.9 | 180 | 300 | 332 | 142 | 451 | 585 | 250 |
| 24 | | | | | | 50 | 0.590 | 45.5 | 180 | 360 | 337 | 145 | 459 | 540 | 231 |
| 25 | | | | | | 40 | 0.600 | 42.2 | 180 | 450 | 343 | 147 | 467 | 479 | 205 |
| 26 | | | | | 100% | 50 | 0.590 | 48.3 | 180 | 360 | 550 | 367 | — | 572 | 245 |
| 27 | | | | AE | 0 % | 60 | 0.580 | 47.4 | 185 | 308 | — | — | 903 | 572 | 245 |
| 28 | | | | | | 50 | 0.590 | 44.9 | 185 | 370 | — | — | 918 | 525 | 225 |
| 29 | | | | | | 40 | 0.600 | 41.3 | 185 | 462 | — | — | 933 | 462 | 198 |
| 30 | | 15 cm | | | | 60 | 0.610 | 45.3 | 180 | 300 | — | — | 949 | 552 | 236 |
| 31 | | | | | | 50 | 0.620 | 42.8 | 180 | 360 | — | — | 964 | 507 | 217 |
| 32 | | | | | | 40 | 0.630 | 39.3 | 180 | 450 | — | — | 979 | 446 | 191 |

付表3.6 フレッシュコンクリートの試験結果（室内試験）

| 調合No. | セメントの種類 | 目標値 スランプ | 目標値 空気量 | 砕石混入率 | W/C (%) | 混和剤 SP (C×%) | 混和剤 AE (C×%) | スランプ (cm) | フロー (cm×cm) | | 空気量 (%) | CT (℃) |
|---|---|---|---|---|---|---|---|---|---|---|---|---|
| 1 | 高炉B種 | 15cm | 4.5% | 0% | 60 | − | 0.75 | 17.5 | 27.5 | 30.0 | 3.7 | 25.0 |
| 2 | | | | | 50 | − | 0.65 | 17.0 | 29.0 | 28.0 | 3.6 | 26.0 |
| 3 | | | | | 40 | − | 0.60 | 16.0 | 26.0 | 25.5 | 4.1 | 26.5 |
| 4 | | | | 25% | 60 | − | 0.75 | 17.5 | 28.0 | 29.0 | 4.2 | 25.0 |
| 5 | | | | | 50 | − | 0.65 | 18.0 | 31.0 | 30.0 | 4.0 | 26.5 |
| 6 | | | | | 40 | − | 0.65 | 17.0 | 28.0 | 27.0 | 4.3 | 26.5 |
| 7 | | | | 50% | 60 | − | 0.75 | 18.0 | 31.0 | 31.5 | 3.6 | 25.5 |
| 8 | | | | | 50 | − | 0.65 | 18.0 | 31.0 | 30.0 | 3.9 | 26.0 |
| 9 | | | | | 40 | − | 0.65 | 17.0 | 28.0 | 27.0 | 4.2 | 26.5 |
| 10 | | | | 100% | 50 | − | 0.65 | 18.5 | 33.0 | 33.0 | 3.5 | 26.0 |
| 11 | | 18cm | | 0% | 60 | − | 0.65 | 19.5 | 36.5 | 35.5 | 4.5 | 25.5 |
| 12 | | | | | 50 | − | 0.65 | 19.5 | 34.0 | 33.0 | 4.3 | 26.0 |
| 13 | | | | | 40 | − | 0.65 | 18.5 | 30.0 | 30.0 | 4.5 | 26.5 |
| 14 | | | | | 60 | 0.55 | − | 19.5 | 32.0 | 31.5 | 4.8 | 26.5 |
| 15 | | | | | 50 | 0.40 | − | 20.5 | 38.5 | 37.0 | 3.5 | 26.0 |
| 16 | | | | | 40 | 0.35 | − | 20.0 | 35.0 | 34.0 | 5.0 | 27.0 |
| 17 | 普通 | 18cm | 4.5% | 0% | 60 | 0.60 | − | 18.5 | 31.0 | 30.5 | 3.8 | 25.0 |
| 18 | | | | | 50 | 0.475 | − | 18.5 | 32.0 | 31.0 | 3.5 | 25.0 |
| 19 | | | | | 40 | 0.50 | − | 20.0 | 34.0 | 32.5 | 3.7 | 25.5 |
| 20 | | | | 25% | 60 | 0.60 | − | 19.0 | 33.5 | 32.5 | 3.5 | 25.5 |
| 21 | | | | | 50 | 0.50 | − | 20.0 | 34.5 | 33.5 | 3.9 | 25.5 |
| 22 | | | | | 40 | 0.50 | − | 20.0 | 33.5 | 32.0 | 4.2 | 25.5 |
| 23 | | | | 50% | 60 | 0.55 | − | 18.0 | 28.5 | 28.0 | 3.8 | 26.0 |
| 24 | | | | | 50 | 0.50 | − | 19.5 | 34.5 | 33.0 | 4.3 | 26.0 |
| 25 | | | | | 40 | 0.50 | − | 18.5 | 30.0 | 29.5 | 3.9 | 26.0 |
| 26 | | | | 100% | 50 | 0.53 | − | 18.0 | 28.5 | 28.0 | 3.5 | 26.0 |
| 27 | | 15cm | | 0% | 60 | − | 0.85 | 20.0 | 36.0 | 34.0 | 5.4 | 24.0 |
| 28 | | | | | 50 | − | 0.75 | 20.5 | 38.0 | 37.0 | 5.0 | 24.5 |
| 29 | | | | | 40 | − | 0.75 | 20.0 | 36.0 | 34.0 | 4.6 | 24.5 |
| 30 | | | | | 60 | − | 0.80 | 18.5 | 34.5 | 33.0 | 5.3 | 24.5 |
| 31 | | | | | 50 | − | 0.65 | 16.5 | 28.0 | 28.0 | 4.7 | 24.5 |
| 32 | | | | | 40 | − | 0.60 | 17.0 | 30.0 | 28.5 | 5.1 | 25.0 |

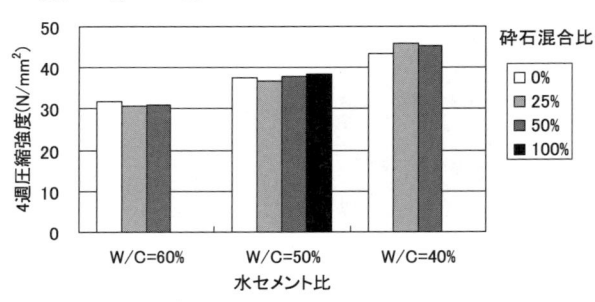

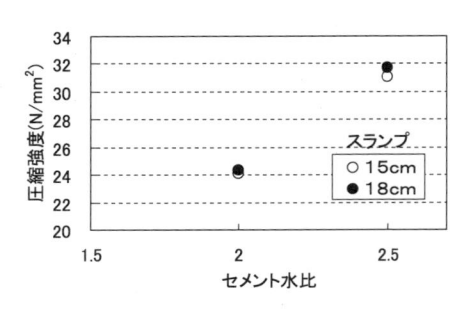

付図 3.14　砕石混合比による圧縮強度の違い
　　　　（セメント：BB，SL=15 cm）

付図 3.15　スランプによる圧縮強度の違い
　　　　（セメント：BB，混和剤：AE）

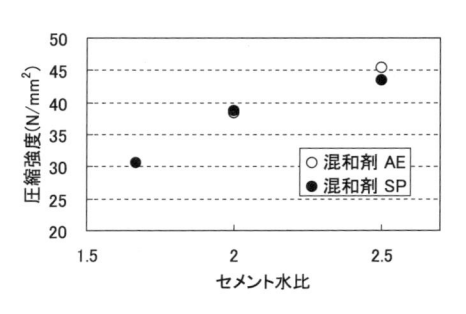

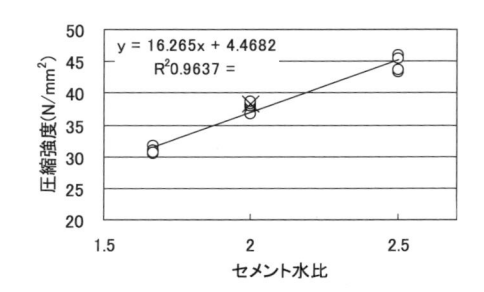

付図 3.16　混和剤による圧縮強度の違い
　　　　（セメント：BB，スランプ=18 cm）

付図 3.17　セメント水比と圧縮強度との関係
　　　　（セメント：BB，材齢 4 週）

付表 3.7　実機試験時のフレッシュコンクリートの経時変化

| 測定項目 | 経過時間 | 調合 No.2 | 調合 No.18 |
| --- | --- | --- | --- |
| スランプ（cm） | 0 分 | 18.5 | 21.0 |
|  | 30 分 | 17.5 | 20.5 |
|  | 60 分 | 16.0 | 19.5 |
|  | 90 分 | 13.5 | 18.0 |
| 空気量（%） | 0 分 | 3.9 | 4.5 |
|  | 30 分 | 3.8 | 4.5 |
|  | 60 分 | 3.7 | 5.1 |
|  | 90 分 | 3.7 | 5.0 |

れた．練上がりにおけるスランプは，運搬後のスランプロスを考慮し，計画スランプより 2 cm 大きい値が目標とされた．使用材料には，付表 3.4 の室内実験と同じものが用いられた．

付表 3.7 にフレッシュコンクリートの経時変化を，付図 3.17 に実機試験の結果を凡例×で示す．試し練りが実施されたレディーミクストコンクリート工場では，再生骨材コンクリートを製

造してから打込み完了まで60〜90分と想定された．当該時間経過時のスランプや空気量は，所定の管理範囲内となることが確認された．同一セメント水比における実機試験での圧縮強度試験結果は，室内試験と比較するとNo.2調合では1.01倍であり，室内試験結果と実施試験結果では圧縮強度にほとんど差がなかった．

### 5.4 調合の決定

上記5.2〜5.3の室内試験および実機試験の結果をもとに，実際に工事に用いるコンクリートの調合では，粗骨材の30％が砕石で置換された．決定した調合のうち最も多量に使用された指定強度27 N/mm² およびスランプ18 cm でセメントに高炉セメントB種を用いたものを付表3.8に示す．

付表3.8 再生骨材コンクリートの調合の例（高炉B種セメント使用）

| 指定強度 (N/mm²) | W/C (%) | s/a (%) | スランプ (cm) | 空気量 (%) | 単位量（kg/m³） ||||| 
|---|---|---|---|---|---|---|---|---|---|
| | | | | | セメント | 水 | 細骨材 | 粗骨材 | 混和剤 |
| 27 | 51 | 44.8 | 18 | 4.5 | 357 | 182 | 752 | 923 | 3.570 |

［注］ 細骨材は海砂：砕砂＝65：35，粗骨材は再生：砕石＝70：30の割合で混合

## 6．再生骨材コンクリートの品質管理・検査結果

付表3.9に使用したコンクリートの調合ごとの打込み部位と使用量を示す．付図3.18に最も多

付表3.9 再生骨材コンクリートの打込み部位と数量

| コンクリートの呼び方 | 打込み数量（m³） | 打込み部位 |
|---|---|---|
| 再生 27-18-20 BB | 2 209 | 杭 |
| 再生 27-15-20 BB | 415 | 供用部基礎，駐車場耐圧版 |
| 再生 24-15-20 N | 813 | 駐車場耐圧版，土間スラブ |
| 再生 21-15-20 BB | 902 | 杭 |
| 合計 | 4 159 | |

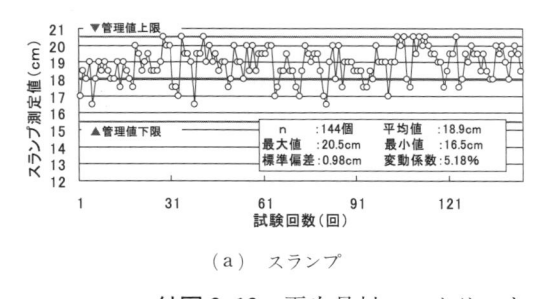

(a) スランプ

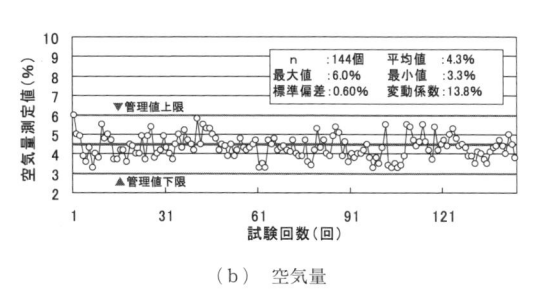

(b) 空気量

付図3.18 再生骨材コンクリートのフレッシュコンクリートの試験結果
（再生27-18-20 BBの場合）

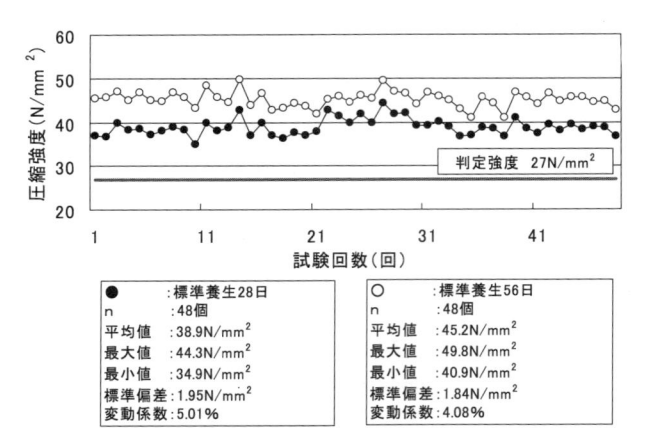

付図 3.19 再生骨材コンクリートの管理材齢における圧縮強度試験結果
（再生 27-18-20 BB の場合）

量に施工した指定強度 27 N/m² およびスランプ 18 cm で高炉セメント B 種を使用した再生骨材コンクリートの受入れ時のフレッシュコンクリートの試験結果を，付図 3.19 に圧縮強度の試験結果を示す．スランプ，空気量ともに管理範囲内の値であった．圧縮強度は，平均 45.2 N/mm² と指定強度の 27 N/mm² を十分に上回っており，そのばらつきは変動係数で 5％程度であった．なお，出荷工場で実施した ZKT-206 によるアルカリシリカ反応性試験においても，反応性なしであることが確認された．

### 7．ま と め

以上のように，集合住宅の建替え工事において適用した再生粗骨材 H 相当品を用いたコンクリートについて，実施した品質管理・検査を中心に紹介した．本事例では，再生粗骨材を使用することによって，コンクリート塊の全量リサイクルはもとより，コンクリート用粗骨材として

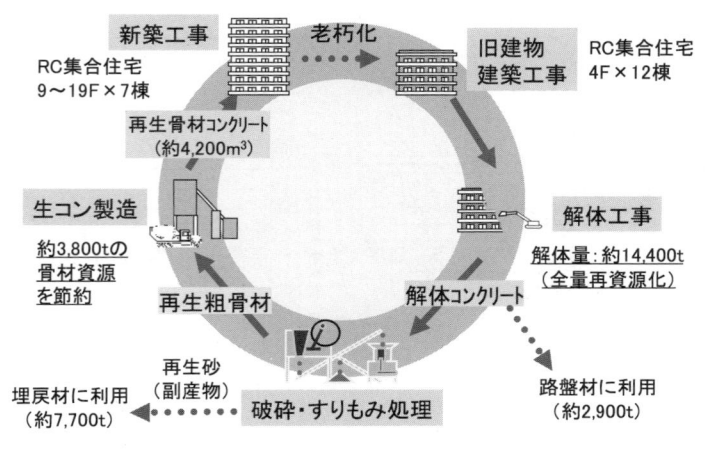

付図 3.20 本事例における環境貢献の結果

3 800 t の天然資源が節約された〔付図 3.20〕．再生粗骨材の製造に付随して発生した副産物（直径 5 mm 未満の粒子）に関しては，大部分が管工事の埋戻し材として有効利用が図られたが，利用までに再生粗骨材の製造後約 1 年の期間を要している．本事例のような形で再生粗骨材を製造し再生骨材コンクリートに利用する場合は，再生細骨材およびセメント水和物を含む副産物の再利用が検討課題となる．

**参 考 文 献**

1) 日本建築学会：鉄筋コンクリート造建築物の環境配慮施工指針（案）・同解説，2008.9
2) 河合栄作・柳橋邦生・岩清水隆・滝口　博：再生骨材コンクリートのプロジェクトへの適用－新千里桜ヶ丘住宅建替計画の事例－，コンクリート工学，Vo.44，No.2，日本コンクリート工学協会，2006.2
3) 辻大二郎・米澤敏男・柳橋邦生・岩清水隆：偏心ロータ式処理装置により製造した再生骨材および再生コンクリートの性質，コンクリート工学年次論文報告集，Vol.26，No.1，pp.1539-1544，2004
4) 柳橋邦生：コンクリート用再生骨材の環境負荷と経済性，建設用原材料，Vol.13，No.1，pp.38-45，資源・素材学会，建設用原材料部門委員会，2004.9

# 付4．再生骨材コンクリートHおよびMの建築物への適用事例

## 1．はじめに

本事例では，再生骨材コンクリートHおよび再生骨材コンクリートMの建築物への適用に関して，集合住宅の集会所建設工事における再生粗骨材の製造から再生骨材コンクリートの施工までを報告した文献[1),2)]を再構成して示す．本事例で用いた再生骨材コンクリートは，既存の集合住宅の解体に伴い発生したコンクリート塊から製造した再生粗骨材を使用している．なお，施工は2005～2006年であり，JIS A 5022（再生骨材Mを用いたコンクリート）の制定前，かつ2009年のJASS 5改定前である．

## 2．建物概要

本事例で紹介する建物は，賃貸集合住宅（1956年（昭和31年）竣工）の建替えに伴い新規に建設する集会所である．集会所の建物概要を付表4.1に示す．集会所は8階建ての住宅棟に隣接しているが，構造的には独立している．付図4.1および付図4.2に本集会所の外観を，付図4.3に本集会所の平・立面図を示す．コンクリートの設計基準強度は24 N/mm²であり，打ち込んだコンクリートの呼び強度は，一般コンクリートと同様に，設計基準強度に構造体コンクリート強度と管理用供試体の強度との差を考慮した割増し3 N/mm²と温度補正値6 N/mm²を加えた33とした．なお，再生骨材の現場適用にあたっては，国土交通省の大臣認定（MCON-1381, 1382）を取得した．

付表4.1 建物概要

| | |
|---|---|
| 用途 | 集会所 |
| 施工場所 | 東京都三鷹市 |
| 階数 | 地上1階 |
| 建築面積 | 136.2 m² |
| 構造形式 | RC壁構造 |
| 基礎 | 直接基礎 |

付図4.1 集会所外観①

付図4.2 集会所外観②

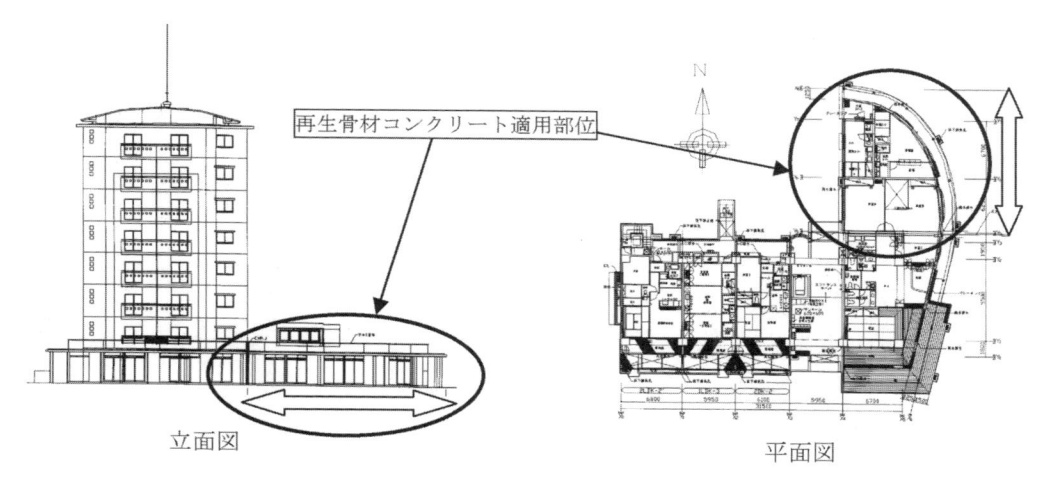

付図4.3 集会所の平・立面図

## 3．再生骨材コンクリートの実施工

### 3.1 概　要

　集会所では品質の異なる2種類（HとM）の再生粗骨材を用いたコンクリートと，通常の砕石を用いたコンクリートを工区に分けて施工した．再生骨材コンクリートの適用部位は地上上屋の壁・梁・ひさしと屋根スラブの一部である．2種類の再生骨材コンクリートは，集会所のほぼ中央付近で垂直打継ぎを設け，打ち分けている〔付図4.4〕．

　再生骨材コンクリートの打込み日時は，再生骨材コンクリートHが2005年11月21日，再生骨材コンクリートMが2005年11月24日であった．打込み時（荷卸し時）の外気温度は，再生骨材コンクリートHが10～11℃，再生骨材コンクリートMが12～13℃で，天候はいずれも晴れであった．付表4.2に再生粗骨材のレディーミクストコンクリート工場での受入検査時の物理的性質を示す．結果として，どちらの再生粗骨材もJIS（JIS A 5021（コンクリート用再生骨材H），JIS A 5022）の規格値を満足していた．

　付図4.5および付図4.6にそれぞれ再生粗骨材Hおよび再生粗骨材Mの気乾状態と湿潤状態

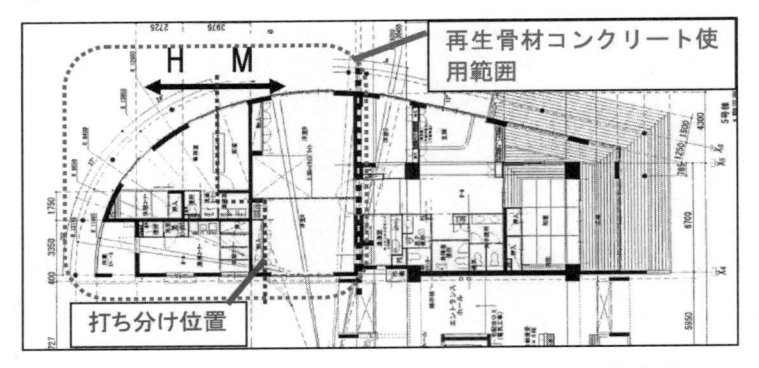

付図 4.4 再生骨材コンクリート H と M の打分け位置

付表 4.2 現場適用再生粗骨材の物理的性質

|  | 区分 | 絶乾密度 (g/cm³) | 吸水率 (%) | 粒形判定実積率 (%) | 微粒分量 (%) | 粗粒率 |
|---|---|---|---|---|---|---|
| 再生粗骨材の品質 | H | 2.50 | 2.28 | 63.0 | 0.2 | 6.55 |
|  | M | 2.36 | 4.66 | 62.3 | 1.5 | 6.81 |

を示す．再生粗骨材以外の使用材料は，山砂，硬質砂岩砕砂，普通ポルトランドセメント，上水道水およびポリカルボン酸系高性能 AE 減水剤とした．再生粗骨材コンクリートはレディーミクストコンクリート工場で製造した．その工場は，2 軸強制ミキサ（3 500 ℓ）を 1 基，セメントサイロを 3 基，骨材サイロを 8 基を有しており，現場への運搬時間は実際の工事において 18～47 分（平均で約 30 分）であった．

再生骨材コンクリートの現場における打込み作業では，一般のコンクリート工事と同様に，スクイーズポンプでコンクリートを運搬し，バイブレータやたたきにより締め固め，床面はこて仕上げを行った．

付図 4.5 再生粗骨材 H （左図：気乾状態，右図：湿潤状態）

付図 4.6　再生粗骨材 M（左図：気乾状態，右図：湿潤状態）

### 3.2　再生粗骨材の製造

2種類の再生粗骨材はいずれも，本事例の集会所と同敷地内に建設された 1956 年（昭和 31 年）竣工の賃貸住宅の解体時に発生したコンクリート塊（川砂利起源）を原材料として製造した．再生粗骨材の製造手順としては，コンクリート塊から自走式クラッシャにより粒径 5～40 mm の再生砕石を製造して，この再生砕石をさらに再生粗骨材製造設備を有するプラントに運搬して再生粗骨材を製造した．再生粗骨材 H は「機械式すりもみ方式」により，再生粗骨材 M は「スクリュー磨砕方式」により製造した．これら 2種類の再生粗骨材を用いたコンクリートについて，試験室内と実機による試し練りを行い，結果を取りまとめて国土交通省大臣認定申請資料とした．なお，「機械式すりもみ方式」は再生粗骨材の製造過程に洗い工程を含む湿式方式であり，「スクリュー磨砕方式」は再生粗骨材の製造過程に洗い工程を含まない乾式方式である．

なお，再生粗骨材のアルカリシリカ反応性については，JIS A 1804（コンクリート生産工程管理用試験方法－骨材のアルカリシリカ反応性試験方法（迅速法））で無害と判定され，再生粗骨材コンクリートの凍結融解抵抗性および中性化速度については，室内試験により実建物への適用には問題がないことを確認した．

### 3.3　再生骨材コンクリートの調合設計

付図 4.7 に再生骨材コンクリート H および再生骨材コンクリート M のセメント水比と圧縮強度との関係およびその採用式を示す[1]．採用式の決定に際しては，レディーミクストコンクリート工場の通常の砕石による実績も考慮して，どちらの再生骨材コンクリートも「実機試験式×90％」を採用した．

再生骨材コンクリートの調合強度 $F_{28}$ は，式（1）および式（2）より求めた数値の大きいほうを採用することとした．ここで，式（1）において強度のばらつきを考慮して正規偏差を 2.0 とし，強度の標準偏差 $\sigma$ は，レディーミクストコンクリート工場での再生骨材コンクリートの出荷実績がないことから，$0.1 \times (Fc + \Delta F + T)$ を採用した．

$$F_{28} = Fc + \Delta F + T + 2\sigma \qquad \text{式（1）}$$

$$F_{28}=0.85(Fc+\Delta F+T)+3\sigma \qquad 式(2)$$

ここに

$F_{28}$：材齢28日における調合強度（N/mm²）

$Fc$：コンクリートの圧縮強度の基準値（設計基準強度）（N/mm²）

$\Delta F$：構造体コンクリートの強度と供試体の強度との差（N/mm²）

$T$：構造体コンクリートの強度管理の材齢を$n$日とした場合の，コンクリートの打込みから$n$日までの予想平均気温によるコンクリート強度の補正値

$\sigma$：使用するコンクリートの強度の標準偏差（N/mm²）

$\sigma=0.1\times(Fc+\Delta F+T)$ とする．

上式により求めた調合強度と前述の採用式から呼び強度 27，30，33 の水セメント比を決定した〔付表 4.3〕．また，付表 4.4 に現場適用の再生骨材コンクリートの調合を示す．

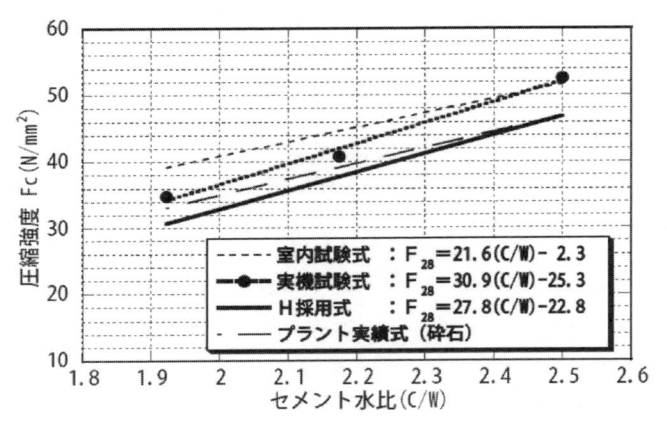

（a）再生骨材コンクリート H

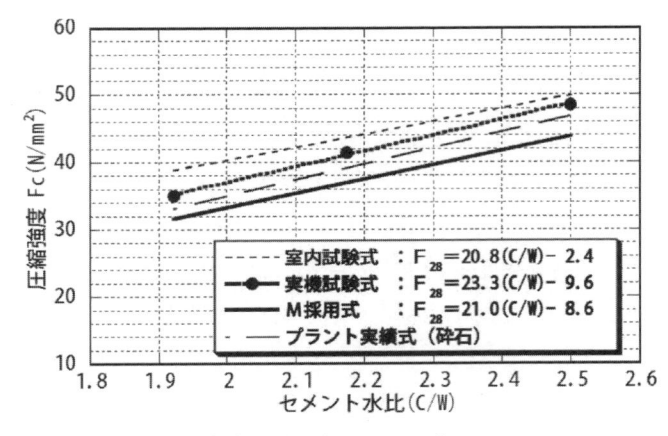

（b）再生骨材コンクリート M

付図 4.7　再生骨材コンクリートのセメント水比と圧縮強度の関係[1]

付表 4.3　指定強度（呼び強度）と水セメント比

| コンクリートの種類 | 再生骨材コンクリート H | | | 再生骨材コンクリート M | | |
|---|---|---|---|---|---|---|
| 圧縮強度の基準値（設計基準強度）（N/mm²） | 24 | | | | | |
| 外気温の範囲（℃） | 16 以上 | 8 以上 16 未満 | 3 以上 8 未満 | 16 以上 | 8 以上 16 未満 | 3 以上 8 未満 |
| $\Delta F$（N/mm²） | 3 | 3 | 3 | 3 | 3 | 3 |
| $T$（N/mm²） | 0 | 3 | 6 | 0 | 3 | 6 |
| 指定強度（N/mm²） | 27 | 30 | 33 | 27 | 30 | 33 |
| 標準偏差 $\sigma$（N/mm²） | 2.7 | 3.0 | 3.3 | 2.7 | 3.0 | 3.3 |
| 調合強度 $_mF$（N/mm²） | 32.4 | 36.0 | 39.6 | 32.4 | 36.0 | 39.6 |
| 水セメント比（％） | 50.3 | 47.2 | 44.5 | 51.2 | 47.0 | 43.5 |

付表 4.4　現場適用した再生骨材コンクリートの調合

| | 骨材 | | $W/C$（％） | $S/a$（％） | 単位量（kg/m³） | | | | | 高性能AE減水剤 |
| | 粗骨材 | 細骨材 | | | 水W | セメントC | 山砂S1 | 砕砂S2 | 粗骨材 | |
|---|---|---|---|---|---|---|---|---|---|---|
| 再生骨材コンクリート H | 再生粗骨材 H | 山砂（S1）：砕砂（S2）＝ 3：7 | 44.5 | 45.0 | 170 | 382 | 233 | 544 | 934 | C×0.80％ |
| 再生骨材コンクリート M | 再生粗骨材 M | | 43.5 | 42.5 | 170 | 391 | 219 | 511 | 939 | C×0.85％ |

### 3.4　再生骨材コンクリートの各種性状

（1）　品質管理における試験項目および方法

　再生骨材コンクリートの現場の品質管理における試験項目および試験方法を付表 4.5 に示す．再生骨材コンクリートを現場適用するにあたり，通常の品質管理のほかにコンクリートポンプ車の筒先において，フレッシュ性状を確認するとともに圧縮強度供試体を採取し試験を行った．なお，荷卸し時の管理値はスランプ 18±2.5 cm，空気量 4.5±1.5％である．

（2）　フレッシュ性状

　再生骨材コンクリートのフレッシュ性状を付表 4.6 に示す．ここで，表中の試験時期については，「出荷」はレディーミクストコンクリート工場の出荷時，「荷卸」は現場におけるレディーミクストコンクリートの受入時，「筒先」はコンクリートポンプの通過後を示す．また，付図 4.8 に再生骨材コンクリート H と M の荷卸し時のスランプ試験状況を示す．結果として，いずれの再生骨材コンクリートも，荷卸し時のフレッシュ性状は管理値を満足し良好であった．

（3）　施　工　性

　付表 4.6 に示すように，再生骨材コンクリート H については，荷卸し時に対する筒先でのスランプ値にロスがみられなかった．再生骨材コンクリート M については，荷卸し時に対する筒先で

付表 4.5 再生骨材コンクリートの現場施工における品質管理項目と試験方法

| 分類 | 試験項目 | | 試験方法 | 備考 |
|---|---|---|---|---|
| フレッシュ性状 | スランプ | | JIS A 1101（コンクリートのスランプ試験方法） | |
| | 空気量 | | JIS A 1128（フレッシュコンクリートの空気量の圧力による試験方法－空気室圧力方法） | |
| | コンクリート温度 | | 棒状温度計による | |
| | 塩化物量 | | JASS 5 T-502 | |
| | 施工性 | | 目視・ヒアリング | |
| 強度性状 | 圧縮強度 | 標準養生 | JIS A 1108（コンクリートの圧縮強度試験方法） | 材齢 7・28 日（出荷，受入） |
| | | 現場水中養生 | | 材齢 28 日 |
| | | 現場封緘養生 | | 材齢 56 日 |
| | | 現場筒先 | | 材齢 28 日 |
| | 静弾性係数 | | JIS A 1149（コンクリートの静弾性係数試験方法） | 現場水中養生（材齢 28 日）|
| 耐久性状 | 長さ変化率 | | JIS A 1129-3（モルタル及びコンクリートの長さ変化測定方法－第 3 部：ダイヤルゲージ方法） | |

付表 4.6 再生骨材コンクリートのフレッシュ性状

| 種類 | 試験回数 | 試験時期 | スランプ (cm) | 空気量 (%) | 温度 (℃) | 塩化物量 (kg/m³) | 練上り性状 |
|---|---|---|---|---|---|---|---|
| 再生H | 1 | 出荷 | 20.5 | 5.5 | 17.0 | ー | 良 |
| | | 荷卸 | 16.0* | 4.2* | 19.0 | 0.02 | |
| | | 筒先 | 18.5 | 4.7 | 18.0 | ー | |
| | 2 | 出荷 | 20.5 | 5.4 | 19.0 | ー | 良 |
| | | 荷卸 | 19.0 | 4.7 | 19.5 | ー | |
| | | 筒先 | 19.0 | 5.0 | 19.0 | ー | |
| | 3 | 出荷 | 21.0 | 5.7 | 19.0 | ー | 良 |
| | | 荷卸 | 20.0 | 5.3 | 19.0 | ー | |
| | | 筒先 | 20.5 | 4.9 | 18.0 | ー | |
| 再生M | 1 | 出荷 | 21.0 | 5.3 | 18.0 | ー | 良 |
| | | 荷卸 | 18.0 | 4.1 | 18.0 | 0.01 | |
| | | 筒先 | 16.5 | 5.7 | 18.0 | ー | |
| | 2 | 出荷 | 20.5 | 5.8 | 18.0 | ー | 良 |
| | | 荷卸 | 19.5 | 5.7 | 19.0 | ー | |
| | | 筒先 | 17.0 | 5.5 | 19.0 | ー | |
| | 3 | 出荷 | 20.0 | 5.9 | 18.5 | ー | 良 |
| | | 荷卸 | 18.0 | 4.8 | 19.0 | ー | |
| | | 筒先 | 18.0 | 5.4 | 19.0 | ー | |

［注］ ＊ サンプリングが不適切であり参考値

(a) 再生骨材コンクリート H 　　　　　　　　(b) 再生骨材コンクリート M

付図 4.8　再生骨材コンクリートのスランプ試験（荷卸し時）

のスランプ値に 0～2.5 cm（平均 1.3 cm）のロスがみられたが，筒先においてもコンクリートのスランプの許容範囲内（18±2.5 cm）に収まっており，コンクリートの打込みに支障はなかった．加えて，再生骨材コンクリートの打込み時においては，再生骨材コンクリート H および M のいずれの場合も配管の閉塞や骨材の分離といった現象は見られず，良好なポンプ圧送性を有していた．仕上げ性能については実際に左官工にヒアリングを行ったところ，「均し作業に特に支障はないが，再生骨材コンクリート M は再生骨材コンクリート H と比較して打込み当初の作業性が良好である反面，表面硬化がやや早いため時間経過に伴い均し難くなる」という意見があった．付図 4.9 および付図 4.10 に，それぞれ再生骨材コンクリート H および M の施工状況を示す．

付図 4.9　再生骨材コンクリート H の打込み状況 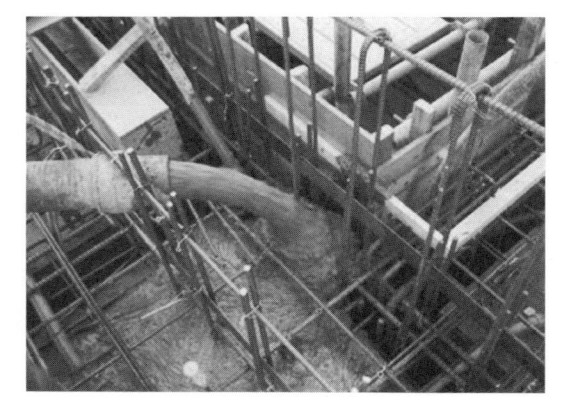　　　　付図 4.10　再生骨材コンクリート M の打込み状況

（4） 強度性状

再生骨材コンクリートの圧縮強度試験結果を付表4.7に示す．製品検査（受入検査）における試験結果は，再生骨材コンクリートHおよびMのいずれも，材齢28日において呼び強度33 N/mm²を上回り，また構造体強度においても品質基準強度27 N/mm²を上回っていた．また，参考のために筒先で採取したコンクリートの強度発現も良好であった．なお，今回現場適用した再生骨材コンクリートの調合強度は再生骨材コンクリートHおよびMともに39.6 N/mm²としたが，この調合強度に対して，製品検査（受入検査）における試験結果の平均値は，再生骨材コンクリートHで11.9 N/mm²大きく，再生骨材コンクリートMで4.4 N/mm²大きい値となり，いずれも安全側の結果となった．

再生骨材コンクリートの圧縮強度と静弾性係数との関係を付図4.11に示す．ここで，圧縮強度は現場水中養生による材齢28日の強度である．静弾性係数については，再生骨材コンクリートH

付表4.7 再生骨材コンクリートの圧縮強度試験結果（単位：N/mm²）

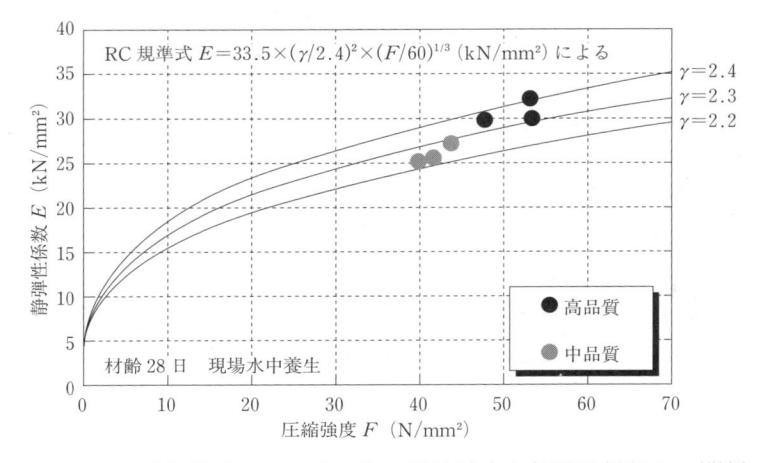

| 項目 | 工程検査 | | | | 製品検査（受入検査） | | | | 構造体強度 | | 筒先強度 | |
|---|---|---|---|---|---|---|---|---|---|---|---|---|
| 採取時点 | 工場出荷 | | | | 現場荷卸 | | | | 現場荷卸 | | 筒先 | |
| 養生 | 標準 | | | | 標準 | | | | 現場水中 | | 標準 | |
| 材齢 | 7日 | | 28日 | | 7日 | | 28日 | | 28日 | | 28日 | |
| 再生骨材コンクリートH | 40.6 | 平均 40.4 | 53.8 | 平均 53.6 | 38.6 | 平均 39.8 | 50.0 | 平均 51.5 | 53.6 | 平均 51.7 | 53.0 | 平均 53.1 |
| | 40.0 | | 54.1 | | 40.6 | | 52.3 | | 53.4 | | 54.5 | |
| | 40.6 | | 53.0 | | 40.1 | | 52.3 | | 48.0 | | 51.7 | |
| 再生骨材コンクリートM | 35.2 | 平均 34.9 | 45.7 | 平均 46.1 | 32.5 | 平均 33.5 | 43.4 | 平均 44.0 | 41.6 | 平均 41.8 | 47.6 | 平均 45.2 |
| | 34.5 | | 47.2 | | 34.5 | | 44.8 | | 39.8 | | 46.1 | |
| | 35.1 | | 45.5 | | 33.4 | | 43.7 | | 43.9 | | 41.9 | |

付図4.11 再生骨材コンクリートの圧縮強度と静弾性係数との関係

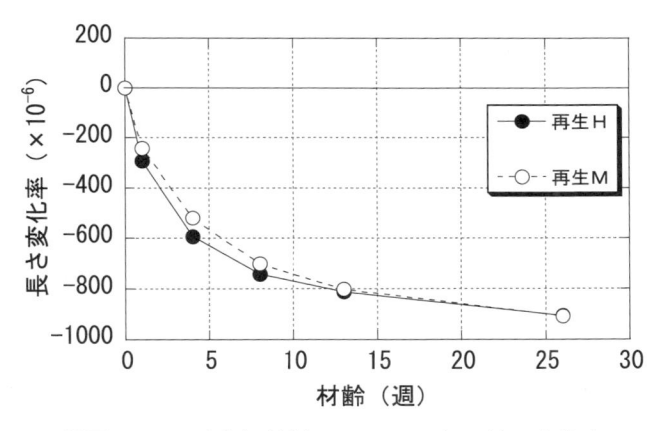

付図 4.12　再生粗骨材コンクリートの長さ変化率

(図中の高品質)および再生骨材コンクリート M (図中の中品質)ともに,RC 規準[3]に示されている普通コンクリートの計算式の値と比較して同等であった.ここで,供試体の単位容積質量は,再生骨材コンクリート H が 2.31 t/m³,再生骨材コンクリート M が 2.24 t/m³ であった.

(5) 耐久性状

再生骨材コンクリートの材齢 6 か月までの長さ変化試験(長さ変化率)の結果を付図 12 に示す.本事例では,材齢 25 週で $8 \times 10^{-4}$ を若干超えたが,再生骨材コンクリート H および M の長さ変化率はほぼ同等であった.また,事前に実施した室内実験でも同様の結果であった.

## 3.5　再生骨材コンクリート打込み後の経過観察

2005 年 11 月末に再生骨材コンクリートを打ち込んでから 2 年間は,定期的に本建物(外壁は塗装仕上げ)の外観を目視調査した.外観目視調査に加えて,コンクリート硬化後の性状を調査するために,コンクリート打放し仕上げの観察壁を建物内に設置している〔付図 4.13〕.再生骨材コ

(a) 再生骨材コンクリート H　　　　(b) 再生骨材コンクリート M

付図 4.13　再生骨材コンクリートの観察壁(打設後 1 か月経過)

ンクリートの打込み後1年以上経過したが,定期的な外観目視調査において建物の耐久性に支障となるひび割れなどは生じていないことを確認した.コンクリート打放しの観察壁の調査では,再生骨材コンクリートMの観察壁に0.04 mm以下の微細なヘアークラックが少しみられる程度であった.

**参考文献**
1) 依田和久・小野寺利之・新谷 彰・川西泰一郎:再生粗骨材の品質がコンクリートの性状に及ぼす影響,コンクリート工学年次論文報告集,Vol.28, No.1, pp.1457-1462, 日本コンクリート工学協会, 2006
2) 新谷 彰・依田和久・小野寺利之・川西泰一郎:2種類の再生粗骨材コンクリートによる現場適用事例,コンクリート工学年次論文報告集,Vol.28, No.1, pp.1463-1468, 日本コンクリート工学協会, 2006
3) 日本建築学会:鉄筋コンクリート構造計算規準・同解説-許容応力度設計法-, pp.38-41, 1999

# 付5．骨材置換法による再生骨材コンクリートの適用事例

## 1．はじめに

本事例では，火力発電所の主要構造物の建替えにおいて，骨材置換法による再生骨材コンクリートを構造用コンクリートとして大規模に適用（約11 000 m³）した事例を示す[1),2)]．なお，本事例は，本編11章に記載された「鉄筋コンクリート部材に用いる再生骨材コンクリートL」を利用する際に参考となるものである．

## 2．再生骨材コンクリートの適用

### 2.1 適用構造物の概要

再生骨材コンクリートを適用した構造物の概要を付表5.1に，外観パースを付図5.1に示す．また，概略工程を付図5.2に示す．適用部材は，火力発電所タービン建屋（本館）の鉄筋コンク

付表5.1 適用構造物の概要[1)]

| 項　目 | 概　要 | |
|---|---|---|
| 用　途 | タービン建屋（本館）基礎 | 機械台基礎[※1] |
| 構　造 | RC造（上部S造） | RC造 |
| 建設場所 | A火力発電所構内[※2] | |
| 設計基準強度：$Fc$ | 21 N/mm² | |
| 再生骨材コンクリート 物量 | 約8 000 m³ | 約3 000 m³ |
| 再生骨材コンクリート 品質管理 | 国土交通大臣認定 MCON-2090 | |
| 再生骨材コンクリート 置換率 | 再生粗骨材：50% | |
| 再生骨材コンクリート 打込み時期 | 12月〜5月 | |

[注]　※1　建築基準法適用構造物と同等の管理を実施．
　　　※2　JASS 5による凍害地域には該当しない．

付図5.1 適用した火力発電所外観[1)]

リート（RC）造のマット基礎，および機械台（HRSG，変圧器，吸気室）の基礎で，設計基準強度はいずれも 21 N/mm² である．これら全体で約 14 400 m³ の約 76% にあたる合計約 11 000 m³ について，再生粗骨材を一般粗骨材に置換率 50% で混合使用した再生骨材コンクリートを適用した．

　当該構造物に使用した再生骨材コンクリートは，付表 5.2 に示す国土交通大臣認定 MCON-2090（2009 年 6 月 9 日取得）に則って管理を行った．具体的には，施工監理者，設計者，施工者および製造者（再生骨材，再生骨材コンクリート）による品質管理委員会を構成し，品質管理を行った．

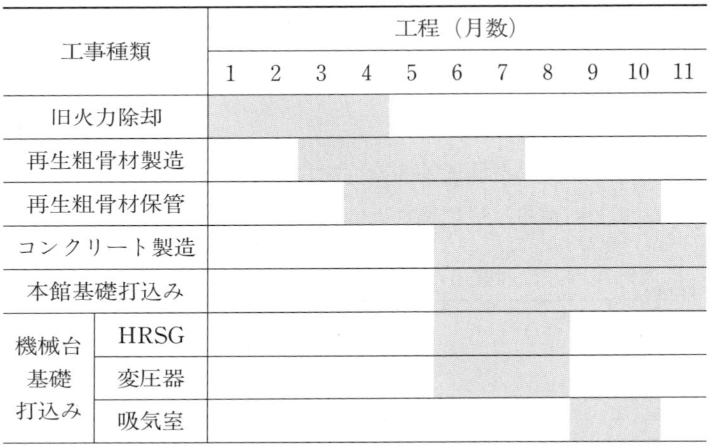

付図 5.2　概略工程[1]

付表 5.2　国土交通大臣認定の概要[1]

| 項　目 | 概　　要 |
|---|---|
| 対象 | 電力会社が所有する全建物間の利用 |
| 工場 | 東京都：9 工場，千葉県：2 工場，神奈川：5 工場 |
| 置換率 | 再生粗骨材：50% 以下（再生細骨材併用時は≦30%），再生細骨材：30% 以下 |
| 強度※2 | $N$※2：$Fc$=21～33 N/mm²，$L$：$Fc$=21～30 N/mm²，BB（地中構造物など）：$Fc$=21～33 N/mm² |

[注]　※1　$N$：普通ポルトランドセメント，$L$：低熱ポルトランドセメント，BB：高炉セメント B 種
　　　※2　アルカリシリカ反応抑制を目的に使用するフライアッシュ（$F$）は，$N$ と $F$ の質量の合計に対して 2 割，かつ 80 kg/m³ 以上とし，外割配合とする．

## 2.2 品質管理

品質管理のフローを付図5.3に示す．

**（1） 品質管理規準・指針**

本事例に供した技術は，機器などの開発を伴うものではなく，品質管理の基本的なノウハウを応用して構築した技術であり，これまでの研究成果や実績など[3]に基づき制定した使用規準および指針により，品質管理を行った．

**（2） 品質管理方法**

品質管理委員会では，使用規準や指針に基づく品質管理を実施した．基本的には，①原コンクリート，②再生骨材，③再生骨材コンクリートの3段階で検査を実施した．なお，各段階の検査は，一定の検査ロットにより，付図5.3に示す品質管理のフローに基づき判定を行った．

**（3） 使用材料および調合の管理**

1986年以前に使用された骨材については，アルカリシリカ反応性が未確認であったことから[4]，アルカリシリカ反応の抑制対策として，再生骨材のアルカリシリカ反応性の確認に加え，再生骨材コンクリートの総アルカリ量の制限を行い，さらに再生骨材のアルカリシリカ反応性の試験結果が区分B（無害でない）の場合は，混和材にフライアッシュを用いることとした．なお，試験による確認は，実態に即して再生骨材の状態の試料を用いて実施した．

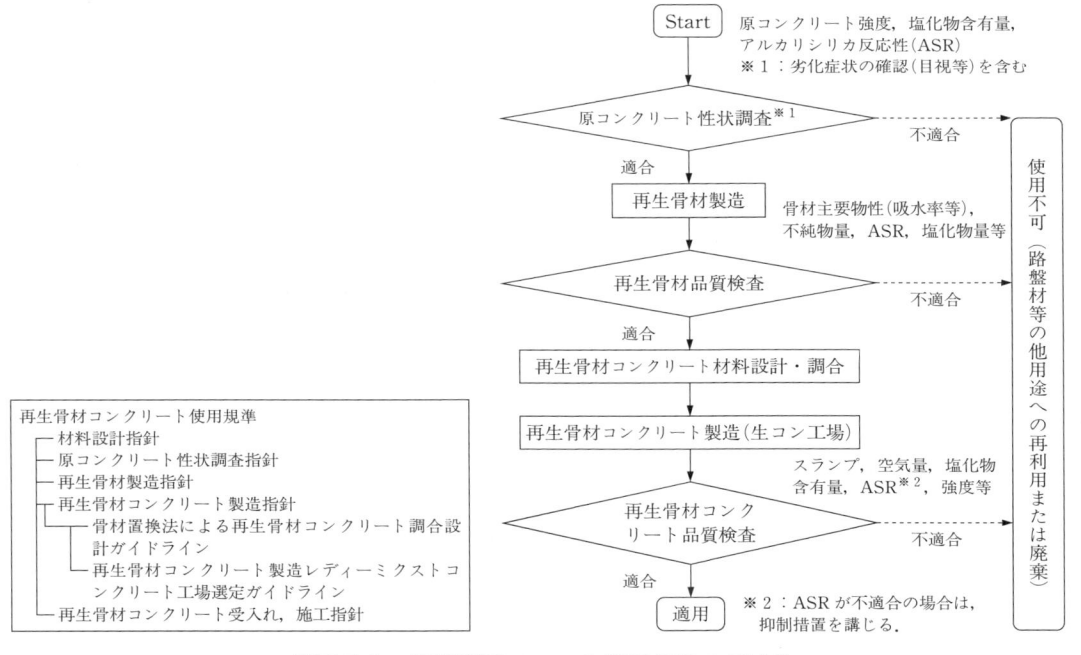

付図5.3 品質管理フローと使用規準の構成[2]

## 2.3 原コンクリート

本事例の対象とした原コンクリートは，約49年経過した旧火力発電所タービン建屋（本館）マット基礎のコンクリート塊である．設計基準強度など，当時のコンクリート仕様は不明である．このうち，約9 700 m³のコンクリート塊を原コンクリートとして用いた．付表5.3に原コンクリートの概要を示す．これによると，設定した管理値をいずれも満足する結果であり，構造用コンクリートに使用する再生骨材の原コンクリートとして利用することが可能であると判断された．なお，原骨材には川砂利が使用されており，また異物などの混入はみられなかった．

付表5.3 原コンクリートの概要[1]

| 項　目 | 諸　元 | | |
|---|---|---|---|
| 用途・構造 | 旧火力発電所本館基礎，RC造 | | |
| 経年（年） | 約49 | | |
| 工事履歴有無 | なし，コンクリートの仕様は不明 | | |
| 試験項目 | 試験方法 | 目標品質 | 測定値 |
| 圧縮強度（N/mm²） | JIS A 1107 [※1] | ≧18 | 27.7～44.8 |
| 全塩化物イオン量（kg/m³） | JIS A 1154 [※2] | ≦0.30 | 0.05～0.17 |
| アルカリシリカ反応性 | JIS A 1804 [※3] | 無害 | 無害 |

※1　JIS A 1107（コンクリートからのコア採取方法及び圧縮強度試験方法）
※2　JIS A 1154（硬化コンクリート中に含まれる塩化物イオンの試験方法）
※3　JIS A 1804（コンクリート生産工程管理用試験方法－骨材のアルカリシリカ反応性試験方法（迅速法））

## 2.4 再生骨材の製造

再生骨材は，付図5.4に示すように，解体現場内で汎用的なリース機器である自走式破砕機（ジョークラッシャー搭載型）および分級のための自走式二段スクリーンを配置して製造した．この製造フローでは，従来の再生骨材製造の専用システム[3]とは異なり，再生砕石（>20 mmかつ≦40 mm）の製造を同時に行うため，リターンを設けず，再生材（再生砕石，再生粗骨材）全体の製造効率を重視した．なお，本節で示す再生砕石は，路盤材用および埋戻し材用とし，コンクリート用再生骨材とは区分する．

機器の設定は，オープンセット（排出部の幅）を50 mmに設定した破砕機により，大砕きした原コンクリートを破砕し，直ちに自走式大型二段振動スクリーンにより分級し，再生粗骨材（5～20 mm），再生細骨材（0～5 mm）および再生砕石（>20 mmかつ≦40 mm）を製造した．

このうち，再生細骨材および再生砕石を混合し，路盤材用再生砕石（0～40 mm）として利用した．製造においては，破砕機の回転速度とふるいの角度を調整することにより粒度調整し，金属くずを除去するために磁選機を搭載した破砕機を用いた．さらに，水洗い工程を設け，最終工程に作業員を配置し，手選別により不純物を除去した．なお，粒度測定については，国土交通大

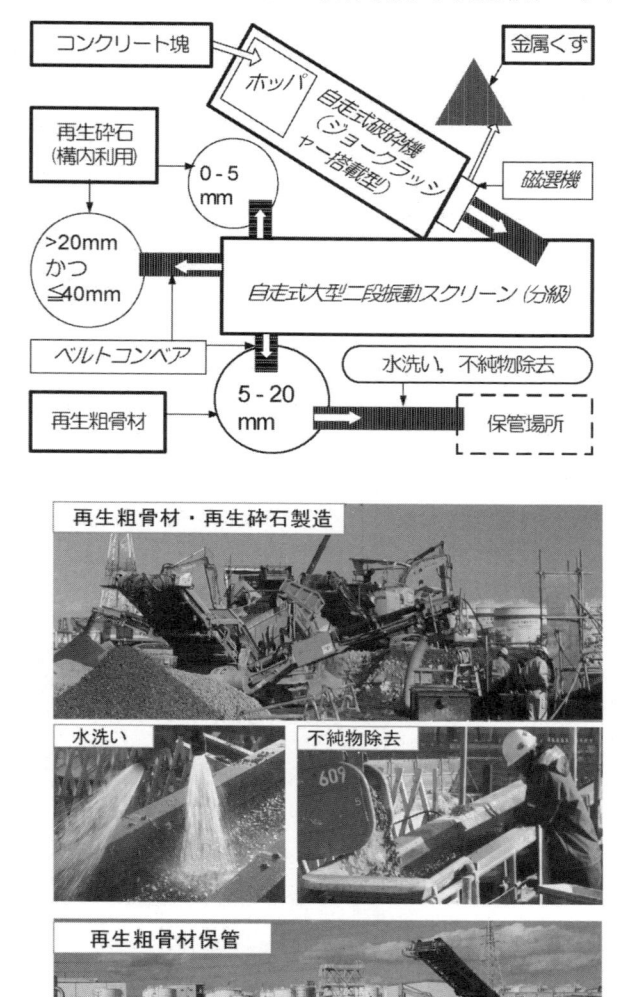

付5．骨材置換法による再生骨材コンクリートの適用事例 —199—

付図5.4 再生材の製造・保管状況（構内）[1]

臣認定における管理項目試験とは別に，製造効率および品質保持の観点から，1回/日実施した．製造後，発電所構内での保管（仮置き）には，旧火力発電所基礎の一部を利用した．

以上の製造システムにより，付表5.4に示す再生粗骨材を約3 200 m³製造した．なお，製造効率は約9 m³/h，回収率は約33％であった．

付表 5.4　再生骨材の品質[2]

| 試験項目 | 試験方法 | 管理値 | 試験値 |
|---|---|---|---|
| 絶乾密度 | JIS A 1110[※1] | $\geq 2.2$ g/cm² | $2.22\sim2.33$ g/cm² |
| 吸水率 | | $\leq 8.0\%$ | $4.60\sim7.90\%$ |
| 粒度 | JIS A 1102[※2] | $FM:6.60\pm0.50$ | $6.49\sim6.78$ |
| 微粒分量 | JIS A 1103[※3] | $\leq 3.0\%$ | $0.4\sim2.9\%$[※8] |
| 塩化物量 | JIS A 5023[※4] | $\leq 0.04\%$ | $0\sim0.03\%$ |
| アルカリシリカ反応性 | JIS A 1804[※5] | 無害 | 無害 |
| | ZKT-206[※6] | 無害 | 無害[※9] |
| 不純物量 | JIS A 5021[※7] | 総量：$\leq 1.0$ wt% | $0\sim0.13$ wt% |
| | | 紙くず・木片$\leq 0.1$ wt% | 0 wt% |

[注]
※1　JIS A 1110（粗骨材の密度及び吸水率試験方法）
※2　JIS A 1102（骨材のふるい分け試験方法）
※3　JIS A 1103（骨材の微粒分量試験方法）
※4　JIS A 5023（再生骨材Lを用いたコンクリート）
※5　JIS A 1804（コンクリート生産工程管理用試験方法－骨材のアルカリシリカ反応性試験方法（迅速法））の判定が「無害でない」場合，JASS 5 N T-603（コンクリートの反応性試験方法）の実施を監理員と協議する．ただし，付表5.2に示すようにフライアッシュを混入した場合は試験を行わなくてもよい．
※6　ZKT-206（コンクリートのアルカリシリカ反応性迅速試験方法）
※7　JIS A 5021（コンクリート用再生骨材H）
※8　水洗い工程導入後は，0.4～0.5%
※9　反応性なし（A）を「無害」とする．

## 2.5　再生骨材コンクリート

　火力発電所に適用した再生骨材コンクリートの種類を付表5.5に示す．今回の適用先は，マスコンクリートであることから，温度ひび割れを制御するため，セメントには低熱ポルトランドセメント（L）を用いた．

　再生骨材コンクリートは，目標スランプ15 cm，目標空気量4.5%の条件で調合を計画した．再生粗骨材の置換率は，付表5.2に示すように，国土交通大臣認定（MCON-2090）における粗骨材のみを使用する適用範囲の上限値の50%とした．

　計画調合に基づき試し練りを実施し，付表5.6に示す標準調合を設定した．標準調合は，骨材の相対吸水率[3]を用いて相対品質値法により強度低減率を算出し，調合強度を満足するコンクリートの水セメント比を設定した[2]．相対吸水率は，各レディーミクストコンクリート工場における呼び強度24および27の低熱ポルトランドセメントを使用した普通コンクリートの標準調合から粗骨材の50%を再生粗骨材に置換した条件により算出した．

　使用する再生骨材コンクリートは，構内で製造した再生粗骨材を適用箇所近郊の国土交通大臣認定を取得した生コン工場（A，B，Cの3工場）に運搬して製造した．なお，各工場から建設場

所までの運搬時間は約30分であった．レディーミクストコンクリート工場の一例を付図5.5に，打込み状況を付図5.6に示す．再生骨材コンクリートは，通常のコンクリート工事と同じ設備で打ち込まれたが，良好な施工性が得られた．レディーミクストコンクリート工場における製造時の製品検査および建設場所での受入検査項目と検査結果を付表5.7に示す．これによると，適用した再生骨材コンクリートは，製品検査，受入検査ともに，すべての品質の管理値を満足した[1),2)]．

付表5.5 再生骨材コンクリートの種類[1)]

| セメントの種類 | L | |
|---|---|---|
| 設計基準強度 $Fc$（N/mm²） | 21 | |
| 構造体補正強度 $_{28}S_{91}$（N/mm²） | 3 | 6 |
| 呼び強度（$Fc+_{28}S_{91}$） | 24 | 27 |
| スランプ（cm） | 15 | |
| 空気量（%） | 4.5 | |

付図5.5 製造した生コン工場の例[1)]

付図5.6 打込み状況[1)]

付表 5.6 本事例に用いたコンクリートの標準調合[2]

| 記号 | 工場 | 呼び強度 | セメント | 置換率(%) 再生粗骨材 | 置換率(%) 再生細骨材 | 相対吸水率(%) | 目標スランプ(cm) | 目標空気量(%) | W/C (%) | s/a (%) | W (kg/m³) | 単位量 C | 粗骨材 G | 粗骨材 RG | 細骨材 S1 | 細骨材 S2 | AE減水剤[※2] | 塩化物含有量(kg/m³) 規定値:≦0.30 計算値 | 判定 | アルカリ総量(kg/m³) 規定値:≦3.0 計算値 | 判定 |
|---|---|---|---|---|---|---|---|---|---|---|---|---|---|---|---|---|---|---|---|---|---|
| A24LN[※1] | A | 24 | L | 0 | 0 | 0.88 | 15±2.5 | 4.5±1.5 | 51.9 | 44.8 | 169 | 326 | 1020 | 0 | 476 | 331 | 3.53 | - | - | - | - |
| A24LRG50 | A | 24 | L | 50 | 0 | 2.81 | 15±2.5 | 4.5±1.5 | 48.2 | 43.6 | 175 | 363 | 508 | 463 | 450 | 311 | 3.92 | 0.041 | 合格 | 1.89 | 合格 |
| A27LN[※1] | A | 27 | L | 0 | 0 | 0.87 | 15±2.5 | 4.5±1.5 | 49.5 | 44.2 | 171 | 345 | 1020 | 0 | 464 | 322 | 3.67 | - | - | - | - |
| A27LRG50 | A | 27 | L | 50 | 0 | 2.83 | 15±2.5 | 4.5±1.5 | 45.9 | 42.7 | 175 | 381 | 513 | 463 | 437 | 303 | 4.11 | 0.043 | 合格 | 1.99 | 合格 |
| B24LN[※1] | B | 24 | L | 0 | 0 | 1.16 | 15±2.5 | 4.5±1.5 | 51.6 | 45.9 | 166 | 322 | 1006 | 0 | 494 | 334 | 2.90 | - | - | - | - |
| B24LRG50 | B | 24 | L | 50 | 0 | 2.94 | 15±2.5 | 4.5±1.5 | 47.3 | 45.1 | 168 | 355 | 502 | 456 | 476 | 322 | 3.20 | 0.021 | 合格 | 1.44 | 合格 |
| B27LN[※1] | B | 27 | L | 0 | 0 | 1.15 | 15±2.5 | 4.5±1.5 | 49.1 | 45.3 | 166 | 338 | 1009 | 0 | 484 | 327 | 3.04 | - | - | - | - |
| B27LRG50 | B | 27 | L | 50 | 0 | 2.95 | 15±2.5 | 4.5±1.5 | 43.4 | 43.8 | 171 | 394 | 502 | 456 | 452 | 306 | 3.55 | 0.022 | 合格 | 1.59 | 合格 |
| C24LN[※1] | C | 24 | L | 0 | 0 | 1.02 | 15±2.5 | 4.5±1.5 | 51.5 | 46.1 | 169 | 329 | 996 | 0 | 822 | - | 3.29 | - | - | - | - |
| C24LRG50 | C | 24 | L | 50 | 0 | 2.88 | 15±2.5 | 4.5±1.5 | 47.5 | 44.9 | 171 | 360 | 500 | 453 | 788 | - | 3.60 | 0.025 | 合格 | 1.44 | 合格 |
| C27LN[※1] | C | 27 | L | 0 | 0 | 1.01 | 15±2.5 | 4.5±1.5 | 48.9 | 45.3 | 171 | 350 | 994 | 0 | 795 | - | 3.50 | - | - | - | - |
| C27LRG50 | C | 27 | L | 50 | 0 | 2.90 | 15±2.5 | 4.5±1.5 | 45.0 | 44.9 | 175 | 390 | 500 | 453 | 754 | - | 3.90 | 0.026 | 合格 | 1.55 | 合格 |

[注] ※1 強度低減率 (R) 算定のための置換率0%の比較用コンクリート A工場:リグニンスルホン酸塩系 B工場:リグニンスルホン酸塩系とポリカルボン酸エーテル系化合物の混合 C工場:リグニンスルホン酸塩系とオキシカルボン酸塩系の混合
※2 A工場:リグニンスルホン酸塩系 B工場:リグニンスルホン酸塩系とポリカルボン酸エーテル系化合物の混合 C工場:リグニンスルホン酸塩系とオキシカルボン酸塩系の混合

付5．骨材置換法による再生骨材コンクリートの適用事例

付表5.7 本事例に用いたコンクリートの検査項目と検査結果[2]

| 検査項目 | 試験方法[※1] | 検査頻度 | 管理値 | A工場 A 24 LRG 50 | 判定 | A 27 LRG 50 | 判定 | B工場 B 24 LRG 50 | 判定 | B 27 LRG 50 | 判定 | C工場 C 24 LRG 50 | 判定 | C 27 LRG 50 | 判定 |
|---|---|---|---|---|---|---|---|---|---|---|---|---|---|---|---|
| 再生粗骨材の表面水率(%) | JIS A 1803 | 1回/週 | 異常値のないこと | 0.7～1.1 | 異常なし | | 異常なし | 0.5～1.0 | 異常なし | | 異常なし | 0.5～1.5 | 異常なし | | 異常なし |
| フレッシュコンクリートの状態 | 目視 | 全車 | 良好なこと | 全車良好 | 合格 | 全車良好 | 合格 | 全車良好 | 合格 | 全車良好 | 合格 | 全車良好 | 合格 | 全車良好 | 合格 |
| スランプ(cm) | JIS A 1101 | 製品検査[※3]，受入検査 1回/150 m³ | 15.0±2.5cm | 13.0～17.5 | 合格 | 14.0～17.5 | 合格 | 14.0～16.5 | 合格 | 13.5～17.0 | 合格 | 15.5～17.0 | 合格 | 16.0～17.0 | 合格 |
| | | | | 14.0～17.0 | 合格 | 14.0～16.8 | 合格 | 15.5～16.7 | 合格 | 14.7～17.5 | 合格 | 16.0～16.5 | 合格 | 15.3～16.8 | 合格 |
| 空気量[※2] (%) | JIS A 1128 | 製品検査[※3]，受入検査 1回/150 m³ | 4.5±1.5% | 3.1～5.5 | 合格 | 3.1～4.6 | 合格 | 3.2～5.1 | 合格 | 3.0～4.4 | 合格 | 3.6～4.5 | 合格 | 3.5～4.1 | 合格 |
| | | | | 3.7～5.5 | 合格 | 3.3～4.5 | 合格 | 3.2～4.2 | 合格 | 3.1～3.9 | 合格 | 4.0～4.2 | 合格 | 3.7～4.3 | 合格 |
| コンクリート温度(℃) | JIS A 1156 | | 5～35℃ | 11.0～24.0 | 合格 | 10.0～16.0 | 合格 | 12.0～23.0 | 合格 | 9.0～20.0 | 合格 | 19.0～24.0 | 合格 | 13.0～16.0 | 合格 |
| | | | | 11.3～23.3 | 合格 | 10.0～17.0 | 合格 | 12.0～26.3 | 合格 | 9.0～19.3 | 合格 | 19.7～24.7 | 合格 | 13.3～16.0 | 合格 |
| 塩化物含有量(kg/m³) | JIS A 5308 9.6 | 1回/日 | ≦0.30 kg/m³ | 0.03～0.04 | 合格 | 0.02～0.04 | 合格 | 0.03～0.07 | 合格 | 0.02～0.05 | 合格 | 0.024 | 合格 | 0.03 | 合格 |
| | | | | 0.03～0.08 | 合格 | 0.02～0.09 | 合格 | 0.03～0.07 | 合格 | 0.02～0.05 | 合格 | 0.04～0.06 | 合格 | 0.02～0.03 | 合格 |
| 圧縮強度[※4] (N/mm²) | JIS A 1108 JIS A 1132 | 製品検査[※2]，受入検査 1回/150 m³ | 24, 27 X≧24.0, 27.0 Xmin≧20.4, 23.0 *上段：X, 下段：Xmin | 30.3～38.7 | 合格 | 30.0～43.4 | 合格 | 33.9～44.0 | 合格 | 37.1～48.1 | 合格 | 37.3～41.8 | 合格 | 40.5～46.0 | 合格 |
| | | | | 29.9 | 合格 | 29.0 | 合格 | 33.6 | 合格 | 36.8 | 合格 | 36.8 | 合格 | 40.0 | 合格 |
| | | | | 31.6～35.6 | 合格 | 34.4～43.9 | 合格 | 32.7～42.6 | 合格 | 37.6～46.2 | 合格 | 35.4～39.5 | 合格 | 35.5～38.6 | 合格 |
| | | | | 30.7 | 合格 | 32.2 | 合格 | 30.7 | 合格 | 35.9 | 合格 | 35.0 | 合格 | 34.9 | 合格 |

[注]
※1 JIS A 1803（コンクリート生産工程管理用試験方法－粗骨材の表面水率試験方法）
 JIS A 1101（コンクリートのスランプ試験方法）
 JIS A 1128（フレッシュコンクリートの空気量の圧力による試験方法－空気室圧力方法）
 JIS A 1156（フレッシュコンクリートの温度測定方法）
 JIS A 5308（レディーミクストコンクリート）
 JIS A 1108（コンクリートの圧縮試験方法）
 JIS A 1132（コンクリート強度試験用供試体の作り方）
※2 空気量は骨材修正係数（各工場とも0.2%）を差し引いた値を示す．
※3 上段は製品検査，下段は受入検査の試験値を示す．
※4 打込み工区ごとにかつ打込み日ごとに検査ロットを構成．1検査ロット（3回の試験）の平均値：X≧Fc＋mSn と検査ロット内の1回の試験（3個の平均）の最小値：Xmin≧0.85×(Fc＋mSn) で管理．

## 3. 再生砕石の利用にあたっての検討

### 3.1 安全性の確認

　コンクリートにはその原料に使われているセメント分に微量の有害な化学成分が含まれている．セメントは，天然の石灰石，粘土，ケイ石，酸化鉄原料を主原料としているが，資源の有効利用の観点から，各種の副産物または廃棄物も原料・燃料として利用されている．このため，これらの天然の原料・燃料，副産物，および廃棄物中にはセメントの主要構成成分の他に微量の有害な化学成分が含まれており，それらがセメントにも含有されることになる[5]．これらのうち，六価クロムが高い濃度を示すという結果がセメント協会の調査などにより明らかにされている[5]．

（1） 有害な化学成分の溶出

　コンクリート塊の再利用先として，現状では再生骨材よりも路盤材や埋戻し材などの再生砕石としての利用が主流である．再生骨材のようにコンクリート中に封じ込められ，固められてしまえば，六価クロムなどの微量成分が溶出してくる可能性はほとんどないと思われるが，路盤材のように直接土に接し雨水の影響を受ける部位で利用すると，微量成分の溶出など，自然環境に影響を及ぼすことが懸念される．

（2） 溶出試験結果

　付表5.8は，再生骨材の製造にも使用された45～49年経過した旧火力発電所本館の解体コンクリート塊が付図5.3のシステムを経て，0～5mmと粗破砕材（>5mm）に分級された試料から溶出した有害な化学成分の測定結果の一例である[1]．いずれも定量下限値未満であり，溶出が懸念された六価クロムにおいては，土壌環境基準（0.05 mg/L以下）を満足していた．

付表5.8　化学成分の分析結果例[1]

| 化学成分 | 試験方法 | 制限値[※2]<br>（mg/L） | 測定値[※3]（mg/L） | | |
|---|---|---|---|---|---|
| | | | A | B | C |
| 六価クロム化合物 | JIS K 0058-1[※1] | ≦0.05 | <0.005 | <0.005 | <0.005 |
| | | | <0.005 | <0.005 | <0.005 |
| セレンおよびその化合物 | 環告46号(環境庁告示46号溶出試験) | ≦0.01 | <0.001 | <0.001 | <0.001 |
| | | | <0.001 | <0.001 | <0.001 |
| 鉛およびその化合物 | | ≦0.01 | <0.001 | <0.001 | <0.001 |
| | | | <0.001 | <0.001 | <0.001 |

［注］　※1　JIS K 0058-1（スラグ類の化学物質試験方法－第1部：溶出量試験方法）
　　　※2　土壌環境基準（環境省，土壌汚染対策法，平成14年5月29日，法律第53号）．
　　　※3　＜：定量下限値未満，上段：粗破砕材（>5mm），下段：0～5mm

## 3.2 再生砕石としての利用

再生粗骨材と同時に製造された再生砕石（0 − 5 mm，＞20 mm）の約 6 500 m³ は，発電所構内の仮設道路の路盤材（0 〜 40 mm）として利用された．付図 5.7 に利用状況を示す．仮設道路の路盤材への利用にあたり，JIS A 1121（ロサンゼルス試験機による粗骨材のすりへり試験方法）によるすりへり減量，JIS A 1211（CBR 試験方法）による修正 CBR，JIS A 1205（土の液性限界・塑性限界試験方法）による塑性指数などの諸試験を実施した結果，付表 5.9 に示すように，下層路盤材または上層路盤材としての要求品質を満足する結果が得られている[1]．

## 3.3 経済性および環境負荷

再生粗骨材および再生砕石を同時製造し，発電所構内で再利用したことにより，新材購入，輸送，コンクリート塊の処理・処分（中間処理）などが削減された．その結果，同量のコンクリート塊約 9 700 m³ を中間処理し，約 11 000 m³ の一般コンクリートならびに約 6 500 m³ の路盤材用の再生砕石を購入した場合と比較すると，約 41％の費用削減となった．また，中間処理量や輸送量の削減に伴い，一般住宅で約 350 世帯（1 世帯あたり約 5.2 t-$CO_2$/年で試算）分の年間排出量に相当する約 1 840 t の $CO_2$ の排出が削減された[1]．

付図 5.7　構内仮設用路盤材への利用状況[1]

付表 5.9　再生砕石の性状試験結果例[1]

| 試料 | すりへり減量 JIS A 1121 | | 修正 CBR JIS A 1211 | | 塑性指数 JIS A 1205 | |
|---|---|---|---|---|---|---|
| | 規準値 | 測定値 | 規準値 | 測定値 | 規準値 | 測定値 |
| 旧 1 〜 3 号 | ≦50% | 27.8% | ≧80%[※1]<br>≧20%[※2] | 220% | ≦ 4[※1]<br>≦ 6[※2] | NP[※3] |

[注]　※1　上層路盤（アスファルト舗装用再生粒度調整砕石）の規準値
　　　※2　下層路盤（アスファルト舗装用再生クラッシャラン）の規準値
　　　※3　塑性を示さない（Non-Plastic）

## 3.4 まとめ

本事例では，火力発電所の建替え工事において，骨材置換法による再生骨材コンクリートを構造体に大規模適用した事例を示した．以下に結果をまとめる．

（1） 低品質な再生粗骨材を一般骨材に対して置換率50％以下で混合使用する方法は，適切な調合設計と厳密な品質管理を行うことにより，所要の品質を有するコンクリートを製造でき，建築構造体への適用も可能である．これにより，①安全性と品質の確保，②環境影響の低減，③費用削減に資することができる．

（2） 再生骨コンクリート適用事例は，国内最大規模の事例の1つである．今後，ここで紹介した手法を一般化するためには，さらに経験や実績を積み重ね，品質管理の精度をさらに向上させる必要がある．

### 参考文献

1) 本田二義・加藤　清・舘　秀基・道正泰弘：持続可能なコンクリート塊リサイクルシステム－再生骨材コンクリートの大規模適用，電気評論，第556号（第95巻第12号），電気評論社，pp.74-79，2010.12
2) 道正泰弘・村　雄一：再生骨材コンクリートの大規模適用への調合設計と品質管理－建築構造物の解体に伴い発生するコンクリート塊のリサイクルシステム，日本建築学会技術報告集，第20巻第44号，pp.19-24，2014.2
3) 例えば，道正泰弘ほか：建築構造物の解体に伴い発生するコンクリート塊のリサイクルシステム－骨材置換法による再生粗骨材コンクリートの品質管理手法，日本建築学会技術報告集，第21号，pp.15-20，2005.6
4) 黒田泰弘：反応性を有する再生骨材を用いたコンクリートの諸性状，コンクリート工学年次論文集，Vol.30，No.2，pp.379-384，2008
5) 土木学会：コンクリートライブラリー111，コンクリートからの微量成分溶出に関する現状と課題，2003
6) 道正泰弘・舘　秀基・村　雄一・坂詰義幸：再生粗骨材残渣からの六価クロム溶出挙動と溶出抑制対策－建築構造物の解体に伴い発生するコンクリート塊のリサイクルシステム，日本建築学会技術報告集，第17巻第37号，pp.803-808，2011.10

# 付6．副産細粒・微粉末の再利用方法

## 1．はじめに

解体コンクリート塊から再生骨材を製造するためには，破砕や磨砕を繰り返す必要があるが，その際，副産物として細粒や微粉末が発生する．微粉末の発生量は，再生骨材の製造方法や適用条件にもよるが，再生骨材H相当の細・粗骨材を製造する場合には投入したコンクリート塊の30〜50％程度となり，再生粗骨材Hのみ製造する場合には，微粉末を含む細粒（0〜5mm）の量は更に増加する．このように微粉末の発生量は多量であり，今後，再生骨材の普及展開を図るうえで，副産微粉末の有効利用技術の実用化は，極めて重要な課題と考えられる．

ここでは，微粉末の再利用方法について，コンクリート工学 Vol.46, No.5（特集＊コンクリート用骨材の現状と有効活用技術）の「副産微粉末の有効利用技術」の内容を中心に抜粋・再構成し，説明する．

## 2．微粉末の性質

中間処理工場から入手した破砕処理微粉末（0.6mm以下の微粉末）と加熱すりもみ微粉末との品質比較例を付表6.1に示す[1),2)]．加熱すりもみ微粉末の密度は $2.47〜2.48\,g/cm^3$ であり，比表面積は $5\,500〜6\,280\,cm^2/g$ であった．破砕処理微粉末やセメントの比表面積に対し，加熱すりもみ微粉末の比表面積は非常に大きいことがわかる．また，付図6.1のSEM写真[3)]からわかるように，加熱すりもみ微粉末の大きさはまちまちであり，角ばった形状を示すものが多い．

微粉末の主要成分は，$SiO_2$，$CaO$，$Al_2O_3$ および $Fe_2O_3$ であり，セメントおよび骨材に起因する成分から構成されている．加熱すりもみ微粉末の平均的な $CaO$ 量は約25％であり，骨材破砕分の割合は一般に50％程度と考えられている．なお，破砕処理微粉末から0.15mm以下の微粉末のみを集めた場合，骨材破砕分の混合割合は少なく，セメント成分が多いようである．

加熱すりもみ微粉末は，地盤改良をはじめ，地盤材料に有効利用できると考えられる．付図6.2

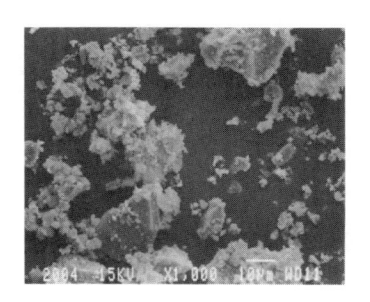

付図6.1 微粉末の例（右はSEM写真[3)]）

付表6.1 微粉末の密度・比表面積・化学成分の測定結果の例[1]

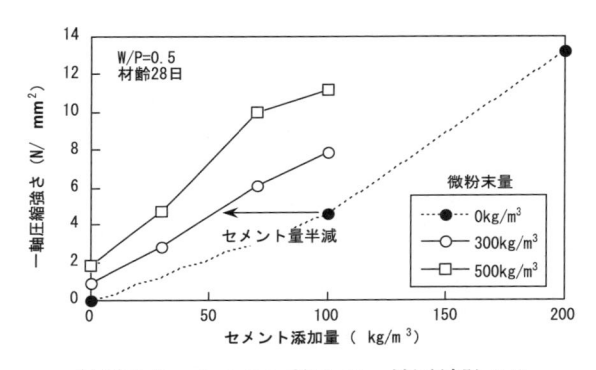

| 種類 | 原コンクリートの用途 | 密度 (g/cm³) | 比表面積 (cm²/g) | Ig. loss (%) | 化学成分 | | | | | | | |
|---|---|---|---|---|---|---|---|---|---|---|---|---|
| | | | | | $SiO_2$ (%) | $Al_2O_3$ (%) | $Fe_2O_3$ (%) | CaO (%) | MgO (%) | $SO_3$ (%) | Cl (%) | $Na_2Oeq$ |
| 破砕微粉末 | 建築 | 2.44 | 2 970 | 11.7 | 50.8 | 9.9 | 4.3 | 17.7 | 1.7 | 0.7 | 0.024 | 2.46 |
| | 建築・土木 | 2.49 | 790 | 9.2 | 57.8 | 10.1 | 3.5 | 14.5 | 0.9 | 0.5 | 0.023 | 2.63 |
| | 土木・二次製品 | 2.24 | 930 | 17.1 | 44.2 | 11.4 | 3.5 | 18.7 | 1.4 | 0.5 | 0.021 | 2.30 |
| | 二次製品 | 2.50 | 3 440 | 16.0 | 40.0 | 8.7 | 3.1 | 27.5 | 1.4 | 0.5 | 0.038 | 2.11 |
| 加熱すりもみ微粉末 | 事務所 | 2.48 | 5 500 | 10.9 | 38.5 | 9.8 | 5.7 | 29.3 | 1.8 | 0.9 | 0.044 | 1.79 |
| | 倉庫（地上） | 2.48 | 5 510 | 9.6 | 50.8 | 10.1 | 2.7 | 23.5 | 1.3 | 0.8 | 0.015 | 1.94 |
| | 倉庫（地下） | 2.47 | 6 280 | 9.8 | 41.9 | 12.0 | 6.5 | 23.2 | 2.1 | 0.9 | 0.057 | 2.08 |
| 普通ポルトランドセメント | | 3.15 | 3 330 | 1.5 | 21.2 | 5.2 | 2.8 | 64.2 | 1.5 | 2.0 | 0.005 | 0.63 |
| 高炉セメントB種 | | 3.03 | 3 790 | 1.6 | 25.6 | 8.5 | 1.8 | 54.7 | 3.6 | 2.0 | 0.006 | 0.50 |

付図6.2 カオリン粘土の一軸圧縮強さ[4]

はカオリン粘土に，加熱すりもみ微粉末および高炉セメントB種をスラリー状に混合して成型し，一軸圧縮強さの試験を行った試験結果の例である[4]．同図より，加熱すりもみ微粉末のみ添加した場合でも強度発現すること，微粉末の混入量を増やすことで同一強度を得るためのセメント添加量を減らせることなどがわかる．

微粉末の再水和に関する既往の研究[5]では，① 100℃以上の加熱によりアルミネート相の再水和が期待できること，② 500℃以上といった比較的低温度で$C_2S$の再合成が可能なこと，③ C-S-Hの炭酸化によって生じたシリカゲルはポゾラン反応性を有し，加熱脱水すれば強度増進に寄与することなどが示されている．

### 3．地盤材料への適用

一般に地盤改良の施工では，セメントやセメント系固化材をバックホウやスタビライザーなどの重機を用いて直接混合する場合が多いが，ごく少量の固化材をこれらの重機で均一に混合する

のは難しい．そのため，設計強度や室内配合試験結果から求められる添加量より多く固化材を混合する場合が多く，強度も高くなる．しかしながら，原地盤と比較して著しく強度および剛性の高い材料を土中に残すことは，本来回避すべき事項である．ごくわずかな強度発現能力しかない加熱すりもみ微粉末の活用はこうしたニーズに合致しており，浅層地盤改良では増量材として，深層地盤改良では置換材として利用可能である[6]．

現場適用の具体例は付表6.2のとおりである[2]．加熱すりもみ微粉末の特徴を生かし，掘削軟弱土の性状改善，浅層地盤改良〔付図6.3〕，深層地盤改良〔付図6.4〕，埋戻しなどへの適用事例がある．

付表6.2 微粉末の現場適用の具体例[2]

| 目的，用途 | 使用方法 | 結果 |
|---|---|---|
| 掘削軟弱土のハンドリング改善 | 原地盤に微粉末75〜200 kg/m³を粉体で添加し，重機で混合した． | 微粉末の吸水により天日干しと同程度の効果を確認．ただし，生石灰のような即効性は無かった． |
| 浅層地盤改良（一軸圧縮強さ $qu$ は0.1〜0.4 N/mm²程度の工事用仮設地盤） | 微粉末：セメント＝1〜2：1の配合で，合計100〜200 kg/m³を，必要強度に応じて粉体で添加し，重機で混合した． | 含水量の低下，土砂攪拌性の向上（粉体量の増加に伴う）により，セメント量を減らせた． |
| 深層地盤改良（ソイルセメント壁材の一軸圧縮強さ $qu$ は0.4〜1.0 N/mm²程度） | スラリー製造プラントを使い，ソイルセメント1.0 m³あたり微粉末30〜60 kg（水粉体比2.0〜2.2）とし，高炉B種との合計を240〜280 kg/m³として，65〜72％の置換を行った． | スラリー注入率（置換率）を変えずに，適正な固化強度が得られ，従来材料のうち，ベントナイトを省略し，セメントを削減できた． |
| 埋戻し材料（目標一軸圧縮強さ $qu$ は原地盤相当0.1 N/mm²〜人工地盤相当5 N/mm²） | スラリー製造プラントを使い，水粉体比0.6〜1.0程度とし，セメントの割合を必要強度に応じて調整して，流し込んだ． | セメントの添加量を変えることで，任意強度（特に低強度）の均一な充てん材を作製できる見通しを得た． |

付図6.3 浅層地盤改良の状況[4]

付図6.4 深層地盤改良の状況[4]

## 4．その他の適用事例

### （1） セメント原料としての利用

　セメント原料への利用に関しては，（一社）セメント協会をはじめいくつかの検討例がある[1),3),7),8)]．微粉末の化学組成は，一般的には，付表6.1でも明らかなように，セメントの組成と比較して$SiO_2$量と$Al_2O_3$量が高い値を示しているので，石灰石代替よりは粘土代替となる．原料としての利用量は，アルカリ量と塩化物イオン量により制約されるため，40 kg/t-clinker程度までの利用が現実的と考えられている．

　また，セメントに混ぜる混合材としては，粉末度の影響が大きく，粉末度が1 000 cm²/g程度のものを混合した場合には，5％程度の混合でも圧縮強度が70〜90％に低下することが指摘されているが，同じ5％程度の混合でも，粉末度を8 000 cm²/gとすれば，同等以上の圧縮強度が得られることも確認されている．

### （2） 混和材料としての利用

　コンクリート用の混和材料としての有効利用についてもいくつかの検討例がある[3),9),10),11)]．微粉砕された微粉末は，高流動コンクリート用混和材料として利用可能であることが実験的検討により示されている．しかし，粉体の形状は悪く，混和剤吸着量も多いことから，流動性を確保するために混和剤の使用量が増える傾向があり，その配慮が必要とされている．また，十分に炭酸化が進行した加熱すりもみ微粉末を用いた場合，20％置換でも普通ポルトランドセメントと高炉セメントB種のJISの圧縮強さの規格値を上回り，フライアッシュや石灰石微粉末を混合する場合よりも材齢91日までの圧縮強度は幾分高くなることが示されている．

### （3） その他の検討例

　その他，インターロッキングブロックや建築ブロック，コンクリート用焼成骨材や路盤用非焼成骨材（造粒），および地盤材料に，利用可能なことが示されている[3),12)]．また，セメントの未水和部分を多く含んでいる生コンスラッジと混合して造粒物を製造し，有効利用する検討もなされている[13)]．

---

**参考文献**

1) 委員会報告：コンクリート塊から発生する微粉末の有効利用，セメント・コンクリート No. 621, pp.52-59, セメント協会，1998
2) 黒田泰弘：副産微粉末の品質と再利用，日本建築学会関東支部シンポジウム－リサイクルコンクリートの普及に向けて－, pp.41-48, 2006
3) 石倉　武・大西一彦・小川秀夫・横山勝彦：再生骨材製造副産微粉の利用技術，コンクリート工学，Vol. 41, No. 6, pp.26-35, 日本コンクリート工学協会，2003
4) 黒田泰弘ほか：再生骨材コンクリート12 500 m³を建築躯体に本格採用＜東京団地倉庫（株）平和島倉庫A－1棟建替工事＞，セメント・コンクリート No. 685, pp. 8-18, セメント協会，2004
5) 黒田泰弘・竹本喜昭・内山　伸：再生骨材に伴い発生する副産微粉末の再水和メカニズムに関する研究，Cement Science and Concrete Technology, No. 58, pp.533-540, セメント協会，2004
6) 黒田泰弘・内山　伸：再生骨材に伴い発生する副産微粉末を用いた改良土の固化強度とCr(VI)溶出量，コンクリート工学年次論文報告集，Vol. 27, No. 1, pp.1459-1464, 日本コンクリート工学協会，2005

7) 井上敏克：コンクリート廃材から発生する微粉のリサイクルに関する研究，建設用原材料，Vol.8，No.1，pp.7-12，1998
8) 飯田一彦・佐伯竜彦・長瀧重義：セメントを含めたコンクリートのリサイクル，コンクリート工学論文報告集，Vol.11，No.3，pp.139-144，日本コンクリート工学協会，2000
9) 平石信也ほか：コンクリートがらの微粉末再資源化に関する研究（その6～9），日本建築学会大会梗概集，pp.381-389，1996
10) 李 琮揆・坂井悦郎・大門正機・長瀧重義：再生微粉末の水和性と吸着特性，コンクリート工学年次論文報告集，Vol.21，No.1，pp.193-198，日本コンクリート工学協会，1999
11) 黒田泰弘・片山行雄：廃コンクリート微粉末混合セメントを用いたモルタル・コンクリートの研究，セメント・コンクリート論文集 Vol.64，pp.537-544，セメント協会，2010
12) 村 雄一ほか：大規模電力建物における再生骨材および再生コンクリートの利用（その37．再生粗骨材残渣から溶出する六価クロムの抑制対策），日本建築学会大会梗概集，pp.163-164，2007
13) 黒田泰弘・内山 伸：廃コンクリート微粉末を用いた造粒物の配合と諸性状，第64回セメント技術大会講演要旨，pp.256-257，セメント協会，2010

再生骨材を用いるコンクリートの
設計・製造・施工指針(案)

2014年10月20日　第1版第1刷

編　集
著作人　一般社団法人　日本建築学会
印刷所　昭和情報プロセス株式会社
発行所　一般社団法人　日本建築学会
　　　　108-8414　東京都港区芝5－26－20
　　　　電　話・(03) 3456－2051
　　　　ＦＡＸ・(03) 3456－2058
　　　　http://www.aij.or.jp/
発売所　丸善出版株式会社
　　　　101-0051　東京都千代田区神田神保町2－17
　　　　　　　　　神田神保町ビル
Ⓒ日本建築学会 2014　電　話・(03) 3512－3256

ISBN978-4-8189-1070-6 C3052